The Case for Mars

The Plan to Settle the Red Planet and Why We Must

赶往火星

红色星球定居计划

（原著修订版）

〔美〕罗伯特·祖布林 理查德·瓦格纳 著

阳 曦 徐蕴芸 译

阿瑟·C.克拉克 作序

科学出版社

北京

图字：01-2011-3988 号

图书在版编目（CIP）数据

赶往火星：红色星球定居计划/（美）祖布林（Zubrin,R.）等著；阳曦，徐蕴芸译. 一修订本. 一北京：科学出版社，2012

书名原文：The Case for Mars: The Plan to Settle the Red Planet and Why We Must

ISBN 978-7-03-033533-3

Ⅰ. 赶… Ⅱ. ①祖… ②阳… ③徐… Ⅲ. 火星探测—普及读物
Ⅳ. ①P185.3-49 ②V4

中国版本图书馆CIP数据核字（2012）第021449号

责任编辑：贾明月 牛 玲/责任校对：宋玲玲
责任印制：李 彤/封面设计：可圈可点工作室
排版设计：鑫联必升

斜 学 出 版 社 出版
北京东黄城根北街 16 号
邮政编码：100717
http://www.sciencep.com

北京虎彩文化传播有限公司 印刷
科学出版社发行 各地新华书店经销

*

2012 年 3 月第 一 版 开本：B5（720×1000）
2023 年 1 月第四次印刷 印张：28 1/4 插页：1
字数：305 000

定价：58.00 元

（如有印装质量问题，我社负责调换）

献给琳达，我的姐妹，我一生中真正的朋友。

从此以后，我向太空张开自信的翅膀，

不畏水晶或玻璃的藩篱；

我划破长空，朝着无限翱翔。

我从自己的世界飞往其他世界，

探索永恒之域，其他人只能遥望的地方，

我将遥远的路途抛在身后。

——乔尔丹诺·布鲁诺，《论无限宇宙及诸世界》，1584

修订版前言

疑惑是种背叛，使我们遇事畏缩，
输掉本可赢得的好与善。

——威廉·莎士比亚，《一报还一报》

《赶往火星》首次发行后的15年来，发生了许多事。其中包括一系列发往红色星球的无人航天任务：1996年末的火星探路者号和火星全球探勘者号，1999年的火星极地着陆者号和火星气候探测者号，2001年的火星奥德赛号，2003年的勇气号、机遇号和火星快车号，2005年的火星侦察轨道飞行器，以及2007年的凤凰号。除了1999年的飞行之外，其他任务都取得了辉煌的成功，加深了我们对这个星球的了解。

我们现在可以确定，火星曾经是一个温暖湿润的星球。它的地表不仅有池塘与河流，还有真正的海洋，并在10亿年间都有活跃的水圈——与地球有液态水之后出现生命的时间跨度相比，这个时间是后者长度的5倍之多。如果说，"有液态水、多种矿物质和足够时间，化学物质中就能涌现出生命"这一理论是正确的，那么火星上必然出现过生命。

另外，我们知道火星上现在还有水，以冰或冻土的形式存在着，在面积相当于大洲的土壤中，超过60%的质量都是水。不仅如此，我们发现火星上还有液态水，不在地表，而是在地下，由地热提供热量，营造出一个至今仍能供生命存活的环境。在过去10年间，我们已经发现地下潜水面有水涌出，也发现有水沿环形山坡流下。实际上，我们还从火星地表检测到甲烷从通风口涌出，这是地下微生物的特征。这些现象即使不能代表火星生命的存在，也能证明火星地下的热水环境完全适于生命存活。无论如何，它们很好地证明，这个地方适合我们的宇航员前往钻探，带回水样，向我们透露大自然的真相、生命的普及程度，以及宇宙间生命可能的多样性。

除此之外，我们已经从轨道上定位了火星的矿物质含量和地形，拍到许多有足够细节的照片，可以为我们的无人火星车作指引，为未来的人类探索活动确定登陆位置和旅行路径。

所以，现在我们知道了为什么该去、该去哪儿。但是我们去了吗？还没有。与无人火星探索计划不断出现的卓越成功相反，本书付印至今的15年来，NASA的载人太空飞行计划毫无进展。这一点必须强调。除了机器人带回的信息，如今的NASA与1996年相比，在载人去火星方面没有任何进展。

怎么会这样？最常见的回答是：没钱。有人说，一旦NASA拥有阿波罗时代的经费，我们将看到人类航天史上的伟大成就。然而，这完全是个借口。事情的真相是，以今日之购买能力计算，NASA在1961年（肯尼迪总统宣布阿波罗计划）至1973年（阿波罗计划天空实验室最后一次执行飞行任务）间的预算平均值是每年190亿美元，几乎与今日NASA的预算持平，而且从1990年至今一直保持这个数字。

那么，阿波罗年代NASA在载人领域成就辉煌，是因为他们削减了无人探测方面的开支？也并非如此。事实上，那个年代的无人探索任务可能比最近15年更积极，差不多发射了40次月球和行星探测器。事实上，如果以15年为时限，将1996年至2010年间与1961年至1975年间相比较，我们会发现：早期NASA发射了10次火星探测器，成功了8次；而现代NASA发射了9次火星探测器，成功了7次。两个年代的数字非常接近，从前的还更强一点。

的确，20世纪60年代的NASA预算占全国财政支出的比例更多一些，但这只是因为当时国家较穷，人口较少，而非NASA比较富裕。在20世纪60年代，美国人口是现在的60%，GNP是现在的25%。这些对阿波罗计划可没有什么帮助。

另外，半个世纪前，美国所掌握的技术可比现在差得多。设计阿波罗的人靠每秒最多只能运行一次计算的计算尺工作，而不是现在每秒能进行几十亿次计算的电脑。然而在8年中，他们几乎从零开始，解决了载人航天登月任务及地球返航过程所需要解决的全部问题。

本书将从技术观点详细阐明：相比1961年为登月做的准备，我们如今对于载人火星航天飞行任务已经做好了更多准备。以前他们花了8年，而我们在过去的35年中哪儿也没去成。

所以，问题是，当时NASA拥有什么如今我们失去了的东西？

答案是决心。

决心，我指的是这样一种品质：有能力判断你真正想去实现的目标，致力于这一目标，创建完成它的计划，做一切对执行计划有用的事情。

在阿波罗年代，那就是美国载人航天计划成功实施的原因。

目标非常明确——在10年间载人登上月球并成功返回；完成的诺言也是板上钉钉的。于是，他们制定了计划，根据日程表完成这一目标；设计了飞船，用以执行计划；发展了技术，以驱动这些飞船。一旦飞船造好，飞行任务便得以执行。

当时的无人航天任务也是按照这样的步骤操作执行的，并延续到了今天。这就是为什么它还能持续取得更多成就。

无人太空探索任务并不是因为使用了机器人而获得成功。它的成功需要归功于推进它的人们都运用了他们的大脑。

相反，NASA的载人航天任务却完全放弃了这种合理的做法。他们没有设计出能够执行计划的东西，却凭空开发出一些玩意儿，然后企图为它们找到用途。他们设计了航天飞机，但并不知道用它来干什么，结果证明这玩意儿对载人太空探索任务的支持非常有限。

有人设想，国际空间站（ISS）可以让航天飞机有些用处。但是利用航天飞机建造空间站将大大提高空间站的费用和风险，让它的设计过于复杂，大小受到限制，而且需要噩梦般的20年来组装发射。相反，更简单也更大的天空实验室4年就设计和建造成功，一天就发射了。另外，ISS的费用、风险和NASA数十年全神贯注的投入，与ISS本身的应用价值毫不匹配。空间站的价值评估之差虽然还未经确认，但在2003年2月1日哥伦比亚号的灾难之后，已经得到了充分而明确的理解。事故检讨委员会主席海军上将Harold Gehman对NASA提出了严厉的批评，他申明："如果要我们接受载人航天飞行的费用和风险，我们也需要拥有与这些费用和风险相匹配的目标。"作为回应，布什政府甚至没有尝试说明一下ISS计划是符合标准的。相反，为了让NASA的载人航天项目显得物有所值，它上马了一个新计划，也就是在2020年前重返月球。

当然，比起在近地轨道的太空站里闲混，制造点大小便样本，以便让科学家为人类零重力状态下的生理学退化增加点儿数据（这完全没必要，因为任何称职的火星任务设计者都会在星际飞船中引入人造重力，以避免这种退化效应，除非他仅仅为了与太空站研究保持一致而不惜令自己的设计受损），飞往月球的确是一个更有趣的活动，但它依然不够合理。毕竟我们已经去了月球6次了。总计有超过300千克的月球物质被带回地球，几乎没什么人对此有积极的兴趣。月球的地貌特征我们已经大致明白，进一步的工作很大程度上是补充细节。另外，整件事没法带来更多的利益，其好处几乎可以说是微不足道的，尤其是与火星载人探索计划可能发现的自然生命的起源和本质相比。论及国家的荣耀与辉煌、自我与世界的形象，以及我们作为一个乐于拥抱和迎接新挑战的民族重新抬头这些问题时，人们不禁要问：我们太空计划的最高愿望莫非就是重返半个世纪前的任务吗？

然而，布什政府重返月球的目标更大的问题是，这并不是一个真正的目标。相反，它更像是无米之炊。因为政府在2004年提出要在2020年完成任务，执政期间却并没有要求NASA做任何事情以便向目标前进，仅仅假想了一个二期工程。布什年代又过去了5年，火星任务还没有建造任何硬件，而此后这个假定存在的任务又被交给了与此全无利害关系的奥巴马政府。

这个孤零零的计划没有任何政治保护，没有任何证据确凿或引人入胜的存在理由，没有任何物质进程来自我说明，可以预见它终将被取消。奥巴马政府从自己的角度出发，首先提出了一个连幌子都不打的"灵活路径"的概念，后来发现这太荒唐了，国会那儿也通不过，又提出了一个被忽视的假目标——在2025年接近一颗近地小行星（这个时间意味着目前的世界不需要为此采取任何行动）。然而，毕竟在佛罗里达还有27张摇摆的选票，政府又提出了一些富有幻想性的新计划，包括花费数十亿美元装修停飞的航天飞机发射台，发展高能电力火箭却没有能为它提供动力的大型空间核反应堆，建造为不存在的星际飞船服务的轨道燃料添加站，建造能将宇航员从轨道带回但不能带去的太空舱。

以上所有奇怪的计划无一有实际用途，它们的所有替代方案也没有用途，不仅是因为它们不适用于任何功能组合，主要是因为它们缺乏目标，没有存在的实际意义。毫无疑问，一旦奥巴马下台（甚至可能都等不到那时候），它们也会被取消，什么有用的东西都造不出来。于是，又多花费了400亿或800亿美元，又多浪费了4~8年后，我们再一次回到了原点。

没有远见，只能坐等灭亡。[①]

美国人民想要一个真正能派上用场的空间计划，也有权得到。但是没有后续支持的目标是不能持久的，不是"应该"，是"因为"。

我们去往火星的征途，就有确实重要的理由。这是打开宇宙中生命奥秘的钥匙。这是能激励数百万年轻人投身科学和工程领域的挑战，他们对此的接受将反过来再次证明我们身处的社会依然是先锋社会。它是通往开放未来的大门，通往新世界的前线，是一个可以定居的星球；它是人类航天事业无限资源和愿望的开

---

① Where there is no vision, the people perish. 语出《圣经》。——译者注（后同）

端，因为它不断向前，进入眼前无尽的宇宙。

为了科学，为了挑战，为了未来，这是我们去往火星的理由。

对于火星载人探索计划唯一有意义的抗辩，就是断言我们做不到。然而这种说法是完全错误的。

我们需要重型运载火箭（HLV）。反对者提出，这是我们目前缺乏的，而且需要大量金钱和时间去造一个——根据奥巴马政府的一流载人太空飞行任务审查小组的意见，需要360亿美元和12年时间。`这完全是无稽之谈。1967年我们就执行了第一枚HLV——土星5号，当时我们花了5年时间来研发它。今天，我们已经知道该做什么了。至于费用，SpaceX公司总裁艾伦•马斯克（Elon Musk）已经直接向小组证实，他可以在25亿美元的固定价格合同下完成100吨轨道级HLV的任务。这一宣言非常可信，因为SpaceX最近花费总价3亿美元，研发并完成了10吨轨道中型运载飞行任务。事实上，曾由小组主席Norm Augustine领导的航空航天业巨头洛克希德•马丁公司，已经设计了价格为40亿美元的HLV。

载人火星登陆器需要巨大的降落伞，反对者说，比我们已经用过的都大得多。大型降落伞？饶了我吧。如果我们能把人送上月球，当然就可以造出大型降落伞。或者我们根本不属于这么做，我们可以使用一个中型降落伞系统，用火箭完成降落减速。

他们还说，去火星花的时间太长了，所以我们必须延迟发射计划，直到我们能够完全设计出先进的航天推进技术，可以让我们更快地到达。错了。利用现有的化学推进剂，我们从地球去火星需要6个月，2001年火星奥德赛号探测器就是这么做的。这一段旅程是人类可以应付的。事实上，这是许多俄罗斯和美国宇航

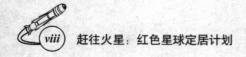

员在俄罗斯和平号空间站和ISS度过的标准时间。

他们说，我们需要一个核反应堆，为火星地表基地提供动力，但现在没有。这是真的。但1952年我们这个国家就推出了第一个有实用性的核反应堆，用于给潜水艇鹦鹉螺号提供动力，而物理定律并没什么改变。我们使用核动力的历史，比使用彩色电视机、客机和按键电话机的历史还长。核武器使用的是20世纪40年代的技术。我们当然能够造一个为火星基地提供动力的小东西。

宇宙射线、太阳耀斑、零重力影响健康、心理因素、尘暴、维生系统、成本过高——反对者提出的阻碍清单总是能不断加长。但他们没有一点说对的。

在本书中，我会向你一一证明。我将为近期载人火星探索提供详细计划，这些所谓难题都将迎刃而解烟消云散，仅仅利用我们今日已经拥有的技术。

火星载人探索计划不是下一代的任务。它是我们的任务。

我们完全有能力开启新世界。

我们放手做吧。

罗伯特·祖布林

科罗拉多州，古登

2011年3月9日

序

下一个世纪属于火星。在太阳系里，只有这个世界最有可能找到过去的生命，甚至可能找到现存的生命。而且，用今天已有的技术，或者在很近的将来就能获得的技术，我们就能登上火星并生存下来。

罗伯特·祖布林的作品好多地方很幽默，而且有的题外话可不会讨NASA的喜欢，它是我所见过的关于火星的过去与未来综合性最强的记录。它解释了我们为什么应该到那儿去，怎么去；还有，也许是最重要的一点，等我们到那儿以后，怎么"在那片土地上生活"。

就我个人而言，我很高兴这么想：如果祖布林博士富有说服力的论点能被采纳，那么在我90岁生日前不久，第一支前去火星的探险队就会出发。与此同时，如果一切顺利，俄罗斯的火星登陆器正好会在我78岁生日前启程，上面有我录给下个世纪殖民者的口信：

给火星的口信

我叫阿瑟·克拉克，此刻我正在地球印度洋中的斯里兰卡岛

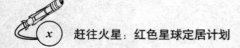

（它曾叫锡兰）上对你们说话。现在是1993年早春，不过这条口信是为未来准备的。我正在对你们这些男人和女人讲话——也许现在你们中有些人刚刚出生——听到这些话的时候，你们正生活在火星上吧。

随着我们走近新千年，很多人对那颗可能成为母星之外第一个真正家园的行星很有兴趣。在我的一生中，我幸运地看到，我们对火星的认识从差不多一无所知开始——其实比这更糟糕，还有误导性的幻想——发展到对它的地理和气候都有了真正的了解。当然，我们在许多方面依然很无知，而且缺少你们觉得理所当然的知识。但是现在，我们有你们那个精彩世界的精确地图，也能想象如何对它进行改造（地球化），让它更合心意。也许你们已经开始这项长达数个世纪的工程了。

火星和我现在的家之间有一条纽带，我在《上帝之锤》（*The Hammer of God*，这也许会是我最后一部小说）中写到了。本世纪初，一位名叫珀西·莫尔斯沃思（Percy Molesworth）的业余天文学家住在锡兰这里，他花了很多时间观察火星。现在，在你们的南半球，有一座宽达175千米的巨型环形山就以他命名。在我的书中，我想象也许有一天，一位新火星天文学家回望自己的祖星，试图看到那个小岛，在那里，莫尔斯沃思还有我都曾时常抬头凝视你们的星球。

曾经有一段时间，就是1969年首次踏上月球后不久，我们都还很乐观，觉得没准能在20世纪90年代登上火星。我在其他故事里描述过，倒霉的首次探险的一位幸存者在火星上观赏地球凌日，时间是5月11日——1984年！好吧，那时候火星上没人目睹这一奇观，不过2084年11月10日它会再发生一次。等到那时候，当地球从日轮上缓缓经过，看起来像一个浑圆的微小黑点时，我希望会有很多双眼睛回望着地球。我曾建议，到时候我们应该用大功率激光给你们发信号，那样你们就能看到一颗星星从太阳正面向你们发送信息。

跨越空间的鸿沟，我向你们致意。我的问候与祝福来自离下个世纪最近的10年，而就在这下一个世纪中，人类将首次成为一个太空种族，并踏上永不停步的旅程，直至宇宙终结。毫无疑问，祖布林博士书中的许多细节，和我自己在《奥林匹斯之雪》（*The Snows of Olympus*）中做的地球化火星练习一样，会被未来的技术进步绕开。但是，它战胜了所有看起来合理的怀疑，它告诉我们，母星地球之外第一个自给自足的人类殖民地就握在我们的孩子手中。

他们会抓住机会吗？离我写完自己的第一本书已经快50年了，在那本《行星际航班》（*Interplanetary Flight*）的结尾，我写道：

正如威尔斯曾说过的，选择整个宇宙——或一无所有……世界之间遥远的距离带来了巨大的挑战；可是，如果我们失败了，我们种族的故事就走向了尾声。人类将在仍未触及的高度面前回头，再次滑下那一段长路，跨越十亿年的时间，跌回太初之海的岸边。

阿瑟·C. 克拉克

1996年3月1日

前　言

　　我们选择登月！我们选择在这个10年中登上月球，还要做别的事情，不是因为它们容易，而是因为它们很难……因为这一目标将让我们最大限度地发挥并检验自己的精力与技能，因为这是我们愿意接受的挑战，我们不愿推迟的挑战，我们决心战胜的挑战！这种行为多多少少有关信念和理想，因为我们不知道前面有什么利益在等待我们……但是太空就在那儿，我们将向上攀登。

——约翰·F. 肯尼迪，1962

　　是时候了，美国将给自己一个全新的太空任务。最近举行的阿波罗登月25周年庆祝活动，让我们忆起曾经举国完成的重任，并把新的问题摆在我们面前：我们还是一个先锋国家吗？我们将继续选择努力担任人类进步的先驱，做一个着眼未来的民族，还是放任自己沉溺于过往，只在博物馆里缅怀那些辉煌成就？等到登月50周年的那一天，我们的子孙后代还会不会视其为标杆，继承这种开拓前线的传统？还是他们会觉得这好像7世纪罗马城废墟中依然可见的、由不凡技术创造的水管等古典产品，惊讶地自言自语："这曾是我们干的？"

　　无目标，无进步。美国太空计划曾有阿波罗等一系列辉煌开端，却在后来的20年里毫无方向地乱撞。我们需要一个高于一切

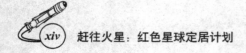

的核心目标来推动太空计划。在历史的这一刻，这一焦点只能是火星载人探索和定居计划。

火星是距太阳第四近的行星，大约比地球离太阳远50%，所以它比我们的家园要冷一些。火星的日间温度能达到17摄氏度，夜间温度则下降到－90摄氏度。由于火星的平均温度在冰点以下，目前在它的地表没有液态水。但事情并不总是如此。轨道飞船拍到的火星地表照片中可见干涸的河床，说明火星在遥远的过往比现在温暖潮湿得多。基于这一理由，火星是在太阳系中寻找地外生命（无论是过去的还是现存的）时最重要的目标。火星的白昼与地球非常相似——24小时37分钟；它的自转轴倾角也是与地球非常相似的24度，所以它有与我们相似的层次分明的四季。火星年是由669个火星日（686个地球日）组成的，所以每个季节的长度差不多是地球的两倍。火星是个大地方，虽然直径只有地球的一半，但因为地表没有海洋覆盖，这个红色星球的陆地面积几乎与地球上所有大洲加起来相当。离我们最近的时候，火星和地球的距离是6000万千米，最远的时候则达到4亿千米。使用目前的航天推进系统，去往火星的单程旅行需要6个月，比阿波罗登月需要的3天可长太多了，但还没有突破人类的极限。在19世纪，欧洲的移民们航行去澳大利亚也要花费几乎同样的时间。我们也会看到，这样的旅行所需的技术完全在我们掌控之中。

事实上，当本书付印的时候，NASA的科学家们已经宣布了一项惊人的发现：有强烈证据表明，被流星撞击后离开火星来到地球的南极洲岩石样本中，曾有微生物生命存在。这些证据包括复杂有机分子、磁铁矿、其他典型细菌矿物质残留，以及与细菌形状一致的卵圆形结构。NASA认为该证据很有说服力，但不是决定性的。如果这是生命的痕迹，它可能只在某种程度上代表了古火星生物圈，更多有趣而复杂的表现还保存在火星的化石床上。为了把它们找出来，靠机器眼和远程控制是不够的。要找到它们，我们需要人手和人眼去红色星球上漫游。

为什么是火星？

　　把登陆火星作为星际任务的目标，不仅仅是为了航天成就，也是为了再次确认我们社会的先驱特性。火星傲然孑立于太阳系的地外星体之中，它天然拥用不仅能支持生命、还能用于技术文明发展的所有资源。与月球相对荒芜的环境相反，火星拥有真正的海洋，虽然它还封存在土壤的永冻层中；它也有大量的碳、氮、氢、氧，只要具有足够的智慧，就能让它们为我们所用。这四种元素不仅是食物和水的基础，也能产生塑料、木材、纸张、服装，以及最重要的火箭燃料。另外，火星经历的火山和水文过程带来了与地球上一样的多种矿物质。已知对工业生产有重要作用的各种元素都存在于红色星球上。虽然火星地表没有液态水，但地面下可是另外一回事，我们有充分理由相信火星的地热能源现在还支持着地下的热水储备。这种热水储备可能成为微生物的庇护所，令它们从古火星维持至今；它们也可能代表沃洲，为未来的人类先锋提供充足的水源和地热能源。有了24小时的昼夜和足够屏蔽太阳耀斑的大气层，火星是唯一有能力利用天然日光维持大型温室的地外星体。即使探索才刚刚起步，我们也已经知晓火星拥有将来能进行商业输出的丰富资源。氘，氢的重型同位

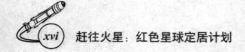

素，目前价值10 000美元每千克，其在火星上的含量为地球上的5倍。

火星可以定居。对于我们这一代及我们的追随者来说，火星是我们的新世界。

入乡随俗：去往火星的捷径

纵观历史，能成功的探险家和殖民者与其他人不同的一点就是，他们都不厌其烦地研究、学习、适应当地土著的生活和旅行方式。外来者视为荒野的，当地人视为家园。毫不奇怪，当地人才拥有认识和使用荒野环境中所存在资源的最佳知识。

在城市居民的眼中，北极景观荒凉，毫无资源，无法通行。但是对爱斯基摩人来说，这是一片富饶的大地。因此，19世纪，尽管英国海军舰队的蒸汽军舰花费了巨大的代价，去探索加拿大北极地区的西北航道，装载了煤炭和供给，但这些探险队与浮冰群斗争了多年后，依旧被短缺逆转了形势，几乎全军覆灭。

而与此同时，诱捕毛皮兽的小型探险队却利用狗拉雪橇在北冰洋畅行无阻。采用土著的办法，他们喂饱了自己和狗队，轻装上阵。利用不大的花销，他们完成的探险成就远远超过海军舰队。

这是太空探索的重要一课。虽然还没有出现火星人，但是如果有的话，我们可以先问自己几个问题：他们会如何出行？他们会从地球运输所需的火箭燃料吗？他们怎么解决氧气问题？他们如何得到水和食物？他们如何生存？答案只有一个：在火星上，就得像火星人那样生活。

狗拉雪橇去火星

　　关于载人火星飞行任务，许多高级概念其实和上面说的皇家海军去往北极的笨拙途径差不多。根据这些计划，我们需要巨型飞船把所有供给和整个任务所需的推进剂拖到火星去。因为这些飞船太大了，无法一次性整个发射，需要在轨道上组装，所以还得在轨道上长期储存超低温推进剂。这些操作都需要大型轨道设备的支持，而这种计划的预算简直遥不可及。已经有人做了一个这样的计划——响应1989年布什总统关于太空探索计划的号召而生的《90天报告》，得到的预算结果是4500亿美元。国会一看就震惊了，布什的计划就此完结，并从此阻止了大部分人对载人火星飞行任务的认真考虑。

　　然而，如北极探险一样，火星任务也有另一种完成方式：狗拉雪橇的方式。只要聪明地利用环境中可以勘探到的资源，这种方式对于发射任务的物流要求可以减少到非常现实可行的水平。

　　这就是"火星直击"的精粹。"火星直击"是我在1990年提出的火星探索新方法，我当时是马丁·玛丽埃塔航天公司的高级工程师，是为星际任务研发先进概念的领导人之一。这一计划不需要大型星际飞船，也就不需要轨道太空基地或储存设备。相反，队员和他们需要的居住舱由送他们去地球轨道的火箭上面级直接送去火星，这和迄今为止阿波罗计划及所有无人星际探测器登陆的方法都一样。用这种方法完成飞行任务，从根本上简化了所需硬件，大大缩小了任务规模；因为去除了轨道组装基础设

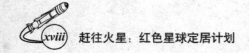

施，就不需要几十年的发展，也不需要几千亿美元的花费了。任务的关键，是利用火星当地资源制造返程推进剂和在火星地表所需的许多消耗品的能力。

火星的富饶，使红色星球不仅令人向往，而且触手可及。

载人火星飞行任务并不需要建造巨大的星际巡洋舰，只需要把足够支持一小队宇航员的有效载荷从地球表面挪到火星表面，然后再把这个载荷或类似的载荷送回来就行了。只要我们能好好利用当地资源，把任务物流成本降低到可控水平，这个任务完全是现有的技术和财政手段就可以完成的。轻装上阵，离家生活——这就是火星之旅的船票。

新想法的成长

火星直击计划，包括其开发理念和任务使命、硬件组成和整体架构、关键操作和物流要求、后备计划和中止选项，以及其进化潜力，都将在本书中阐述。1990年，当我和计划发展过程中最主要的合作者大卫·贝克首先提出该计划时，NASA的许多人都认为这太激进了，不值得认真考虑，但仍有一些人上心了。而随着时间推移，经过我的耐心解释和对其他选择的反驳，计划颇得到了一些支持。又有很多人努力投入进来，在他们的帮助下，这一概念稳步前进，发展成了最终决策。1992年，我被邀请为NASA当时主管探索的副局长麦克·格里芬博士作个简短的说明，他听后立刻决定支持我。然后，格里芬向NASA的新局长丹·古尔丁作了汇报，后者也开始支持这一计划，在1992年和

1993年NASA公众宣传期间举办的多次"镇民会议"中对此进行讨论。

在格里芬和古尔丁的支持下，我得以重返NASA约翰逊航天中心（JSC），说服负责设计载人火星飞行任务的团队认真研究一下我的计划。他们详细研究了基于火星直击的设计参考任务，但与原来的概念相比，把探险队规模扩大了一倍。然后他们根据火星直击的这个扩展版本做出了火星探索任务的预算。他们对于所有所需硬件开发和三次完整火星飞行任务的预算是：500亿美元。同一个价格体系曾给传统笨拙的NASA《90天报告》中的载人火星探索任务贴上4500亿美元的标签。在我看来，如果JSC设计参考任务能够裁撤过多的硬件和人员，预算还能减半：控制在200亿到300亿美元的范围内。

约翰逊航天中心也给了马丁·玛丽埃塔公司一小笔钱——准确来说是47 000美元，用来证明我提出的观点：火星大气可以通过简单的化学工程技术转化为火箭推进剂。我们做成了，在三个月内完成了效率为94%的全尺寸设备。这个证明太有说服力了，尤其是考虑到，无论我这个项目总工程师还是团队里的任何其他人，实际上都不是科班出身的化学工程师。如果我们可以造出这样的机器，说明这一点儿都不难。

我们能做到

200亿到300亿美元，这可不便宜，但它应该和大批量采购一种新的军事武器的价位差不多，和美国政府1995年夏天的某个下

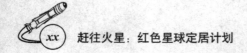

午给墨西哥的钱差不多。分散到20年里，前10年发展硬件，后10年进行飞行任务，也就是现有NASA预算的8%~12%。为了开启人类文明的新世界，这个数字对于这个国家来说完全可以接受。

探索火星不需要什么神奇的新技术，不需要轨道空间港，不需要反物质推进系统或巨大的星际巡洋舰。我们可以在10年内就建立火星上的第一个前哨，所利用的无非是已发展成熟的重要工程技术，这是用前辈们的常识就能够支持的。

我们如何能做到这一点，为什么我们应该这样做，是这本书的双面主题。

关于本书

用门外汉的话来说，本书是多年来投入到载人火星探索实际应用的科技工作的浓缩。虽然，你可以想象，载人火星飞行任务的细节具有高度技术性，但判断这类探险是否可行的核心基础并没有那么难以理解。这些策略上的问题，任何人只要愿意思考、具有一般常识，就完全可以明白。

不幸的是，至今还没有这样的信息对大众开放。现有的关于载人火星飞行任务的大众科普文献都语义模糊或过于天真，而科技文献又过于混乱晦涩。科技出版媒体总被各种科学组织利用来争取他们自身的利益，由此载人火星任务的科技文献常常被扭曲。受过教育的非专业人士确实找不到关于此话题的让人满意的书。《赶往火星》可以从部分程度上解决这个问题。

我尝试在本书中平衡好技术细节和语言的通俗性。要宣称一个计划比另一个设计得更好，这很容易，但不够真诚。因为谈论技术细节的时候，读者自然会找到支持或反对一项计划或技术的坚实论据。某些章节会更偏技术性（如第4章详细描述了火星直击，第5章列举了多种反对火星任务的争论，把它们作为袭面而来的神怪），但新手应该能和专家一样理解所有内容。如果你因为任何原因在真实的数字面前踌躇，继续读下去便是，忽略它们也不会影响理解。

　　我是一名航天工程师，但此前我的职业是科学教师，我会努力用清晰、简明的方式书写并解释技术材料。我的一项基本原则是（不同于我科学领域的同事之间流行的一些俏皮话），清晰并不是真理的敌人，而是真理最重要的盟友。另外，我强烈感觉到，为人类开启新的星球，与此相关的现实问题如此激动人心，对于人类的未来如此关键，它不应当仅为科学精英所占有，而应该引起每个人的思考。因此，在写这本书的时候，我决定争取多年的老友理查德·瓦格纳作为协助作者，他是《星际探索》（*Ad Astra,* 美国国家航天学会主办的大众科普型太空探索杂志）的前编辑，有多年向大众呈现科学争论的经验。有了他的帮助，加上自由出版社（Free Press）能干的编辑Mitch Horowitz的帮助，我相信《赶往火星》能成功地把载人火星探索的复杂性向大众读者解释清楚。

　　因为，你的理解，才能让我们飞往火星。

罗伯特·祖布林

目　录

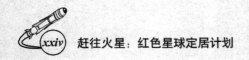

1 火星直击

火星是一颗令人惊叹的星球。它壮阔的山脉是珠穆朗玛峰的3倍高，峡谷则是科罗拉多大峡谷的3倍深、5倍长。它拥有广袤的冰原，数千公里长的神秘但干涸的河床。它未经开发的表面可能孕育着未来人类需要的超越想象的财富和资源，甚至能给男男女女们深思数千年的一些终极哲学问题带来答案。此外，火星有朝一日可能成为人类文明进展过程中新兴的分支家园，新的前沿；在此定居生根，也许便能开启人类代代相传的新引擎。当然，在我们登陆它的斑驳表面之前，一切都是空谈。

有人说过，人类登陆火星是一个遥远的探险计划，是"下一代"的任务。但与此相对的是，我们已经掌握了开启旅程所需的全部技术，足以进行持续积极的人类火星探险10年计划。四十余年前让宇航员登上月球的助推技术同样可以用于火星登陆，我们能让相对小型的航天器直接降落火星，让我们得以触摸这颗红色星球。

这是怎么实现的呢？我们可以看看从20世纪50年代到90年代几乎所有的载人火星计划，它们都需要巨大的飞船将航行所需的所有供给和推进剂拖往火星。由于航天器的体积过于庞大，无法作为一个整体从地球表面发射，必须在地球轨道上进行组装。这就需要一个想像中的平行宇宙，轨道里面有巨大的"干船坞"、飞船库、超低温（cryogenic）燃料仓库、动力站、检验点，以及工作团队的暂居空间，以便完成飞船的组装工作，还能储存大量推进剂。基于这些概念，有一个观点被无休止地重复又重复：火星航行计划需要花费数千亿美元，而相关技术在其他领域起码30年内都用不上。

然而，人类要踏上火星，既不需要匪夷所思的新科技，也不需要巨额资金。我们不需要建造《太空堡垒卡拉狄加》①般的未来派飞船前往火星。相反，我们需要的只是一些常识，采用现有技术，轻装上阵飞离地球，和我们既往已经成功过的陆地勘探几乎没什么两样。远离家园生活——利用当地资源——并不只是我们开发西部的方法，也是我们赢得地球，以及将来能够赢得火星的办法。传统的火星航行计划庞大而昂贵得不可思议，因为它企图将长达两三年的火星往返程飞行中所需的全部物资一次性从地球上搭载过去。但如果这些消费品是可以在火星上生产的，咻，故事改变了，彻彻底底地。

从1990年春天开始，我在丹佛马丁·玛丽埃塔航天研究所（Martin Marietta Astronautics）领导一支由工程师和研究人员组成的队伍，工作目的是按照上述模式开发出火星开拓计划。该计划被命名为"火星直击"（Mars Direct），它将代表最快捷、最安全、最实用及花钱最少的火星勘测和登陆方式。

"火星直击"，这个名字已经一目了然。该计划舍弃一切不必要的、昂贵的、耗时的弯路：不需要在近地轨道（low Earth orbit, LEO）组装飞船，不需要在太空补充燃料，不需要为飞船修

---

① *Battlestar Galactica*，知名美国科幻电影，也有同名电视剧。

理库扩大空间站，更不需要为拉开火星勘测的序幕而对月球基地进行旷日持久的扩充。避开这些岔路，可以使人类第一次登陆火星的可能时间提前20年，并同时避免不断膨胀的行政成本给年年延续的政府计划带来困扰。

根据粗略估计，火星直击所需开发的所有硬件会耗费300亿美元，一旦飞船与设备投入生产，则每次飞行需耗费30亿美元。这虽然还是一个大数目，不过这预算能用上10年，且只占现有联合军事与民用航天预算的7%而已。另外，这笔钱还将推动经济发展，这和20世纪60年代阿波罗计划涉及的科学和技术花费1000亿美元（换算成现今购买力），然后将美国经济带入高速发展如出一辙。

传统思想可能会觉得火星直击的简单性充满了吸引力，但也会觉得这不太可行——人类登陆火星所需的推进剂和其他供给实在太多，不太可能从地球直接运往火星。传统思想可能是对的，唯一不对的是：火星任务所需的推进剂和供给并不一定需要来自地球。我们可以在火星上找到它们。

从目前的战略眼光来看，火星直击计划是这样的：

2020年8月

一架由现有部件制造的新型多级火箭静静地等在卡纳维拉尔角①的发射台上，薄薄的金属外壳在清晨的阳光下闪着光。助推器看上去有点儿像老款的土星5号（Saturn V），正是它们把人类送入了月球的静海。新型的"战神"（Ares）助推器的载重

---

① Cape Canaveral，位于美国佛罗里达州。

能力与阿波罗时代的土星5号差不多，但它的核心凝结了过去数十年的心血：4个航天飞机主发动机（Space Shuttle main engine, SSME）和2个航天飞机固体火箭助推器(solid rocket booster, SRB)。发动机点燃了。战神射向天空的时候，火焰和烟雾划下了新太空时代的签名。大气层的遥远上方，战神的上半部分与已耗尽的助推器分离，仅点燃它单一的氢氧燃料发动机，并将45吨的无人有效载荷运送到火星——那就是返回地球的飞行器。

返地飞行器（Earth return vehicle, ERV）的名字就说明了一切。设计这一飞行器的目的是从火星表面将一队宇航员带回地球表面，降落在水域。去往火星的路上，ERV携带一个载在轻型卡车顶上的小型核反应器、一个自动化化学处理单元、一套压缩机，还有些科学用火星车。ERV的乘员舱内储存有一套维生系统、食物和其他必需物品，确保四人团队返回地球的8个月的旅途生活。虽然在它的回程中，两个推进阶段需要消耗约96吨的甲烷/氧气双组元推进剂（bipropellant），但降落在火星上的ERV燃料舱几乎是空的，只携带6吨作为生产原料的液态氢推进剂。

2021年2月

以每秒27千米的平均速度，进行了长达6个月跨越太空的旅程之后，ERV来到了火星。为了顺利抵达，ERV配备有减速伞（aeroshell），这是一个硬壳蘑菇般的盾牌，ERV利用它来刨过火星稀薄大气的上游。随后飞船的速度下降，使之得以在轨道刹停。它会在这里停留几天，对飞行控制器进行最后的系统检查。

然后，在一个清朗微风的黎明，选定的落地点可见线条清晰的影子，飞行器再次定位到大气层，准备最后的进入。再次利用减速伞，ERV降速到亚音速，直到降落伞能够打开，为飞船带来朝向火星表面的一次温柔着陆。在距地面还有几百米的时候，降落伞被抛落，改由小火箭点火照顾ERV触地前的最后时刻。

一旦落在布满尘埃的火星表面，ERV立刻开始手头的工作：从周遭稀薄的火星空气中寻找原料，制造用于返程的燃料。在ERV折叠状降落台的侧边，有扇门弹开了，一辆携带核反应堆的轻型卡车缓缓移了出来。它前边装着一个小型摄像头，为休斯敦的飞行任务控制者们充当眼线，使他们可以慢慢地将卡车移动到距降落地点几百米开外的地方。随着卡车的前进，绞盘上的一卷电源线也随之展开，使ERV的化工厂始终能连接到小型反应堆。一旦控制者调动卡车来到合适的位置，车上的反应堆将被吊拉起来，放入一个小环形山口或其他类似的自然凹陷处。反应堆开始运转，以100千瓦电力（kWe）激发化学处理单元。随后，这个小化工厂就开始工作了，通过一系列泵来吸取火星空气，使之与地球上搬来的氢反应，生产出供ERV使用的火箭推进剂。火星空气95%的成分都是二氧化碳（CO_2）气体。小化工厂将二氧化碳与氢气（H_2）相结合，产生甲烷（CH_4）和水（H_2O），前者将供飞船用作火箭燃料。甲烷化反应（methanation reaction），是19世纪90年代以来已在行业中实行的一个简单、直接的化学反应过程。随着甲烷化反应的进行，它还将帮助我们摆脱在火星表面储存超低温液态氢的潜在问题。小化工厂继续工作，将甲烷化反应过程中产生的水裂解成氢气和氧气，氧气储存为火箭推进剂，氢气则继续进入反应链用于产生更多甲烷和水。更多的氧气将由一

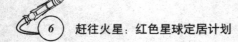

个第三方设备来制造，它能将火星的二氧化碳分解为氧气和一氧化碳，氧气储存起来，其他的作为废物排放。6个月的动作结束时，这个小化工厂已经将地球带来的6吨液态氢转化为108吨甲烷和氧气，足以满足ERV的需求，同时还有12吨多余的燃料可以用于火星地面燃烧动力车辆。利用火星上最常见的资源，即火星空气，我们已经将地球带来的火箭推进剂原料转化为18倍的能源。

这一化学合成过程可能对有些人来说有点混乱，但它其实是煤气灯时代就有的技术，与其他成功的太空任务所需的重要工序相比，它显得如此微不足道。然而，正是这种"地外生存"的概念，使火星直击成为可能。如果我们企图将所需的所有推进剂带去火星，那会需要多次发射在轨组装的大型航天器，飞行任务需要的经费更是不可预计。毫不奇怪，当地资源对发展火星飞行任务至关重要，对其他星球也是一样的。想想看，如果当年路易斯和克拉克决定带着穿越之旅所需的所有食物、水和饲料上路，将起码需要几百辆车来完成装载，这些车又需要几百匹马与相应的车夫，他们又会需要更多的供给。于是，一场物流的噩梦将使探险的费用远远超过杰斐逊总统所能掌控的美国资源。[①]现在还有什么疑问吗？如果不利用当地资源，火星飞行任务的价格标签将高达4500亿美元。

---

① 路易斯与克拉克远征（Lewis and Clark expedition，1804~1806）是美国国内首次横越大陆西抵太平洋沿岸的往返考察活动。领队为美国陆军的梅里韦瑟•路易斯（Meriwether Lewis）上尉和威廉•克拉克（William Clark）少尉，该活动由杰斐逊总统发起，对整个美国的意义非常重大。1803年，杰斐逊总统曾与这两位年轻人面谈，希望他们徒步进入难以捉摸的西北地区，考察一下属于印第安人的土地。杰斐逊当时或许并没有料到路易斯和克拉克此行最终会促成"路易斯安那购买案"，然而，当路易斯和克拉克完成使命回到华盛顿后，杰斐逊确实看到了将美国版图扩大两倍的机会，并最终以很低的价格与法国完成了这笔交易。"路易斯和克拉克之旅"堪称"美国历史上最伟大的探险"。

2021年9月

发射后第13个月，满载燃料的飞行器ERV端坐在火星表面，等待船员们的到来。美国航空航天局（NASA）约翰逊航天中心（Johnson Space Center, JSC）的工程师们监控了化学反应过程的每一个步骤，确保它们已经成功完成，并为火星直击任务给出了"前进"指令。ERV部署小型机器人检查了紧邻的地形并拍了照。首次人类火星探险的组员们对着陆位置的选择经验丰富并兴趣非凡，他们可以通过这些远程勘探者的工作，积极探测ERV的邻近情况。经过机器人数月的探测后，一个理想的着陆点被确定下来。ERV的机器人之一漫步在粗糙的火星表面，将雷达应答器放置在该位点，以帮助组员们安全落地。

2022年10月

战神3号运载火箭搭载了名为"小猎犬号"（Beagle）的航天器，这一命名来自查尔斯·达尔文在佛得角群岛建立旗帜性功勋时所乘坐的军舰，而同名的航天器也必然会开启人类历史的新时代。几周前，一个相似的推进器，战神2号，在佛罗里达州升空。战神2号与1号相同，携带着类似ERV的有效载荷冲向火星，此时聚集的人群正凝视着小猎犬号的发射，它上面携带了四名首次飞向火星的人类宇航员。

小猎犬号的主要组成部分是一个居住模块，它看起来像个大鼓。该模块大约5米高，直径8米左右，里面分为两层，各有2.5

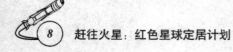

米的层高及100平方米的面积，足以让四位组员舒舒服服地住在里面。大家亲切地称为"蜗居"（hab）的，是一个闭环维生系统，有循环的氧气和水，食物足以支撑3年，另有大量应急用的脱水口粮，以及由甲烷/氧气内燃机供能的加压地面车。（见图1.1）

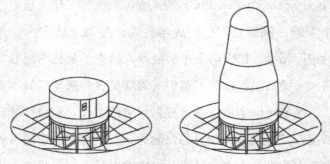

图1.1　火星直击蜗居和返地飞行器（ERV）各有自己的大气制动装置（aerobrakes）。

四位机组人员是真正的才子和才女。

鉴于他们的使命是远离家园的探索，所有人都经历过若干学科的交叉培训。从核心来说，他们分别是两个领域的科学家和两名机械师。一名生物地球化学家，一名地质学家，配备一名领航员，他同时也是一名称职的飞行工程师。最后一名成员是多面手，主要是飞行工程师，但同时也能提供各种常见的医疗服务，对科学调查的手段和目标有广泛的了解。从功能上来说，此人是所有专家的备份，并且还是任务指挥官。

登上小猎犬号后，四名组员各自做好准备：去往另一世界再返回家园将耗费他们整整两年半的时间，与几个世纪前探险家们环游世界的时间相同。距他们位于佛罗里达州的小飞船几英里处，超过百万人在卡纳维拉尔角扎营等待目睹倒计时钟归零。下面级①的推进器喷发后，倾泻出火焰的海洋。当战神3号终于离开发射台的时候，周遭的人群爆发出本国数年来难得一闻的欢呼声。火箭开始加速，推动上面级及其载荷穿过大气层。上面级的引擎依次工作并被抛弃，使蜗居达到火星转移航行所需要的速度。人类中的四员终于踏上了火星征程。

蜗居的驾驶员甩掉耗尽的火箭上面级，并用一条330米长的缆线将它拖住。蜗居上的一个小型火箭引擎发动后，会使系在一起的蜗居和上面级以每分钟2圈的速度旋转。这会带来足够的离心力，使蜗居中的宇航员得到通往火星的人工重力，与这片红色星球相契合。

2023年4月

在飞行的第180天，蜗居终于到达了火星。它扔掉了缆线和上面级，利用大气制动进入了轨道。组员们试图利用2020年就飞去火星的ERV，将小猎犬号准确降落在选定位点。战神1号ERV上的无线电信标、降落点的详细照片和地图、着陆台雷达应答器，及组员们的专业操控技术，都是准确着陆的保证。万一小猎犬号错过了着陆点（虽然这概率非常小），组员还会有三个备选方案。首先，他们在蜗居上拥有一个单程近1000千米范围内可用的燃料加压火星车。只要能降落在距着陆点这个范围以内，他们还是可以驶向ERV。其次，如果有什么天灾使小猎犬号远离着陆点1000千米以上，还可以采用第二个备选方案，这就是由战神2号发射的

---

① lower stage，通常指串联式多级火箭的第一级（最下面的一级），也可以指代相对位置比较靠下的层级。后文提到的"上面级"（upper stage），指一种可以在低压或真空环境工作的火箭级，位于多级火箭第一级以上。

ERV。它进入了比小猎犬号慢的轨道，所以它实际上是跟随组员们来到火星的。即使蜗居上的组员来到了火星的另外一边，还会有第二个可用的ERV落在他们附近。最后的备选方案是，组员们来到火星时的供给足以支撑3年，假如出现了不幸中的不幸，他们也只需要在火星上静心等待2024年发射的额外补给和另一个ERV。

然而，着陆正中靶心。虽然已经通过火星车传递到地球的图像对着陆点有了详细研究，但组员们真正用双眼看到火星景观的时候，还是感到了无与伦比的震撼。铁锈色的土壤点缀有大大小小尖锐的岩石，远处是小山坡和沙丘。这景像与美国西南部的沙漠有几分相似，除了红润呈鲑鱼色的天空。着陆仅仅是开始，还有太多事情要做，但这一刻他们只想凝视着火星，细细品味，因为在火星和地球40多亿年的历史中，还没有其他生物能用自己的双眼见到这一壮观的景象。

小猎犬号安全着陆后，战神2号的ERV会降落在大约800千米以外，并开始立刻自制推进剂。它将被人类的第二次探险用作ERV，供2024年随着蜗居2号来到着陆点的探险组使用。届时还将有第3号ERV开始在火星着陆点工作。随着飞行任务的进行，最终，一个探索基地网络将建立起来，将越来越多的火星表面变成人类的领土。

小猎犬号的组员将在火星表面花费500天。传统火星任务主要在轨道的母船上进行，间歇有小的着陆活动。与此不同，火星直击将全部组员放在火星表面，他们将进行探索，了解如何在火星环境中生存。没有人待在轨道上接受宇宙射线（cosmic ray）和零重力生活的危害。相反，全组人员都享有自然重力以及对火星环境中宇宙射线和太阳辐射的保护，所以没有必要快速离开。传统任务中被留在轨道中的宇航员几乎没什么可做的，只会浸浴在宇宙射线中，这成为了一项强烈的刺激因素，让他们缩短表面勘探的时间，一般是30天左右。这样的任务完成效率非常低下。毕竟火星往返需要一年半时间，而30天的逗留得不到什么结果。更糟的是，因为急着回家，传统任务采取的轨道还需要更多的推进剂。但仅仅有了额外的推进剂是不够让航天器直接返回地球的。因为地球和火星的相对位置总是在不断改变中。"快速回家"的飞行计划所用的轨道必须摆动穿越金星来获得引力助推，而那儿的太阳辐射相当于地球的两倍。

即使是如此长的地表勘探时间，宇航员的日子里还是会被大量计划塞满，这将大大拓展我们关于这个星球的了解，为未来的探险铺平道路，并最终达到人类建设和定居的需要。我们将了解火星的地质特性，它将告诉我们火星过往的气候历史、火星如何以及在何时失去了温暖而湿润的天气、关于复活火星（也许还能保护地球）的关键线索。地质调查还包括对有用矿藏和其他资源的寻觅。首先，宇航员将寻找容易提取的水/冰源，更理想的是存在于地下的地热水。冰或水是非常关键的，因为一旦找到水，未来的火星飞行任务便不再需要从地球携带氢气用于生产火箭推进剂，而可以在火星上建立永久性的基地，并开展大型温室农业。农业试验也是在优先名单上排名靠前的重要项目，为此要先建立一个充气温室。然而，地球居民高度关注的勘探领域，则是对火星生命的寻找。

轨道上拍摄的火星照片显示了一些干涸的河床，这说明火星表面曾经有水流，也就是说，那里曾经是一个适于人类生存的地方。有很好的地质证据表明，火星曾经是温暖而湿润的，至少在它的第一个10亿年间是这样的；这比地球出现生命的时间还长久。目前关于生命的理论认为，只要有合适的条件，从无生命物质到生命的演变是一个合乎自然法则的过程。如果这一切都是真的，如果该理论完全正确，则火星上也应该有生命的演变。它也许依然潜伏在这个星球上的某处，也许已经灭绝。无论如何，对火星生命（不管是活着的或已经变成化石的）的发现，能有力证明宇宙中生命比比皆是，晴朗夜空中数十亿闪烁星球都是太阳系一般的生命世界，隐藏了太多物种和文明，数不胜数。另一方面，如果我们发现火星虽然有过适宜气候，但从未出现过生命，则说明生命的演化依赖于脆弱的机遇。我们可能实际上独自存在于宇宙中。

鉴于该问题的重要性，寻找过去或现在的生命将是个重大任务，因为需要观察的地点太多。干涸的河床与湖底也许是火星生物圈撤退的最后堡垒，那里有希望找到最后的化石。覆盖星球两极的冰层同样可能有保存完好的有机体遗体，只要他们存活过。火星上还极有可能存在地下水，即地质学上所谓的热水，在这种环境中可能会有活的有机体存在。我们找到的有机体可能与地球上演化出来的任何生物都有所不同。通过对它们的了解，我们能够探索地球生命的哪些特点是偶然的，又有哪些对自然生命本身至关重要。研究结果可能带来医学、基因工程和所有生物及生化学科的突破。

寻找生命和资源的过程可能不仅仅是沿着火星地表漫步一段距离，钻一两个孔洞。去往火星的第一批勘探人员不得不远离他们小小基站能看到的地平线，在火星的广袤地形中穿越。加压地面火星车可以为宇航员们提供一个简单的环境，让他们得以花一周时间远离基地四处出击。火星车和ERV一样使用甲烷/氧气为燃料。ERV的小化工厂生产的甲烷/氧气燃料中有10%的储备用于支持地面勘探。有了这么多的燃料，宇航员完全可以探索基地周边的一大片区域了。在第一次任务结束之际，他们大约可以走过车辆里程表上24 000千米的距离。火星车上的组员在火星表面旅行时，会留下小型远程控制机器人，使基地的组员和地球上的我们能通过视频屏幕继续探索大量地点。

宇航员将进行的大量探索，无疑会带来惊人的信息量，这些信息令人耳目一新，独一无二，谁也不能单独消化。每个宇航员将定期与其所在领域的世界顶级专家进行探讨，在地球和火星之间建立起巨大的信息流。当然，组员们也会传递并接收一些私人信息，但因为火星和地球之间的无线电波传输存在时间差，他们需要花40分钟左右等待回答。这对于习惯电话交谈的人来说很麻烦，但如果把它想成写封正式邮件，大概也就不成问题。

2024年9月

结束了火星表面一年半的生活后，宇航员爬上ERV，升空，6个月后他们将听到地球迎接英雄的欢呼。他们留在火星的有基地1号、小猎犬号蜗居、一个火星车、一个温室、能源和化学工厂、甲烷/氧气燃料储备，以及几乎所有科学仪器。在2025年5月，第一批组员回到地球后不久，第二批组员已经乘坐蜗居2号来到火星，并在火星基地2号着陆。第二批任务的组员将把更多时间花在他们所在着陆点的周围，但有时也会去某个地方重访火星基地1号的小猎犬号，这并不是为了怀旧，而是为了在该区域继续进行一些必要的科学探索。

于是，每隔两年，如图1.2所示，就将有两个战神助推器在卡纳维拉尔角升空，一个把蜗居送到事先选定的位置，另一个运送的是返地飞行器，借此开启拜访红色星球新领域的下一次任务。每隔两年两架助推器：平均每年一次发射，只占我们重型火箭发射能力的12%，就可以给予人类火星探测计划持续而不断拓展的支持。这是我们绝对负担得起而且可以持续发展的。用于火星直击的战神发射装置、蜗居和返地飞行器（只有一级推进），同样可以用于建立和支持月球基地，这简直可以视为额外的奖励。虽然月球基地对于火星探索来说没什么值得强调的必要性，但其本身很有价值，尤其是作为上好的天文观测场所。这些常见的运输硬件既可以用于火星又可以用于月球的探索，从这个角度来说，火星直击在研发费用上节约了数百亿美元。

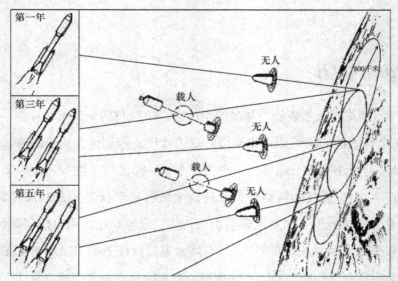

图1.2 火星直击任务程序。一开始将无人驾驶的返地飞行器（ERV）发射到火星，它将在火星自己制造甲烷和氧气燃料。然后，每隔两年发射两枚助推器，一枚运送ERV以开启新着陆点，另一枚将宇航员所需的蜗居运送到事先选定的位置与ERV会合。

火星直击也并非毫无风险。长期暴露在仅有地球引力38%的火星引力中，后续影响尚且未知。然而，根据宇航员们在更严重的零重力轨道设施中的生活经验来推测，大多不良反应是暂时的。另一个问题是，根据现有或近期的推进技术，宇航员将面临必要的转移轨道中6个月的空间辐射，这会让他们晚年罹患致命肿瘤的概率增加0.5%～1%。这不能轻易嗤之以鼻，不过我们这些在家老实过日子的人也面临20%的恶性肿瘤风险。

火星环境本身也会带来某些惊喜。无论是20世纪70年代的老式"海盗号"（Viking）登陆器，还是近期的"勇气号"（Spirit）及"机遇号"（Opportunity）火星探测车，其设计寿命都不超过90天，但它们都在火星表面毫无障碍地运行了数年，没有受到寒冷、大风或尘埃的影响。任务的最大风险来自机械或电力系统可能发生的重大故障。要将风险减至最低，可以对重要系统进行多个备份，何况任务过程中还有两位王牌机修工。但无论我们如何细心，首次登陆火星必然将带来某种程度的风险。这种风险将在我们2022年尝试进行火星直击时存在，放到下一代去尝试时还是会存在。不冒险，不成就；无勇气，无成功。

2033年5月

随着时间进展，新的勘探基地将会不断增加，但最终需要确定哪里是建立真正火星定居点的最佳位置。理想来说，它应该在地下地热水库之上，这将给基地提供丰富的热水和电力。一旦实现这一点，后来的登陆就无需去往新地点了。更多蜗居将降落在同一地点。渐渐地，一套类似小镇的结构体系将慢慢成形。地球和火星之间高昂的运输费用，需要我们在一年半固定的探索之旅的基础上，寻找愿意在火星表面进行更多探索的宇航员。随着火星居住经验的增加，食物越来越多，各种必需品被生产出来，宇航员们会把他们的逗留时间增加到4年、6年，甚至更久。随着年头的增长、新技术的推动和提供物资的承办商的竞标，向火星运送基地支持物资的费用也将稳定下降。选址位置将建设光电池板和风车，还有新的地热井，这都将增加能源供应。在当地生产的充气塑料结构还将增加小镇的加压生活空间。随着更多人持续前来，逗留时间也越来越长，小镇人口将慢慢增长。在这种情况下，火星上会有孩子出生，家庭壮大——人类文明新分支的真正聚集点首次形成。

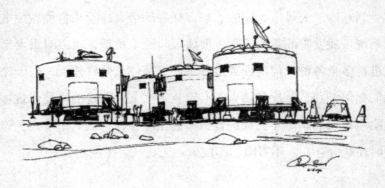

图1.3 连接火星直击蜗居，开始建立火星基地。（绘图：卡特·埃马尔特）

很可能，有朝一日，会有上百万人居住在火星，并称之为他们的"家园"。最终，我们可以利用人类技术改变火星目前的寒冷环境和干旱气候，让这个星球回归远古时温暖、湿润的状况。这一壮举会将火星从无生命或接近无生命的星球改造为可生活可呼吸的世界，支持多样化和新颖的生态及生命形态，这将会成为人类精神中最崇高和伟大的成就之一。想象到这一幕，所有人都将因身为人类而倍加自豪。

这就是我们的未来。今天，我们有机会开创这样的未来。我们能在10年内令四名男女同胞登上火星，开始在这个红色星球上的探索和定居。我们，以及并不遥远的下几代人，会永远享有这个荣耀：我们开启了人类的新世界。所需的一切只是现今的技术，加上19世纪的化学工程知识、一点点常识，还有勇气。

拓展阅读

远离家园的生活：阿蒙森，富兰克林，西北航道

历史一次又一次地表明，一小组人，利用一点预算，在他人具有完美后备却重复失败的领域，也可以取得巨大的成功，完成探险计划——只要这一小组人能够聪明地利用好当地资源。这是过往的探险家们忽略掉的重要一课。

1903年6月16日午夜，罗尔德·阿蒙森（Roald Amundsen）和他的六名船员在冲刷着雨水的夜幕下驶出了挪威的克里斯蒂安尼亚[①]，开往加拿大的北极地区和西北航道。去往北极的航道对探险家们来说像一个可望而不可即的奖赏：近3个世纪以来，数百次远征都未能驯服遥远北方这些变幻无常的冰堆、海峡和大洋。

阿蒙森追逐的是他少年时代的英雄——约翰·富兰克林（John

① Christiania，奥斯陆的旧称。

Fronklin）爵士的脚步，这是北极探险史上最伟大也最悲惨的名字之一。富兰克林大约在60年前开始寻找西北航道。阿蒙森驾着一艘30岁的老船，带着从兄弟那儿借来的钱，而债主紧追不舍；富兰克林则有大不列颠海军撑腰，指挥着两艘分别名叫"厄瑞波斯号"（Erebus）和"恐惧号"（Terror）的舰艇，每艘排水量都超过300吨，共有127名船员。根据历史学家皮埃尔·布列塔尼（Pierre Breton）的话，船上带着"……山一样的供给和燃料，以及19世纪海军航行的全部装备：上好的瓷器和精美的切割玻璃器皿，沉重的维多利亚式银器，圣经和祈祷书，仿制的木偶玩具①，制服上的黄铜纽扣闪闪发光，当然也少不了纽扣磨光器……"[1]总之，富兰克林带着他需要的一切，全面保证他的安全。

厄瑞波斯号和恐惧号于1845年5月19日起航，他们的指挥官希望能发现西北航道，并借这一壮举获得荣耀，但最终只得到遗忘。格陵兰岛的捕鲸船于6月25日发现富兰克林探险队的船拴在冰山上。这是欧洲人最后一次目睹这次远征的船只。富兰克林和他的船只、船员、所有的供给，驶入了北极的荒芜原野，消失得无影无踪。

在1848至1859年间，英国人共进行了五十余次远航，企图弄清他们究竟发生了什么。能用于拼凑当时情形的一些碎片包括：两条简短的信息，一些船员冻结而扭曲的尸体，欧洲文明社会中的本土爱斯基摩人从冰上捡回或从船上抢回的一些残物。它们表明，远征遭遇了不幸，因为富兰克林企图把他生活的环境带入北极。

1846年秋天，富兰克林和他的船员被困在威廉王岛附近的冰川

---

① 原文为Punch，指英国 Punch and Judy 木偶戏中的主角。

中。他们试图依赖携带的咸肉生活下去。探险队带了足够的肉，但没有一点新鲜肉，而咸肉不能防止坏血病。以前的探险者们指出新鲜肉类有抗坏血病的作用，但富兰克林没有理会这一忠告。他也不是个好猎手：虽然带了枪，但也许在英国平原打打鹧鸪不错，可并不适用于北冰洋。他们唯一能依赖的是口粮中的一点柠檬汁。一个接一个的船员变得虚弱而死去，富兰克林1847年6月还在船上出现过。其他一些人希望能在南方找到救援，于是弃船而逃，但在拖着沉重的铁制橡木雪橇穿越北极荒原时迷了路。所有船员都死了。

阿蒙森追随了富兰克林的脚步，但不会追到他的坟墓去。他没有把整个家带在身上，而是接受当地环境，采用"远离家园生活"的策略。他学习用驯鹿内脏和生鲸脂来对抗坏血病。他学习爱斯基摩人在北极的旅行方式，也就是狗拉雪橇，这使他在狩猎时能更好地活动。他还学会了制造爱斯基摩人的冰屋，并且像他们那样用鹿皮做衣服，而不是坚持像英国人那样穿羊毛织物。

阿蒙森和他的6名船员乘坐的"约阿号"（Gjoa）也被冻住了，他们不得不在威廉王岛东南角的小港口里耗费了两个冬天，这离富兰克林的探险队遇难的地方不远。但他们并没饿死。由于很好地利用了狗拉雪橇的灵活性，他们奔波数百公里进行狩猎和探险，不仅活了下来，还有了重要的地球物理发现：地球磁极的移动。约阿号的船员在毁灭富兰克林远征的同样环境中活得生气勃勃。最终，在1905年8月破冰之后，约阿号从威廉王岛出发，几周后征服了西北航道。又航行了4个月，阿蒙森来到了一个边远的居民点，并发了封电报，将他成功的消息传给远在挪威的主要资助者，选的还是对方付费。6年后，阿蒙森利用他在威廉王岛学到的技能，成为第一个到达南极点的人。

2 从开普勒到太空时代

应当建造适合飞向神圣天空的船与帆。

然后也会有这样的人，面对太空的浩瀚无垠，他们绝不畏缩。

——约翰尼斯·开普勒写给伽利略·伽利雷的信，1609

我们曾经到过火星。1976年7月20日清晨，美国飞船海盗1号降落在克里斯平原（Chryse Planitia）——红色火星的黄金平原上。着陆的那一刻，虽然海盗号已经在3.3亿千米外的行星地表降落，加州帕萨迪纳的美国航空航天局喷气推进实验所（Jet Propulsion Laboratory，JPL）里却没有人知道这艘无人飞船是安全抵达了，还是一头栽进了地里。海盗号安全着陆的消息传来之前的将近20分钟里，JPL里的观众只能喝几杯早咖啡，耐心等待。

海盗号着陆后几乎立刻就开始了工作。在一组预编程指令的控制下，登陆器着陆仅25秒就拍摄了一张高分辨率图片，画面是登陆器一个脚垫附近的区域。海盗号将图片实时发了回来。海盗计划的工程师和科学家们掐着表等待遥远的无线电信号传来，与此同时，图像数据以光速飞向地球。然后，伴着兴奋、喜悦、毫无疑问还有一些惊讶，他们看到一张火星地表的照片缓慢地逐行出现在眼前。

脚垫的图像确实有点煞风景，不过这第一张照片给JPL里的人们带来了巨量重要信息。它告诉所有人，登陆器安全抵达，成像系统工作正常，效果良好。图片很清晰，小石头清楚地从火星土壤中凸显出来，海盗号脚垫上的铆钉和工程师老式白衬衫上的纽扣一样清晰。第一张照片之后，按照预编程的指令，海盗号接下来要拍一张全景照，展示附近区域的概况。当时目睹的人们也许永远不会忘记这一幕，火星地表就这样揭开了面纱。海盗号拍到的是一幅贫瘠的景色，大大小小边缘锋利的石头杂乱无章，远处有沙丘和起伏的小山。这是一个空旷的世界，似曾相识，却又完全陌生。

数个世纪以来，人类一直在观察火星并建立相关理论。这些研究与富有创造力的想象启发学者做出了无数理论上的设想，也告诉所有人，人类的头脑有能力探索宇宙，理解宇宙的复杂性。现在，人类的眼睛看到了一片新的风景，我们明白，人类对宇宙的了解又迈进了一步，从理论层面到实际层面。这是一条漫漫长路，它的起点不是20世纪后半叶，而是更久以前，路上也曾有过牺牲。

走出黑暗时代

1600年2月19日，星期六。清晨，意大利文艺复兴时期伟大的人文主义者乔尔丹诺·布鲁诺（Giordano Bruno）被提出牢房，剥光衣服。他被堵住嘴巴，赤身裸体地绑在火刑柱上穿过罗马街头，身后的裁判官们齐声嘲讽，喋喋不休。队伍抵达了处决地点——庞培剧场前的鲜花广场（Square of Flowers）。一个剑子手手握火炬，将一幅耶稣基督的画像举到罪人面前，要求他忏悔。布鲁诺愤怒地扭头不看。柴堆点燃了，人类历史上最睿智的人之一就这样被活活烧死了。

布鲁诺被处死是因为他公开加入论战，写书宣扬宇宙是无穷的，星星和我们的太阳一样，有人居住的行星——和地球一样——绕着它们运行。所以，那些世界里的观察者抬起头来，就会看见天空中——他们的天堂里——我们的太阳和绕着太阳转的地球。因此，"我们就在天堂里"。

这样的想法在中世纪的确很震撼，但是为什么需要通过杀戮来阻止它的传播？为什么和布鲁诺同时代的后辈伽利略也受到了死亡的威胁，被软禁了数十年？为什么天文学这样一门似乎毫无实际价值的科学，在文艺复兴时期却成了带来痛苦的学科？简而言之，火刑柱为什么竖得那么高？

火刑柱之所以那样高，是因为天文学威胁到了西方文明和知识的整个理论框架，进而威胁到了权力。从巴比伦时期到布鲁诺的时代，拥有无数星辰和五颗行星的天堂对大众而言是神圣不可知的。它是少数人的禁脔：在巴比伦时期，天堂属于占星家和祭司；而在布鲁诺的时代，它属于教会。听听公元2世纪的亚历山大图书馆馆长克劳迪亚斯·托勒密（Claudius Ptolemy）是怎么捍卫本轮（epicycle）的吧，这种天文学说认为地球是宇宙的中心，太阳和五颗已知的行星绕本轮（小的圆轨道，其圆心以恒速绕着以地球为中心的大圆运动）运行。有人质疑本轮说不合情理（为了让本轮和观察结果吻合，新的补充理论不断添加到它的模型里），托勒密这样回答："把我们人类和那些不朽的神放在相同的地位，用完全与它们的神圣性不相称的立场来对待那些神圣的事物，这都是不可容许的……所以，关于天体的运行，我们建立理论时不能以地球上发生的事情去推断，而必须从它们内在的本质出发，以这一点为基础：天堂的所有运动都有其永恒不变的周期。”在托勒密看来，天堂的物理定律和地球上的完全不同。对人类来说，宇宙是不可知、不可变、不可控的。打着神圣的幌子，掌权的神职人员独占了对神秘事物和超自然现象的解释权，对于那些超越理解力的事物，只有他们才能告诉人们，什么是正确的，应该怎么做。

所以这样的情况延续了十几个世纪，直到一些思想家提出质疑：宇宙真的永远不能被人类智力所理解吗？这一行动的发起者是尼古拉斯·哥白尼（Nicholas Copernicus），1510年到1514年间，他重新发展了被人遗忘已久的日心（heliocentric，以太阳为中心）说，这一宇宙理论最初是公元3世纪的希腊思想家，萨默斯的阿里斯塔克斯（Aristarchus of Samos）提出的。在日心系统下，行星绕太阳以圆轨道运行。这个概念是革命性的，甚至是异端邪说，而且它不能精确地吻合观察到的行星运动，但当时的一些学者从哥白尼系统基本的简洁中看到了美，约翰尼斯·开普勒（Johannes Kepler）就是其中的佼佼者。

开普勒生于1571年，他是一个虔诚的信义宗教友，也是个顽固的柏拉图主义者，他满怀激情，在严谨的几何规则中探寻宇宙的本质。他这样写道：“几何学是唯一的，永恒的，它是上帝意志的投影。我们把人类叫做上帝的影子，原因之一就是人类有了几何学。”

这段引语是整个事情的关键。如果人类的头脑能够理解宇宙，这就意味着从根本上说，人类的头脑和神的头脑处于同一层次。而如果人类的头脑和神的头脑处于同一层次，那么上帝创造宇宙的时候，在他的"几何学"看来合理的每个事物，以人类的理解力看来，也应该是合理的。因此，如果我们勤于探索和思考，就可以找到每个事物的合理解释和基础。这是科学的基本命题。布鲁诺正是为它而献身的。开普勒着手证明这一命题，并以此扫除了西方文明灵魂中的黑暗。而他之所以成功，离不开火星的巨大帮助。

1600年2月，也就是布鲁诺被处决的那个月，开普勒前去为第谷·布拉赫（Tycho Brahe）工作，毫无疑问，后者是那个时代最伟大的天文观察家。布拉赫有自己的一套宇宙理论，他委托28岁的开普勒计算火星轨道，当然，都是为了证明布拉赫自己的理论。1601年10月，布拉赫去世，神圣罗马帝国皇帝鲁道夫二世（Rudolph II）让开普勒接管了布拉赫的观察记录宝藏，并让他接替了布拉赫皇家数学家的职位。现在，开普勒拥有了向火星全力猛攻的弹药。

从亚里士多德时代开始，天文学家们就简单地假设行星全都绕着圆轨道运行，因为正如亚里士多德本人所主张的，圆是完美的几何形状，也只有圆周运动才能周而复始，确保行星的永恒运行。开普勒用尽了所有办法，却实在算不出能够吻合布拉赫观察记录的圆轨道。是的，他可以援引本轮，不过开普勒拒绝这样做。本轮特别设立的系统是不合理的———一定有一个合理的答案。可如果不是圆轨道，那该是什么轨道？开普勒殚精竭虑，花了8年时间，终于发现了第谷的火星观察记录中透露的信息：火星绕椭圆轨道运行，太阳是轨道焦点之一。现在我们知道，火星轨道是除冥王星外所有行星的轨道中最接近椭圆的，冥王星直到

20世纪才被发现，它的发现对所有天文学理论提出了严峻考验。其实，如果火星轨道真是圆的，阿里斯塔克斯/哥白尼理论可能就被大家接受了，没有人会再刨根究底。

1609年，开普勒出版了自己的劳动成果，这本书的全称为《建立在因果律上的新天文学或以高尚的第谷·布拉赫的观察记录为基础深入研究火星运动得出的天体物理学》（*A New Astronomy Based on Causations or a Celestial Physics Derived from Investigations of the Motions of Mars Founded on the Observations of the Noble Tycho Brahe*，简称《新天文学》）。不同于从前的许多天文学家和哲学家，开普勒公开宣称，这本新天文学并非简单地构建一个数学模型来重现天堂的运动，而是描述天堂"真相"的一本专著，这部鸿篇巨制推翻了两千年来的教义，并用建立在事实基础上的天文学取而代之。这本书中，他提出了现在我们所知的开普勒行星运动第一定律和第二定律：行星在椭圆轨道上运动，太阳是轨道焦点之一；在相同时间内，从太阳到行星的向量径扫过的面积相等。这两条定律是正确的，今天你能在航天动力学的所有课本里找到它们。不过，书中同样重要的还有这个观点，严格来说可以称为开普勒的错误假说：行星是由太阳发出的"磁力"推动的，磁力"以阳光的形式"从太阳中释放出来。反对者们指责他将物理学和天文学混为一谈，开普勒回应说："我相信这两门科学的联系如此紧密，缺少任何一门，另一门都不能达到完美。"换句话说，开普勒没有描述一个几何上漂亮而已的宇宙模型——他深入研究了宇宙，就可知的本质而言，它的因果关系人类可以理解。开普勒借此将人类在宇宙中的位置迅速提升。虽然人类不再居住在宇宙中心，开普勒却证明了我们可以理解宇宙。因此，正如本章开头引用的开普勒写给伽利略的信里所说，人类不但能用智力去理解宇宙，理论上我们也可以亲身走向宇宙。

随后，开普勒花10年时间进行了进一步的研究，出版了代表作《宇宙和谐论》（*The Harmony of the World*）。书中他提出了自己最后一个伟大的发现——行星运动第三定律：行星公转周期的平方与它到太阳距离的立方成正比。有了这条定律，从数学上推出今天我们所知的牛顿万有引力定律就相对比较容易了。牛顿定律是今天我们所说的经典物理学的基础，经典物理学是科学知识强有力的新载体，有了它，18、19世纪的工业革命才成为可能。随着开普勒对火星的研究，黑暗时代走向了终结，科学和工业的革命开始了——人类和火星的首次邂逅，收获颇丰。

望远镜之旅

开普勒曾利用火星来证明地球是一颗行星，并由此暗示，行星，这些天空中运动的小光点，可能真是与地球相似的广阔世界。可是怎么探索这些不可思议的新天体呢？不久后就出现了相应的工具。开普勒出版《新天文学》仅仅一年后，伽利略就将新设备——望远镜对准了天堂。经过几周的观察，他发现了月球上的山脉和围着木星跳舞的"三颗小星星"，这进一步佐证了开普勒的宇宙观。很快，望远镜就用于观察火星了。

1636年，意大利天文学家弗朗西斯科·丰塔纳（Francisco Fontana）利用望远镜绘制了第一幅火星图，不过今天看来，这幅图上没有任何可识别的特征。1659年，荷兰天文学家克里斯蒂安·惠更斯（Christiaan Huygens）绘制了第一幅表现一个已知火星特征的图，那是一个大致呈三角形的暗斑，今天我们称为大瑟提斯（Syrtis Major）。通过对瑟提斯和相似特征的仔细观察，早期天文学家确定了火星的自转周期，或称火星日（sol），它和地球的很接近。1666年，意大利人乔凡尼·卡西尼（Giovanni Cassini）测得火星日为24小时40分钟，比今天公认的24小时37分22秒长了大约两分半钟。卡西尼似乎也首先记录了火星的一个极冠①，不过到1672年，惠更斯才首次绘制出一个极冠的草图。通过1777年到1783年之间的观察，天王星的发现者威廉·赫歇尔（William Herschel）注意到火星上应该有季节变化，因为它的极轴与轨道平面呈30度角（现代测得值为24度）。

对火星的观察一直在进行，尤其是邻近"冲"（opposition）的时候，这是指从地球上观察，火星（严格来说，任何地球轨道外的行星）和太阳正好处于相对位置的时候。在这样的时间段里，火星与地球的距离比任何时候都近，因此看起来最亮。到19世纪初，天文学家已经搜集了丰富的火星基本数据：轨道周期，火星日的长度，行星质量与密度，到太阳的距离及其地表重力。但真正令观察者们着迷的，是火星多变的脸。许多年来，望远镜的目镜告诉人们，火星的脸上分布着随时间变化来来去去的暗斑。同样，观察者们在两极地区发现的明亮的白点，也会随着火星季节的变化在一年中周期性地扩大和缩小。而且火星上似乎存在大气层，因为有的观察者发现了火星上空云朵的模糊迹象。

---

① polar cap，火星南北极有水冰或干冰覆盖的区域，是火星上水冰重要的储藏库。极冠会随火星上季节的变化消长。

对观察者和火星研究来说，1877年的火星冲日尤其硕果累累。美国海军天文台（U. S. Naval Observatory）的阿瑟夫·霍尔（Asaph Hall）发现了火星的两颗小卫星，并立刻将它们命名为"福波斯"（Phobos）和"得摩斯"（Deimos）——意思分别是畏惧和恐怖，真是战神之星的好随从。①不过人们事后才知道，1877年值得铭记，可能是因为一系列的观察结果翻开了火星观察史上动荡的一页，这也是天文学史上最奇特的篇章。

1877年，将望远镜对准火星的那些人中，有一位是意大利天文学家乔凡尼·斯基亚帕雷利（Giovanni Schiaparelli），米兰布雷拉天文台（Brera Observatory）的负责人。斯基亚帕雷利的观察报告中记录了火星地表超过60个特征的位置，不过，除了许多标准的特征，他还报告说看到了火星上交叉的线状斑纹。他用地球上的河流为这些特征命名——印度河和恒河，不过他的作品中却将它们称作"渠道"（canali），这是意大利语中通道或沟槽的复数形式。虽然他并不是第一个注意到这些奇怪斑纹的人，却第一个大规模确立了"渠道"系统。十多年后，帕西瓦尔·洛威尔（Percival Lowell）的狂热将把火星和火星"渠道"推向世界瞩目的位置。

洛威尔出生在一个著名的新英格兰家族中，他的家族盛产诗人、教育家、政治家和实业家（伟大的诗人艾米·洛威尔是他的妹妹，他的弟弟阿伯特·洛威尔当过哈佛大学校长）。快到40岁的时候，洛威尔迷上了火星，他对斯基亚帕雷利的观察结果尤为痴迷。对洛威尔来说，解释只有一种——从"渠道"这个词语

① 福波斯和得摩斯都是希腊神话中战神的儿子。火星又叫战神之星，所以用这两个神的名字为火星卫星命名。

中，他看到的不是通道，而是运河。有运河就意味着有智慧体的合作劳动，有生命。出于我们还不清楚的一些原因，洛威尔认为火星需要自己的关注，然后他真的将无人能及的激情和财力，统统投入了火星。

1894年4月，就在两年一度的火星冲日来临的几周前，洛威尔为自己的研究建造的工具——位于亚利桑那州弗拉格斯塔夫的洛威尔天文台落成了。在这座火星山上，洛威尔和他的团队花了十多年时间研究和绘制火星地图。洛威尔和助手标注了成百上千条运河。从运河的数量和分布方式中，帕西瓦尔·洛威尔清楚地看到了一个外星种族在这片濒临死亡的不毛之地上挣扎求生的奋斗史。

洛威尔充满同情地描述了火星上的智慧种族如何试图预防必将到来的末日，获得了大批拥趸。他的作品的影响力被冒险小说作家进一步扩大，埃德加·赖斯·伯勒斯（Edgar Rice Burroughs）就是其中之一。伯勒斯以洛威尔描绘的火星为背景，描述了一个极富浪漫色彩的火星文明，他们称自己的母星为"巴森"（Barsoom）。伯勒斯的火星小说主要是讲这样的故事：火星上的生活丰富多彩，却有怪物、野蛮人和极度疯狂的火星暴君，勇敢美丽的公主受到他们的威胁，爱冒险的英雄前去救美。披着"巴森"的外衣，洛威尔的火星让数以百万计的读者如痴如醉。

不过许多年来，无论是洛威尔作为作家、演说家的雄辩才华，还是他的精力与狂热，都无法捍卫他的理论，对抗天文学界的冷嘲热讽。随着其他观察者们运用更加先进的望远镜却没有找到火星运河的任何证据，舆论的潮流慢慢变得不利于洛威尔。现在我们知道，洛威尔关于火星的研究彻底是错的，但是他的确留下了宝贵的遗产：他点燃了人们的想象力，让他们看到了火星上的世界。是的，那个世界最后被证实是天方夜谭，但是，那个世界的图景大大提升了大众的观念，至少提升了一部分——在开普勒时代三个世纪后，甚至在今天，大众仍在很大程度上固守着古老的地心视角，把地球看作唯一的世界，天上的小光点围着我们转。可供居住的火星，它只存在于洛威尔的想象中，然而现实正源于想象。洛威尔的作品激励了火箭技术的先驱者，其中就有罗伯特·戈达德（Robert Goddard）和赫尔曼·奥伯特（Herman Oberth）。他们开始设计发明工具，利用这些工具，不久后太阳系就变得触手可及。人类不但能用眼睛观察，而且能实际到达那些地方。海盗号着陆那一刻，洛威尔的精神触摸到了火星遍布岩石的地表。

海盗号寻找生命

吸引海盗号登上火星的正是生命。虽然洛威尔的幻想破灭已久，但如下想法却从未消亡：火星上可能藏着某种形式的生命原住民。1965年7月，第一艘派往火星的飞船，美国的水手4号（Mariner 4）从火星旁边掠过，它发现火星地表贫瘠荒芜，坑坑洼洼，看起来更像月球而不是巴森，这无疑彻底扑灭了关于这颗红色星球的洛威尔式幻想。那些人希望收到来自生命遥远边陲的明信片，可实际看到的是一幅葬礼似的图景，一颗衰老的、死去的行星，用科幻作家阿瑟·C. 克拉克（Arthur C. Clarke）的话来说，一块宇宙化石。1969年夏天，水手6号和水手7号确认了前辈的发现。科学实验证明了水手4号对大气层的探索结果——富含二氧化碳，大气压强（atmospheric pressure）很低，只有6~8毫巴。（1毫巴是地球上海平线大气压强的1/1000，所以，7毫巴意味着火星大气层比地球大气层的百分之一更薄一点。）从南极附近测得的温度来看，极冠是由凝结的二氧化碳——干冰构成的。根据飞越火星的水手号观测的结果，这是一颗寒冷、毫无生气、坑坑洼洼的行星——绝不是你愿意待的地方。然后，水手9号来了。

和之前的美国飞船不同，水手9号会进入绕火星的轨道。在早先那些水手号飞船掠过红色星球并尽可能采集信息的地方，水手9号和一艘同伴飞船将待上60天，绘制火星地表图，观察行星动力学。不幸的是，1971年春天，那艘同伴飞船水手8号发射后不久就坠毁在大西洋里。不过5月30日，水手9号完美地升空，驶向火星。就在几天前，苏联发射了火星2号和火星3号，二者都是轨道飞行器/登陆器组合飞船。奔赴目的地的途中，几艘飞船都没有遇到什么意外。不过火星上却出了点麻烦。

9月22日，离两艘火星号探测船和水手9号预定的到达日期大约还有2个月，天文学家们注意到，在火星的诺亚奇兹地区（Noachis region）上空，明亮的白色云团开始形成。云团以小时为单位迅速增长，几天内就覆盖了整颗行星。现在能认出来了，这是尘暴。随着探测器的逼近，火星为自己蒙上了一层面纱。11月12日和13日，水手9号远距离拍到的火星是一片空白的圆盘，只在南极附近有微小的光点，赤道上空有一些小黑斑。14日，飞船滑入火星轨道。水手9号向下俯瞰，看不到任何可供识别的特征。探测器的操纵者们修改了任务计划，让它做点科学实验，拍点照片，不过实际上，这些指令是让飞船躲开尘暴。

火星2号和火星3号就没有这样的选择了。和水手9号不同，苏联的探测器没有适用于这种情况的运算能力。到达火星后，轨道飞行器按计划释放了登陆器，它们一头扎进了有记录以来最强的一场火星尘暴中。火星大气层中，时速160千米的狂风肆虐，两颗盲降的探测器猛地撞向地面，气囊减速系统根本无法保护它们。火星2号坠毁了，火星3号落地后勉力发射了20秒数据，然后失去了联系。

苏联的轨道飞行器运气并不比登陆器好到哪里去。由于遥测传送系统太差，火星2号的所有数据几乎全部丢失，而火星3号进入了一条不稳定的绕火星椭圆轨道，只拍到一张公开照片。

尘暴肆虐，苏联探测器遭遇厄运的同一时间，水手9号平静地绕着火星运行，等待尘埃落定——字面含义和比喻含义都一样。1971年12月底、1972年1月初，火星的天空逐渐澄净起来，水手9号开始发回一些生动得不可思议的图像，那是一个超越想象的世界。

水手9号此前远距离拍到的小黑斑现在露出了真面貌：那是巨大的山脉，水手9号在尘暴中拍到的是山顶。一个世纪前，天文观察家就曾记录过最大的山脉中有一块明亮的区域，并将它称为"奥林匹克之雪"（Nix Olympica），意思是奥林匹斯山上的雪。这个名字非常合适，因为最后人们证明"奥林匹克之雪"是太阳系里最高的山峰——奥林匹斯山（Olympus Mons）[1]。它在火星上拔地而起，高约24千米，占地约有密苏里州那么大。火星上另一

---

[1] 火星上的奥林匹斯山根据地球上的同名山脉命名。

个天文学家熟知的区域，科普雷兹区（Coprates region）同样让人大吃一惊。从望远镜里观察，科普雷兹区是一块短而粗的带状暗斑，呈边缘清晰的云雾状。随着天空慢慢澄净起来，紧盯水手9号的科学家们意识到，自己正看着尘雾慢慢落进一条峡谷，这条峡谷的大小也是奥林匹斯级的。为了纪念水手9号，我们将它命名为水手号峡谷（Valles Marineris）。这条参差不齐的裂痕在火星上绵延近4000千米，宽度达200千米，深度6千米。和它相比，地球上的峡谷都成了侏儒（如果有必要的话，你完全可以把落基山脉塞到水手号峡谷的一条侧谷里，然后谁都看不见它了）。

水手9号在轨道上每转一圈，就传回更多震撼的信息。不过，最大的惊喜是图片上那些蜿蜒的通道（是的，"渠道"！），它们似乎是由流水冲刷形成的——火星上有河床。

不管之前的水手号扼杀了多少浪漫的想象，水手9号都让它们死而复生。这颗探测器证实了前几艘水手号的许多发现，同样也推翻了不少，例如火星只不过是另一个月球的观点。想象一下，用一条和火星赤道大致成50度夹角的直线将它一分为二。这条线的南面是一片坑坑洼洼的古老世界，正如水手4号、水手6号和水手7号发现并记录的一样。而在它的北面，坑洞很少，却有大量近期的地质活动的痕迹。起初的3艘水手号飞船造访了火星南面，丝毫没能发现其他地区也许完全不同，这是一个巧合。水手9号拍摄的照片（超过7000张）和搜集的数据扫除了火星是"宇宙化石"的观念，取而代之的是，它的发现讲述了这颗行星冰与火的传奇故事。在遥远的过去，火星地表的地质活动十分活跃。这里曾有火山咆哮，将广阔的地带重塑；星球内部的地质活动撕裂大地，塔尔西斯区（Tharsis region，奥林匹斯山的所在地）拔地而起数千米；河水在地面流淌，水量丰沛，时期很长，足以在火星地表冲出沟壑。火星曾经是一个温暖、湿润、地质活动频繁的世界。这再次把问题摆到了我们面前：现在，或者说也许在过去，火星上是否充满生物活动，生命欣欣向荣？

为了回答这个问题，天文学家和生物学家们发现自己从火星生命的概念退回到另一个概念，它比火星生命简单一点，却还是很复杂，那就是：简单地说，什么是生命？如果不能定义什么是生命，如果我们在地球上都不能辨别生命和非生命的区别，那要到4亿千米外的小红点上去寻找生命，这事可就难办了。所以，要在火星上寻找生命，首先就得检阅一下宇宙中我们唯一知道的生命样本，地球生命。不管地球生命有怎样的形式、外形和大小，它们的存在总会改变自己所在的环境。这样的改变可能很小，甚至是细微的，尤其在研究微小的生命形式时。不过，不管生命是大是小，它总是会通过新陈代谢和呼吸作用改变所在的环境，这两种复杂的物理化学过程确保某种生命，或者说任何生命的存活。将气密的盒子密封起来，其中的混合气体（假设盒壁不会漏气）将保持稳定。如果把一只猫放进盒子里，混合气体很快就会发生变化（猫的状态也会变化）。所以，要寻找生命的信号，可以建立一个受控的环境，放入样品，然后观察盒子里发生的物理化学变化。如果发生大的变化，原因可能就是生物进程。事实上，海盗计划的科学家们正是这样做的。

海盗计划说起来相当简单——1973年，发射两枚轨道飞行器、两枚登陆器去火星寻找生命。不过最终，事实证明它操作起来困难重重。预算短缺让发射延迟到1975年，回想起来，这竟是一种幸运。因为要是在1973年发射的话，飞船根本就没准备好，用一位海盗小组成员的话来说，除非"在性能和可靠性上都作出妥协"。

4艘海盗号飞船上满载各种仪器：成像设备、水气测绘仪、热测绘仪、地震学设备、气象学设备，诸如此类，不过任务的核心是登陆器上的生物包。海盗计划的工程师们将3个生物实验室打包在一起，总重量大约9千克，这个包裹可以相当合适地放在你的书架上。

生物包中的3个实验基于同一原理：将一些火星尘土放在培养基上，装入密封容器，在不同条件下培养，然后测量吸收或放出的气体。这几个实验的区别在于培养样品的具体方法不同，试图探测并将之作为生命存在证据的对象也不相同。海盗号的登陆器上配备了一台X射线荧光仪，能够确定土壤中的元素成分，还有一台气相色谱-质谱仪（gas chromatograph mass spectrometer，GCMS），可以探测识别土壤中的有机物。

海盗1号抵达的第八个火星日——当地时间8"火星日"，地球时间1976年7月28日——随着登陆器伸出取样臂，控制它在火星地表缓慢移动并将土壤送进生物包，对生命的探寻开始了。3个实验装置都收到了自己的一小份样品并开始工作。让人难以置信的是，接下来的3天里，3个生物实验都测到了强烈的气体释放，这是生命存在的信号。在某些情况下，培养基和火星土壤一接触，这样的反应几乎马上就出现了。

往轻里说，海盗计划的生物组震惊了。3个实验，3个正反馈，3个存在生命的迹象……也许是吧。气体释放的信号很明确，但它们的开始和终止都很突然，这更像是化学反应而不是生物性的繁殖，所以要提高警惕。在太阳系里任何一个地方发现生命，都将产生深远影响，不仅对科学，而且对整个人类社会。和开普勒时代那次一样，人类将再次更加完整、确切地认识到自己在宇宙中的位置。我们将了解到，虽然我们不是宇宙的中心，但宇宙中遍布生命体，我们是其中之一。我们将了解到，宇宙属于生命体。毫无疑问，这不是一件小事。

生物组成员都不希望仓促地宣布这样一件大事，仓促行事只会是比赛里的抢跑。所以保守派占了上风，特别是生物组里有不少人强烈怀疑，观察到的反应是非生物源的。一次记者招待会上，生物组主要的研究者之一，诺曼·霍洛维茨（Norman Horowitz）宣布了自己实验中的首个正读数，并表明了态度。"我要强调，"他告诉那些迫不及待的记者，"我们没有在火星上发现生命——没有。"

第23个火星日，气相色谱-质谱仪分析了一份火星土壤样品，没有发现有机碳的痕迹。在生物包已经测量到那些反应的情况下，这个结果让人大为惊讶，也加剧了争议。科学家们曾预期，GCMS至少能找到微量非生物源的有机物，例如来自陨石的材料。事实上，关于GCMS还有人担心——怎样区分有机物是生物性的还是非生物性的？不过现在，既然GCMS在火星地表的土壤中没有发现任何有机物，对一些人来说，在火星上寻找生命就变成了寻找某些方法，让火星上绝无生命这一发现与先前的生物学结果相吻合。

9月3日，海盗2号降落在乌托邦平原（Utopia Planitia）上，这里和海盗1号的着陆点隔了差不多半个火星，距离6400千米，偏北大约25度。土壤的生物学实验和GCMS分析都很快开始了，这里的土壤比克里斯平原的稍微湿润一些。又一次，生物学实验测得了正反馈，在一些人看来它更像是化学反应的标志；而GCMS依然没有找到有机碳。又一次，实验结果引发了争议，一些研究者坚持它是生物反应，其他的则认为是化学反应。又一次，实验结果凸显出一个根本性的问题：海盗号探测器能且只能执行4个实验，其中3个表示"可能有生命"，而另一个表示"十分值得怀疑"。如果能把这些土壤样品送回地球上的实验室里，我们可以追加更多实验来彻底解决这一争议。在地球上，我们甚至可以将样品放入培养基，直接通过显微镜观察结果。不过，在火星上，海盗号有限的4个实验室中，这些都不可能。所以，面对自相矛盾的实验结果，我们毫无办法。用作家Leonard David的话来说："海盗号去了火星，问它到底有没有生命，火星回答说：'麻烦你换个方式来问，行吗？'"

今天，大多数研究者——不过肯定不是全部——认为海盗号没有找到生命存在的证据。相反，他们提出了一个设想：火星土壤中可能富含过氧化物和超氧化物。根据这个理论，海盗号的实验结果中，至少有2个是有过氧化物参与的化学反应。GCMS在两个地点都没有发现有机碳，这正好和过氧化物/超氧化物理论吻合，因为过氧化物会严重破坏有机物。不过不是每个人都信奉这个理论。有人提出，也许GCMS敏感度不够高，不足以发现极微量的有机材料，而那很可能就是生命。而在海盗号中进行培养时，你可以想象，如此稀少的孢子可能迅速繁殖到一个很大的数量，足以放出正信号。与此相似，生物包中正信号突然终止，可以从化学方面简单地解释为过氧化物耗尽，也可以解释为土壤样品中的生物过度繁殖，被自己的排泄物毒死。吉尔伯特·莱文（Gilbert Levin）是生物实验包之———标记释放

（Labeled Release，LR）实验的负责人，迄今他仍坚信自己的仪器发现了火星生命存在的证据。海盗号登陆火星10年后，莱文写道："……通过多年的实验，我们试图用非生物学的方法重现我们在火星上得到的数据，结果发现，大多数科学分析表明：火星上的LR实验中探测到的更可能是活的生命体。这不仅仅是一种猜想，而是对所有相关的科学数据进行客观计算得出的结论。"[2]在同一本书的20页以前，另一位生物组成员诺曼·霍洛维茨写道："对某些人来说，不管有没有证据，火星上一定存在生命……你不用走太远就能听到这种观点：火星上的某个地方藏着一个伊甸园———一个潮湿、温暖的地方，火星生命欣欣向荣。这是白日做梦。"[3]

我个人认为，评价火星生命存在的可能性时，霍洛维茨过于严苛，而莱文则有点过于乐观了。最合乎情理的说法是：海盗号没有在火星的地表土壤中发现生命。因为火星地表上没有液态水，也几乎没有有机物，我们假设存在稀少的孢子，为此空泛地争论，可是在这样的条件下，它们怎么完成自己的生命周期？要对此作出合理解释几乎毫无可能。此外，由于火星大气中几乎没有臭氧层，整个地表都沐浴在强烈的紫外线照射下，它消灭微生物的效果可是相当不错的。不过，不管霍洛维茨怎么坚持，都不能排除这样的可能性：在火星地表下面，也许真有一个微生物的伊甸园。事实上，地球生命的例子告诉我们：生命不仅能在伊甸园那样的环境下蓬勃发展，同样也能在地狱般的环境里繁荣昌盛。真的，有一种叫化能生物的细菌家族，它们从各种无机化学材料中获得能量，而不是依靠阳光（例如植物）或有机营养物（例如我们）。一个能够适应70～90摄氏度的环境温度、通过将硫氧化来获取能量的小小群体，在地下环境中也许如鱼得水。近期更多发现即将证明，这样的生物几乎必然存在于火星上。就在我们的地球上，你能想到的最极端的环境中，科学家们也曾发现过坚韧不拔的生命，它们靠着贫乏的资源艰难求生。在南极洲，地表的岩石中地衣群落繁荣生长，多孔的砂岩保护了它们，这些生命离外面的严酷环境只有1厘米左右的距离。深海中的缝隙喷出富含矿物质的沸水，在它周围，大量微生物群落欣欣向荣。有的生物只有在高温环境下才能茁壮成长，而有的偏爱低温；有的生物只在碱性条件下生长，有的则需要酸性环境；有的生物靠硫提供能量，有的靠铁，还有的靠氢。生命不但能在极端环境下存活，也有可能跨越长得难以想象的时间。20世纪80年代末，英国一个研究组发现，一种名为盐杆菌的耐盐性微生物可能会被困在岩盐中，在它们咸咸的小窝里，盐杆菌可以存活几个月。出于好奇，研究组着手从一个天然的地下盐层中采集样品，该盐层形成于二叠纪，两亿三千多万年前。他们又一次在岩盐中发现了充满液体的小洞，在其中的一小部分（350个中的6个）洞里发现了有活性的盐杆菌，能够进行实验室培养——时间已经过去了2亿多年。[4]

　　无论大小，所有在极端环境下幸存的生物都有一个共性：它们存活的环境虽然很贫乏，但都有水源。有丰富的证据显示，在遥远的过去，火星的地表和地下都有水，这一事实佐证了生命存在的可能性。过去甚至就是现在，在某个人们未曾想见的"伊甸园"里。这种生命存活的环境可能是某些热点，比如温泉、地下热区、地下的永久冻土沉积层、地下或近地表的浓盐水中；甚至可能是蒸发沉积矿床①区，例如盐层——在地球上，盐层数百万

---

① evaporite deposit，成矿物质呈离子真溶液状态被搬运到封闭盆地中，在强烈蒸发作用下，各种盐类依次结晶沉淀富集而形成的矿床。又称盐类矿床。

年来都是微生物的家园。许多地质学家相信火星上一定有地下水，至少在某几处有，可能位于地面下1千米左右的深度。远古温暖湿润时在火星地表演化的生命，现在可能退居到了地下水源附近。最近，华盛顿州的研究者发现了一种生活在地底深处的细菌，它们依靠冰冷的地下水与玄武岩反应放出的化学能存活。假设火星上也有类似的地下环境，我们没有什么理由不相信，类似的生命同样也能在那里存活。重点是，生命很顽强，即使在火星上找到它可能很难。没人指望在火星上看到6条腿的巴森战马①群雷鸣般奔过沙丘，不过微生物水平的生命，生存在有掩蔽的环境中，这就是另外一回事了。它有可能存在，或者曾经存在过。要发现它们，机动性、敏捷性和感知能力都有限的自动探测器当然不够。

海盗号之后

生物学实验结束后很久，海盗号的轨道飞行器和登陆器仍持续进行科学观察。1978年7月25日，2号轨道飞行器最后一次发回信号；近两年后，1980年4月11日，2号登陆器失去了联系。1号轨道飞行器在1980年8月17日发回了最后的信号；1982年11月5日，1号登陆器也陷入了沉寂。

1988年，苏联两次试图发射飞船探索火星及其卫星福波斯，不过苏联及后来的俄罗斯所有的火星计划似乎都被诅咒了（他们一共尝试了至少16次，无一成功），这次也不例外，它失败了。

① Thoat，伯勒斯火星系列作品中类似马的一种虚构生物。

美国的火星项目同样必须面对失败。装载7个仪器的火星观察者号（Mars Observer）飞船原计划在一个火星年的周期内对火星进行研究，这一计划将极大地增进我们对火星的了解，至少研究者们是这么希望的。不过就在飞船预计进入火星轨道的前几天，它失去了联系。工程师们试图重现问题，他们推测可能是在飞船准备点燃引擎滑入火星轨道时，一条燃料管破裂了。不管原因到底是什么，17年的断档期后，美国的火星探索计划似乎即将进入冰期。

幸运的是，国会山没有以火星观察者号的失败为借口大幅削减NASA的火星探索预算，他们对继续海盗号走过的探索之路很有兴趣，虽然中间颇多周折。随着人们关注的新焦点转向"更快、更省、更好"地完成行星际探索，NASA从火星观察者号的失败中总结教训，提出了一个长达10年的火星探索计划。新计划不再向红色星球发射大型飞船，而是发射一系列的小型飞船进入火星轨道并登陆。1996年底，随着火星全球探勘者号（Mars Global Surveyor，MGS）飞船和火星探路者号（Mars Pathfinder）的发射，这一计划开始了。探勘者号的大小只有火星观察者号的一半左右，1999年3月，它开始从极轨道上测绘火星，并一直顺利工作到2006年。我们从探勘者号获得的测高数据中发现，火星的北半球上有一个大盆地，底部相当平坦，地球上这么平的地方只有海底。这标志着火星北部曾经存在一个大洋。[5]另一个发现可能更激动人心：2001年和2005年，MGS分别对同一个环形山拍摄了照片，这组照片中显示出了这几年间新形成的一条水侵蚀沟。[6]它形成的原因只能是，在2001年到2005年间，有水从环形山的壁上短暂地流出过。这证明了今天的火星上存在地下液态水源。1997年7月4日，火星探路者号在降落伞、制动火箭和安全气囊的帮助下着陆了。它在火星地表以40～60英里每小时①的速度颠簸了几下，成功着陆，然后打开舱门，释放出一辆名叫旅居者（Sojourner，以反奴隶制的女英雄Sojourner Truth命名）的微型火星车。着陆点位于阿瑞斯谷（Ares Valles）一条向外流的河道处。旅居者在这附近漫游了两个月，搜集地质资料，寻找圆卵石和砾岩，它们是水源的显著标志。

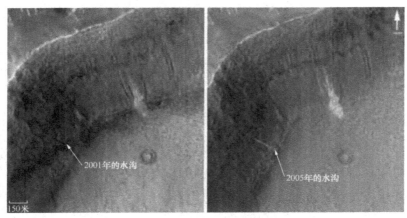

图2.1　火星全球探勘者号（MGS）在2001年和2005年对同一个环形山拍摄的照片，图中显示在此期间有一条新的水侵蚀沟形成了，这标志着存在地下蓄水层，才会有水短暂地流出。（图片来源：马林空间科学系统/NASA）

1996～1997年，两次成功的发射让美国的火星无人探索计划加速进行，而与此同时，预算短缺与糟糕的运气让俄罗斯的火星计划陷入了混乱。他们的最后一次尝试是"火星96"（Mars 96），计划将一艘飞船送入绕火星轨道，将两个小科学站、两个钻探器送上火星地面，但1996年秋天的一次发射失败结束了这个项目。这导致俄罗斯的第二个项目"火星98"被无限期推迟，

---

① 英制速度单位，1英里每小时约合0.447米每秒。

该项目原计划向火星发射轨道飞行器、火星车、探空气球各一个。这个计划中的玛索科德号（Marsokhod）火星车比美国的探路者号大多了，后者只能在着陆点方圆10米范围内活动，前者的探索范围可达50千米。探空气球由法国航天局国家空间研究中心（CNES）制造，它拖着一条装载仪器的"蛇尾"，白天可以在火星大气层中以4千米的高度飞行，夜间则降低高度。气球的设计巡航时间是10天，在风力的帮助下，这段时间足够气球在火星上空飞几千千米。然而，由于俄罗斯的经济在接下来的10年中持续低迷，火星98项目前景黯淡。现在，它是否还有付诸实施的一天很值得怀疑。

美国的火星探索计划也有走霉运的时候。1999年秋，火星气候探测者号（Mars Climate Orbiter）入轨失败，火星极地着陆者号（Mars Polar Lander）着陆失败。不过NASA坚决地推进10年计划，2001年10月，他们成功地将火星奥德赛号（Mars Odyssey）飞船送入了绕火星轨道。火星奥德赛号用红外摄像系统和伽马能谱仪测绘火星地表的矿物质含量，它还发现，在高纬度的大片区域内，土壤中的水分含量超过60%（以质量计）。10年后，火星奥德赛号仍在正常工作。[7]

紧接着，2003年年中，NASA向火星发射了两辆中型火星探测漫游者（Mars Exploration Rover，MER，即下文所称火星车）。6个月后，它们抵达了火星，在安全气囊的保护下，两辆火星车都成功着陆了，着陆点相距很远。2004年1月3日，勇气号火星车在古瑟夫环形山（Gusev Crater）底部着陆，古瑟夫环形山位于火星赤道以南15度，大小和康涅狄格州差不多。古瑟夫吸引计划制订者的地方在于，它的边缘被一条长达900千米的峡谷切开，这条峡谷可能是在很久以前由流水冲刷形成的，也许这条河道还曾向环形山中注满水。勇气号将寻找这里曾经有水的证据。要找到这样的证据，勇气号得从着陆点出发，踏上艰苦的征程，事实最后也证明了这一点。第二辆火星车机遇号在三周后着陆，着陆点隔了差不多半个火星，这片区域叫子午高原（Meridiani Plenum），是火星上最平坦的地方之一。计划制订者在选择着陆点时仍以寻找水存在的证据为主要考虑，火星全球探勘者上的仪器发现这片区域很可能富含灰赤铁矿。地球上也有这种铁的氧化物，它通常出现在潮湿的环境中。当机遇号传回第一张照片，MER小组既惊讶又高兴地发现，火星车着陆在一个小环形山里，面前正好是一片裸露的层状岩，很难找到比这更理想的着陆点。

图2.2 勇气号火星车在火星地表工作。（图片来源：NASA/JPL）

图2.3　勇气号的影子映在火星上。（图片来源：马林空间科学系统／NASA）

　　两辆火星车的设计任务时间都是90个火星日。名义上的任务时间结束前，两辆火星车都找到了火星上曾存在液态水的可靠证据。2004年3月，MER科学小组宣布，机遇号在所探测岩石的结构和形态两方面都找到了液态水的可靠证据。几天后，科学小组报告说勇气号发现了盐层，它是古瑟夫环形山里一条古海岸线的遗迹。肚子里或者说主板里有了这些成果，两辆火星车更能安心干活了。

　　六年多的时间里，两辆火星车持续进行科学研究，在火星地表匆匆奔忙。它们熬过了火星的冬天，熬过了尘暴和机械故障，也熬过了短暂的数据丢失。正如它的名字一样，勇气号战胜了无数困难，其中一次是在2004年6月，它的右侧前轮开始失灵。精密的轮子提示控制组让火星车向后驱动，在平坦的地面上行进时，坏掉的轮子只能拖着走。这两辆火星车曾拂去巨石上的小石子，再从巨石表层磨下粉末，仔细检查土壤的微观细节；它们曾目睹福波斯和得摩斯升落交替，曾拍下尘暴肆虐，甚至曾在火星的天空中寻找流星。它们拍摄了海量原始照片，从精美的全景照片到微小沙砾的特写镜头。这些照片都可以通过网络看到，要是你有时间浏览25万多张照片的话可以试试。[8]

2009年5月，经过一处脆弱的地层时勇气号的轮子坏了，它陷进了松软的沙里。最终证明它实在陷得太深了，在完成了7730米的旅程后，NASA宣布这辆顽强的小火星车转为静止的科学平台。即使发生了这样的意外，研究者们仍仔细检查了勇气号试图自救时搅乱的泥土，对裸露土层的深入研究再次找到了火星上曾经存在水的证据。仅仅不到一年后，这辆火星车沉寂下来，它最后一次联系是在2010年3月。与此同时，机遇号仍在勤奋工作。许多年来，勇气号健康的双胞胎兄弟从一个有趣的目标奔向下一个。到2010年年底，它已经走完了一条艰苦长路的一大半，这条路线长达15千米，目的地是奋进环形山（Endeavour crater）。机遇号又熬过了一个冬天，火星上的风还很巧地吹干净了太阳能电池板，它大概会继续走下去。火星车成绩斐然，不过最了不起的大概还是这个：它们竟能让美国国会在一件事上达成共识。2009年3月，国会全票通过，认可了火星车取得的成绩，高度赞扬说："……NASA的火星车取得了成功，作出了意义深远的科学贡献。"

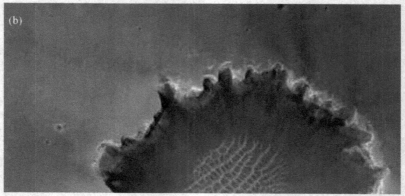

图2.4 机遇号在火星上留下的轨迹。（a）从火星车的角度看。（b）从火星勘测轨道飞行器（Mars Reconnaissance Orbiter，MRO）的角度看。

（图片来源：马林空间科学系统/NASA）

2004年，欧洲的第一颗探测器抵达了红色星球。火星快车号（Mars Express）是一个野心勃勃的计划，它由一颗法国-意大利联合制造的轨道飞行器和一颗英国登陆器小猎犬2号（Beagle II）组成。虽然小猎犬号降落时坠毁了，轨道飞行器却获得了成功，它发回了大量数据，其中包括首次发现火星大气层中有微量甲烷。[9]这些数据一开始引发了争议，但最终得到了完全的确认。2009年，NASA戈达德太空飞行中心（Goddard Space Flight Center）的一个研究组宣布，他们不但通过地面观察确认了火星大气中存在甲烷，而且还发现了许多"大股的甲烷气流"——春夏季比较温暖的时候，甲烷迅速增长。在火星的北半球，上空有甲烷气流出现的地区，通常都有证据显示远古时曾有地面冰层或活水。[10]

更让人感兴趣的是，研究组确认了火星上有一种将甲烷从大气中除去的机制，这种机制的效率很高，很难单独用紫外线引起的光化学破坏作用来解释。某些东西能够破坏火星大气中的甲烷，不用花几个世纪，只要4个地球年，甚至也许只要半年就行。所以，现在火星上存在甲烷，这说明火星上一定有甲烷的制造源，现在就有。这只能用生物学或热液地质学的理由来解释。也意味着要么有生命，要么，至少有适合生命的地下环境。因此，如果人类探索者对这样的环境进行钻探取样，将有很大可能发现生命。在实验室中对这些生命进行仔细检查，那时候宇航员们就能确认，火星生命的生化性质是和地球上所有生命都一样，还是说他们有完全不同的发展路线。所有地球生命——不管它是蘑菇、人类、鳄鱼还是细菌——都表现出同样的生化性质，摄取同样的氨基酸，使用同一套RNA/DNA规则在亲代和子代间传递遗传信息。但生命必然是这样的吗？所有生命和我们所知的地球生命都遵循同样的范式吗？还是说存在更多错综复杂的可能性，我们只是其中的一个特例？这些问题是我们理解生命本质的关键。火星快车号发现的甲烷告诉我们，答案也许就在那颗红色星球上。

图2.5　火星勘测轨道飞行器（MRO）。（图片来源：NASA/JPL）

NASA的火星勘测轨道飞行器（MRO）于2006年入轨，开始对火星的测绘。它的成像系统很优秀，足以从太空中真切地看到勇气号和机遇号火星车，并指引他们的征途。借助它所拍摄的照片，现在我们可以挑选没有巨石的着陆点，确保将来的探索者们的安全，不管是机器还是人类。2008年，凤凰号（Phoenix）在火星北极成功着陆。起这个名字的原因是，凤凰号是用1999年失败的火星极地着陆者号留下的零件制造的，它的成功弥补了那次任务的失败。自1672年克里斯蒂安·惠更斯发现明亮的火星极冠以来，关于它的成分就争议不断。凤凰号找到了纯水冰，彻底——或者说至少在火星的北部——解决了这个问题。

　　NASA火星计划的下一步是火星科学实验室号（Mars Science Laboratory），它最近更名为好奇号（Curiosity，这个名字是堪萨斯州的六年级学生Clara Ma起的）。这颗探测器预计将在2011年11月发射[1]，2012年8月着陆。它由放射性同位素电池（radioisotope generator）[2]供能，所以不管有没有阳光、处于哪个季节，都能工作。好奇号上装载的科学仪器将是勇气号和机遇号的11倍，它能走得更快、更远。好奇号的主要先进性（及投资额）见表2.1，这张表格比较了好奇号和前辈MER火星车的各项数据。

图2.6　火星科学实验室好奇号。（图片来源：NASA/JPL）

---

① 好奇号已于2011年11月26日成功发射升空。
② 一种利用放射性同位素衰变获得能量的电池，主要特点是受环境影响小，可持续时间长，几乎不需要维护，尤其适合深海或太空等环境。又称放射性同位素发电器。

表2.1　好奇号与MER（勇气号、机遇号）的数据比较

规格	MER	好奇号
本体长度	1.57米	2.7米
本体质量	174千克	900千克
仪器质量	6.8千克	80千克
供能方式	太阳能	放射性同位素
平均功率	24瓦	125瓦
平均移动速度	100米每天	300米每天
闪存	256 MB	2 GB
电脑运算速度	35 MIPS[①]	400 MIPS
着陆系统	安全气囊	火箭
费用	4亿美元（每个）	23亿美元

　　好奇号将配备一套可以拍摄三维真色度照片和视频的成像设备，它由马林空间科学系统（Malin Space Science Systems）的成像专家研制，采用《阿凡达》导演詹姆斯·卡梅隆提供的输入端；机械臂上装有先进的显微镜，发现可疑的岩石或土壤时，可以用显微镜检查里面是否存在微生物化石；还有一套洛斯阿拉莫斯实验室（Los Alamos lab）研制的激光系统，能将7米以内的岩石气化，再用法国产的光谱仪分析蒸气的化学成分。其他用于确定土壤样品元素成分及矿物学特征的仪器还有：一台加拿大的阿尔法质子-X射线光谱仪，一台俄罗斯的中子频谱仪，以及一台美国的X射线衍射/荧光测定仪。它还将配备非常先进的气体分析设备，由NASA和法国航天局国家科研中心（CNRS）联合研制，不仅能从火星大气中测出微量的有机气体（如甲烷），还能基于同位素组成辨识出这种气体是地球化学源的还是生物源的。西班牙研制的气象包让好奇号能测量大气湿度、压强、风速和风向、

---

① Million Instructions Per Second的简称，衡量计算机性能的指标之一。它表示单字长定点指令的平均执行速度。

气温与地面温度以及紫外线强度。最后，好奇号还会配备美、德联合研制的名为RAD的仪器，它能测量和描述火星地表的辐射光谱，为人类的登陆做好准备。

因此，好奇号耗资巨大，而且风险很高，因为NASA这次抛弃了"用多个小型探测器代替单个大型探测器"的路线，这原本是他们从火星观察者号的失败中总结出来的。事实上，好奇号还没发射就险些夭折。2008年，NASA科学部部长临阵退缩，试图以超出预算20%为由终止这个计划（超出的这部分本在预料中，而且其他80%已经花出去了）。这激起了计划支持者的强烈反对，其中就有我一个。强硬的NASA局长麦克·格里芬（Mike Griffin）也持坚定的反对态度，终于拯救了好奇号。所以，我们都将屏息静待好奇号顺利通过发射与着陆的严格考验。

图2.7　喷气推进实验所里展出的三代火星车复制品。中间的是小旅居者，于1997年登陆火星。左边的是一个火星探测漫游者，勇气号与机遇号之一，于2004年登陆。右边的是好奇号，计划在2012年登陆。（图片来源：NASA/JPL）

2011年，俄罗斯、中国、芬兰合作进行的福波斯-土壤（Fobos-Grunt）计划也整装待发。它将由俄罗斯负责发射，控制中心位于乌克兰，搭载有：中国首颗行星探测器萤火1号（Yinghuo-1）轨道飞行器，上面装有研究火星电离层（ionosphere）和磁层的仪器；两颗芬兰的"气象网"（Metnet）火星地面气象探测器（接招吧，你们这些对火星探索袖手旁观的国家）；以及一颗俄罗斯探测器，它将在火卫1福波斯上登陆，用俄-中联合研制的设备组开展研究，搜集土壤样品，并带着样品返回地球。这个计划如果成功，将成为首个行星际取样返回任务，并无形中为俄罗斯接下来的取样返回计划铺平道路，他们的目标包括小行星、彗星以及带外行星的卫星。①

未来10年里还有更多无人探测计划，其中包括2013年NASA的马文（MAVEN）计划，其研究对象是火星电离层和大气；还有2016年的火星科学轨道飞行器（Mars Science Orbiter）计划，它将搜寻甲烷的泄出点，这也许会带领我们找到火星生命的地下家园。2016年的时间表里还有一对双胞胎火星车——火星生命号（ExoMARS），它由NASA和欧洲空间局（European Space Agency，ESA）合作研制，是火星联合探索计划（Mars Joint Exploration Initiative）的一部分，该计划将在火星地表搜寻过去或现在生命存在的迹象。

许多富有创意的探索计划还在讨论中，火星空中平台（Mars Aerial Platform，MAP）就是其中之一，它是我和其他马丁·玛丽埃塔公司同事的成果。MAP是一个概念计划，耗资很少，内

---

① 福波斯–土壤号于2011年11月8日发射，9日宣布变轨失败。

容包括拍摄数万张火星地表的高分辨率照片，分析并绘制火星大气全球环流图，利用遥感技术仔细检查火星地表及地下。这个计划的核心是：用低技术手段达成高科技目标——我们用的是气球。

MAP计划是这样的：用单个德尔塔（Delta）级火箭将MAP的有效载荷送上直达火星的轨道。有效载荷是一艘飞船，里面装有8个密封进入舱，每个进入舱内都有气球、调度仪器和装载科学仪器的吊篮。抵达火星前10天，飞船——现在它像个陀螺一样转着——释放出所有进入舱，将它们投向不同方向，确保它们进入火星后分布尽量广泛。进入舱在火星大气中降落时，打开降落伞减速，好让气球充气。气球由双轴尼龙6制作，这是一种民用材料，只有12微米厚，相当于标准塑料垃圾袋的三分之一。这些气球虽然看起来轻如蛛丝，却非常结实。这种材料的制造工艺保证了不会出现气孔，这就意味着用它制成的气球肯定不会漏气，所以充气后不是能用几天，而是几年。气球充满后，降落伞、进入舱和充气设备开始下降，带着气象包在火星上软着陆。现在，累赘都没了，乘着火星上永不停歇的风，气球开始第一次巡航，也许它将巡航数百次。

直径18米的气球将在火星上以7~8.5千米的高度巡航，与火星98计划中的法国气球不同，它白天和夜晚的飞行高度相同。由于采用了新材料和紧凑的外型（轻型吊篮让这点得以实现），气球有足够的强度。白天的温度使气压升高时，它不需要排气，因此这些"超高压"气球晚上也不需要抛下镇重物来保持高度。所以，它们几乎可以以恒定的高度永远飞下去。目前的火星大气动力学模型显示，在风力作用下，气球将以50~100千米每小时的速度大致沿东西方向飞行。以这样的速度，每10到20天，气球就能环绕火星飞行一圈。保守假设平均故障时间为100天，这段时间内每个气球至少可以绕火星飞行4圈。每个气球上都有一个8千克重的仪器包，内有大气科学仪器、数据记录传输设备、一块充电电池、一组太阳能电池和一套成像系统。成像系统是仪器包的核心部件，由两套光学系统组成，一套拍摄高分辨率图像，另一套拍摄中等分辨率的。它将大大增进我们对火星地理的了解，从而为将来的计划选择着陆点及更可能发现火星生命的考察区域。海盗号轨道飞行器拍摄的最好的图片上，能辨认出棒球场大小的特征；火星全球探勘者号的图片中能看到的细节，尺寸和大型汽车差不多；MRO的图片上能看到机遇号；MAP的成像系统则能让我们看到一只猫那么小的地表特征（我不是说会发现火星猫）。白天，每隔15分钟，每个气球上的摄像机会同时拍摄两张照片：一张黑白的高分辨率照片，一张彩色的中等分辨率照片，以前者为中心拍摄（彩色照片能帮助我们确定黑白照片在火星地图上的具体地点）。MAP将发回海量照片。8个气球组成的小队在火星的风中航行，每隔100天，MAP就会发回32 000张高分辨率照片和同等数量的背景照片，这些背景照片分辨率比海盗号的最好图片还高。

MAP将传回海量科学数据，改变我们对火星地理、气象、天电[①]和地形各方面的认识。工程师和科学家们将利用这些数据来设计新的探测计划，确定地外生物学研究的地点，也许还将在火星地表勘察水源。不过MAP最大的成果是看不见摸不着的：它将给人类这一智慧生命带来整体上的影响。

---

① geomorphology，大气中放电过程所造成的脉冲型的电磁波，如闪电、雪暴放电、尘暴放电、电晕放电等。

今天，哥白尼、开普勒、布拉赫和伽利略的时代已经过去了近500年，大多数人还认为地球是宇宙中唯一的世界。其他行星在他们眼中仍只是些光点，它们在夜空中划过，只有极少数人感兴趣。它们是教科书上的抽象概念。MAP的摄像机提供了这样的可能性，以前所未有的方式让人类看到另一颗行星。通过那些吊篮上的摄像机，我们将看到火星壮观的一面：巨大的峡谷，耸立的群山，干涸的湖泊与河床，遍布岩石的平原和冰冻的大地。我们将看到，火星是一个真实的异世界，不再是空洞的概念，而是可能的目的地。而且，正如地球上的新世界曾吸引水手前去，火星也会吸引新一代的远航者们，他们准备好了，建造适合飞向神圣天空的船与帆。

火星取样返回计划

火星取样返回（Mars Sample Return，MSR）计划是火星无人探索项目中的圣杯。如果海盗号的样品能有一份送回地球上的实验室，我们就能进行一系列测试与检查，得出确凿无疑的结论。那么，为什么不带一份样品回来呢？目前，NASA太阳系探测部已经计划在2020年开展这样的行动。

火星取样返回有三种可能的方案。第一种是直接方案，它的概念也最简单。一艘配备火箭的微型飞船，装满足够从火星地表升空返回地球的燃料，总质量可能会达到500千克；要把它送上火星，需要一枚轨道运载能力[①]30吨级的运载火箭。登陆飞船上

---

① 运载能力指火箭能送入预定轨道的有效载荷重量。有效载荷进入不同轨道所需的能量不同，所以标注运载能力时要有所区分。

配备一台自动火星车，可以在附近巡游（在人类的遥控下），搜集地质样品，然后将样品装入飞船上的返回舱。抵达火星后约一年半，从火星回地球的发射窗口完全打开，火箭点火飞回地球。8个月后，飞船回到地球，返回舱与其他部分分离，高速再进入①地球大气层，这基本和阿波罗号载人返回舱采用的方式一样。根据设计不同，返回舱在沙漠中的预定地点着陆时，可以使用降落伞减速，也可以直接使用轻木或聚苯乙烯泡沫塑料等抗冲击材料来缓冲着陆时的撞击。

这种直接方案的概念十分简单，不过问题在于，作为一项无人探索计划，它实在太贵了。已有的宇宙神5号重型运载火箭（Atlas V-heavy）不能满足这一方案的需求。将一艘满载燃料的上升飞行器送上火星也需要庞大的进入-着陆系统，这两项研究都需要花很多钱。所以，直接的方案总是会带来高昂的成本，从而让它胎死腹中。为了降低成本，我们研究出了另外几个方案。

火星轨道集合（Mars Orbital Rendezvous，MOR）计划就是呼声最高的一种替代方案。这个方案中送往火星的是两个航天器，每个航天器由一枚相对比较便宜（5500万美元每枚）的德尔塔2型火箭发射。其中一次发射将返地飞行器（ERV）和返回舱送上火星轨道，另一次发射将装满燃料的火星上升飞行器（Mars ascent vehicle，MAV）送上火星地面，上升飞行器里配备火星车和样品罐。火星车采集样品，放入样品罐。这一步完成后，MAV点火飞到火星轨道上，与ERV自动集合、对接。然后样品罐从MAV上转移到ERV上的返回舱中。两艘飞船分离，MAV的使命完成了，而

---

① reentry，从地面发射后离开了大气层的航天器重新进入大气层。

ERV在火星轨道上待命，等到返回地球的发射窗口完全开启，它点火飞向地球转移轨道。接下来的部分就和直接方案一样了。

MOR方案最大的优点是发射成本远低于直接方案。因为MAV只需要飞到火星轨道上，而不是返回地球的全程；而且载荷只有样品罐，没有整个再进入系统，所以它可以做得比直接方案中的上升飞行器小得多。因此，运送它的登陆器也可以做得更小，更轻，花费更少，向火星发射时所需的火箭推力也小得多。不过，MOR方案也有致命的弱点。首先，需要两枚独立的运载火箭，这让发射失败导致任务失败的风险变成了原来的两倍。其次，需要两个完整的航天器，每个都需要设计、制造、检查、进行发射环境适应测试（航天器要适应发射过程中的高震动和声负载，发射前必须在昂贵的模拟环境中进行测试），还得分别装到运载火箭上。基本上，以上各项将使方案成本翻番。此外，两个航天器之间的对接口必须完美无瑕。这可不是说在工厂里，对接口要经受发射、数年太空飞行、太空中和火星上冷热循环的考验，在此之后仍然必须保持完美。这是设计上的难题。事实上不可能万无一失，因为无法预先测试。最后，这个计划需要在火星轨道上进行自动集合、对接、转移样品。我们还没有这样的技术，对此进行研发耗资巨大，而且，*无法预先测试*。MOR方案本身就很冒险，这一点进一步增加了它的风险。

为了让MOR方案看起来更有吸引力，它的支持者们引进了创新的会计技术，比如说，把两枚运载火箭的成本分摊到不同的任务中。比较极端的提议是：找一个该计划之前的任务，把火星车先送出去，这样它的硬件成本和运营成本都能算到别的任务头上了。在这种情况下，运送MAV的登陆器必须要有高度的精确性，能正好在火星车附近降落。而且，还是无法预先测试，并且需要大幅度提高无人火星登陆器的着陆技术——现在我们的着陆误差能达到100千米。一些轨道集合的拥趸还异想天开地提出了这样的新方案：把集合的地点从火星轨道上换成行星际空间中。这可以节约ERV的推进剂，因为既不需要进入火星轨道也不需要离开轨道。不过，MAV的推进剂就要大幅增加了，而且增加了无法测试的新要求：MAV必须在某个精确的时间点发射，才能在外层空间追上ERV并与它进行集合——后者正以5千米每秒的高速从火星旁擦过。就算不考虑定好的发射日期可能会碰上坏天气，单单从MAV的工程系统方面来看，这一点也实在很难保证。

那么，直接方案太贵，MOR方案太冒险，还剩下什么？

剩下来的是第三种方案，我和吉姆·弗伦奇（Jim French）、库马尔·拉莫哈里（Kumar Ramohalli）、罗伯特·埃希（Robert Ash）、戴安·林奈（Diane Linne）以及其他几位工程师近年来都主张这个方案——就地生产推进剂完成火星取样返回计划（Mars Sample Return with *In-Situ* Propellant Production，MSR-ISPP）。

这个方案只用一枚德尔塔2型火箭将不装燃料的火星上升飞行器（MAV）和火星车送上火星地面。火星车采集样品的同时，MAV利用装载的小型化工厂从火星大气中泵入气体，生产出火箭推进剂（我偏好甲烷/氧推进剂，不过有人提议使用一氧化碳/氧推进剂），装满燃料箱。返回地球的发射窗口打开时，返航所需的燃料已经生产完毕，样品也都搜集完毕，MAV点火直接飞回地球，这一点和直接方案一样。这个方案中只需要一枚德尔塔型火箭，因为它不像直接方案那样需要运送沉重的毛载荷，而只需要把MAV的净载荷（约70千克）送上火星地面。

MSR-ISPP是目前提出的方案中成本最低的，因为它既不需要设计轨道运载能力30吨的新火箭来发射一艘沉重的飞船，也不需要两枚德尔塔火箭分别发射两个航天器，只要一枚德尔塔火箭，发射一艘小飞船。它的风险也远小于MOR方案，因为这一方案中需要的先进技术——就地生产推进剂（ISPP）的工厂——可以在地球上模拟火星环境，进行完全的预测试。另外，MOR方案中有火星轨道自动集合——先别说外层空间集合——这需要复杂的航空航天电子技术，和它相比，ISPP单元的复杂性（本质上它是19世纪的化工技术）要低得多。正如之前提到过的（以后我也将讨论更多细节），在马丁·玛丽埃塔公司，我们曾组建了一个和实物等大的MSR-ISPP单元并让它顺利运转，生产出甲烷和氧气，只花了47 000美元——在MSR计划的预算中这个数字简直可以"淹没在背景噪音里"。的确，马丁公司的ISPP单元只是一个能够运转的实验性测试设备，不是成熟方案，不过我们必须了解，一种新技术给方案带来多大风险，不是看它够不够成熟，而是看它是否容易测试。ISPP技术可以测试，所以它的风险比MOR方案所需的太空集合技术低得多。此外，如果一定要在MSR-ISPP计划中用两个航天器，那可以用两个一模一样的（MOR方案需要两个不同的航天器，成本比这高），任何一个返回了地球都算成功。相比之下，MOR方案中任何一个航天器的失败都将导致整体失败。

我们还将看到，要把载人火星探测的成本控制在能接受的范围内，就地生产推进剂也是唯一的办法。在我们选择MSR计划方案的时候，这一点将会是决定性的因素。如果能够预演载人火星

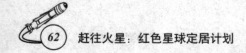

飞行所需的关键技术，MSR计划的价值将大大提升。想一想吧：MSR计划只能从火星地表采回1千克左右的样品，最好情况下，这些样品的搜集范围也只是着陆点周围几千米。既然今天的火星地表不大可能有生命，那在火星地表进行生物学搜索，很大程度上是在搜寻化石。自动火星车活动范围有限，从地球上指挥它，通讯延迟也很高（由于受到无线电信号速度的限制，延迟高达40分钟）。对于这样的搜索工作而言，火星车并不得力。如果你对此有所怀疑，不妨设想一下，把勇气号或好奇号这样的火星车投放到落基山里。恐怕下一个冰河期都来了，他们还没找到一块恐龙化石。搜寻化石需要机动性、敏捷性以及凭借直觉发现极微妙的线索，咬住不放的能力。人类调查者——地质学家们——才能胜任。而搜寻现存的火星生命，需要安装、操作钻探设备，在土壤中挖进数百米，取回样品，然后培养，拍摄，在实验室中进行分析。这些操作都远超出火星车的能力范围。

要火星乖乖交出自己的秘密，"不畏太空浩瀚无垠的人们"必须亲自到那里去。

3 找到计划

火星的难路

1989年7月20日，美国总统乔治·布什站在华盛顿特区国家航空航天博物馆门口的台阶上。在他身后，凉爽的大厅里，静静安放着美国最伟大的太空探险所使用的飞行器。它们中间有一艘酷似软糖的飞船，"阿波罗11号"的指令舱哥伦比亚号。陪伴在布什总统身边的，是当年乘载哥伦比亚号从月球轨道返回地球的阿波罗11号团队：尼尔·阿姆斯特朗，迈克尔·柯林斯及巴兹·奥尔德林。总统要在这里，在人类首次登月20周年之际，宣布一个大胆的太空新探险。

布什谈到太空探险充满挑战和魅力，美国将持续进行太阳系的人类探索计划，甚至探索在星际空间的永久居住。即使在美国宇航员首次离开地球表面踏上另一世界20年后，这依然是件令人心醉的事。他还说，所需要的不仅仅是一个10年计划，还是"长期、持续"的太空探索行动。然后他宣布了他的计划："首先，在下一个10年间，也就是从1990年开始的10年间，是自由号空间站……然后，在新世纪，要重返月球……接下来是明日之旅，朝向其他星球的旅程，火星载人计划。"

于是，太空探索计划（Space Exploration Initiative）出现在我

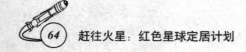
们面前，简称SEI。这是个好的开始，但太空探索从此却走起了下坡路。

作为对此次演讲的回应，NASA抽调了一支团队，它代表该机构各个中心，得到全部主要航空航天承包商的支持，任务是为布什的演讲完成现实的规划。三个月后，这支团队拿出一份文件，题目叫《载人探索月球与火星90天研究报告》（Report of the 90-Day Study on Human Exploration of the Moon and Mars），它很快被称为《90天报告》[11]。报告称，人类要想前往火星，国家首先需要花费30年时间建造一个空间基础设施，这将成为第二次世界大战以来美国规模最大、花费最多的政府计划。

NASA仍将建设此前构想过的空间站，但因为加上了包含大型飞机库、可以建造星际飞船的"双龙骨"，它的大小变成了原来的三倍。另外，还会额外建造以下轨道设施：自由飞行轨道的超低温推进剂补给站，对接坞站，施工人员居屋，等等。这些庞大而复杂的设施将被用于月球转移飞船的建设和服务，而且这些飞船本身也各需要三个重型飞行器及一架航天飞行来进行部署。这不禁让人回忆起阿波罗计划仅需要单次发射，于是头头们挠了挠头："上次去月球好像没这么麻烦……"在这10年中，这些登月飞船会将所有建造巨型月球基地所需的给养和装备都拖过去。除了轨道设施，月球基地还将成为基础工地，建造庞大的、1000吨以上级别的飞船"太空堡垒"，以便进行去往火星的旅程。这些火星转移飞船将采用全新的推进系统和其他一些与月球飞船不同的新技术，因此需要支出大量用于开发的时间和金钱，还要建设超过登月计划所需的基础设施。初步的火星计划将需要大约18个月来进行飞行（往返程），却只有一个月待在火星轨道。至于真正登陆火星，则只有一艘小飞船落在火星表面，令一支小团队进行两周左右的探测，做些诸如留下"旗帜和足迹"这样的人类火星探测活动（基本做不了别的）。火星转移飞船出发时十分庞大，返回地球轨道时则变得很小，因为扔了不少东西：油箱，火星车，防护罩。每个任务的进行过程中，都为这些"旗帜和足迹"白费了不少劲。发表的《90天报告》中虽然没有给出预算，然而该计划的预算最终还是泄露到了媒体那里：底价4500亿美元。

恐怕没什么计划贴了那样的价签还能被通过。再考虑到它所需耗费的长时间，以及所宣传的征服太空之路成果有限，很难激起对外太空有兴趣的民众的热情，《90天报告》显然达不成其宏伟夙愿。除非4500亿美元的预算能够得到大幅度削减，否则SEI死定了。这一事实十分清楚，随后的几个月甚至几年内，国会对于提交的SEI拨款预案始终没有实现零的突破。

然而，《90天报告》其实没什么真正的内在逻辑，甚至没有真正的新想法。它更像是听到40年前德国"火星计划"撞击的回声后，对一些陈腐观点的改头换面。那是20世纪40年代德国火箭设计师韦恩赫·冯·布劳恩（Wernher von Braun）及其团队首次提出的载人火星计划，这一计划在1969年做了技术上的改进后，成为阿波罗之后NASA失败的载人火星任务的基础。对于冯·布劳恩及其团队来说，载人太空任务是硬件制造者疯狂梦想不可缺少的一部分。这个梦想就是：从地球轨道空间站进行大型星际飞船甚至大型星际飞船舰队的组装和发射。而火星表面究竟发生些什么反而是次要的。围绕"大型空间站组装大型飞船"这一固执观点，不知变通的《90天报告》团队直接投向了NASA技术发展任务中曾存在过、计划过、期待过的最重要而艰难的技术。为了让

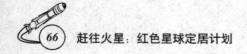

每个人都能加入这游戏，他们设计了能力所及的最复杂的任务架构——而这正与工程进行的正确道路背道而驰。

定义自洽的太空探索计划

　　1989年底，很多人意识到《90天报告》中描述的任务架构是没有条理的。为了进行系统性的批判，我创建了下面的备忘录，并将它作为每个"火星直击"计划大型系列文件的简介[12]。其中有一些必须要说的内容，这概括了促成"火星直击"的大部分逻辑。在这里我列出全文，并增加了一些同类材料以便阐述清楚：

　　目前需要太空探索计划（SEI）的自洽架构。自洽架构，即一组明确而智能的目标，及一个简单而强大、性价比高的完成计划。所选择的目标应该能提供最大回报，完成它们的过程应该能增强我们相对应的能力，以便在未来达成更雄心勃勃的目标。这个简单、强大、低价的计划，如无确定互相依赖的必要，则不应与其他任务互相依赖（即不应让月球、火星和地球轨道之间互相依赖）。然而，该计划应包含能在多项任务中发挥作用的通用性技术，以便通过硬件的共通性降低成本。最后，也是最重要的一点，所选择的技术应能将行星目标任务的有效性最大化。去火星还不够，你到那儿之后还得能做些有用的事。零能力的任务没有丝毫价值。

　　以上原则看起来好像常识，但它们在很多近期的SEI研究（如《90天报告》）中并没有被遵守。结果，SEI呈现的蓝图是如此昂贵并缺乏吸引力，国会对拨款计划充满疑问。在这样的任务架构中，到达月球与火星使用完全不同的运载火箭以及完全不同的太空转移飞行器和推进剂技术，完全人为地令火星任务依赖于登月任务，并要求登月任务在自由号空间站进行大规模轨道组装、燃料灌注和基础设施改装。而这一切，都令成本猛涨。此外，计划中的登月和火星任务都几乎是零能力的，在提供行星表面行动方面没有进行重要的尝试，火星探测者们在这个红色星球表面花费的时间只占地球到火星转移时间的5%。

对自洽性的要求驱使SEI架构设计朝向非常明确的方向。也就是说：

（1）简单和强大，需要登月和火星任务不依赖于任何近地轨道（LEO）基础设施。这些设施需要大量成本进行开发、建造和维护，并且从根本上不可靠，维修困难；使用它们还会给所有基于此的行星任务增加风险，因为很难查证任何太空建设的质量控制。消除关于LEO基础设施的要求，有利于使用先进的推进剂和本地推进剂，二者均不需要进行轨道组装，从而能减少工作量。

（2）低成本要求月球和火星甚至其他目的地使用同样的运载火箭、空间转移飞行器和推进剂技术，并尽可能使用同样的探测车。低成本同样要求去除LEO基础设施，因为即使对这些基础设施中的空间转移飞行器进行重复使用，也未必能弥补基础设施本身的花费。目前这些基础设施的预算费用大约比每次空间站改装飞行器硬件组成（引擎、航空航天电子设备）时所能节约的价值高3个数量级。因此，每个设备在毁坏前要完成1000次任务改装，才能抵消成本，这未免太过遥远了。低成本还要求任何时候都采取性价比最高的轨道[即火星合点级（conjunction class, 低能量，长期表面停留）轨道]，初期的冲点级（高能量，短期表面停留）火星任务与主序列合点级任务使用的硬件完全不同，因此应该放弃。

（3）高性价比要求宇航员到达目的地后在以下三个基本方面具备一定能力：

　　a 时间

　　b 活动能力

　　c 能量

如果宇航员要在目的星球表面进行任何有用的探索、建造或能源利用实验，时间无疑是第一要素。这清楚地表明，冲点级火星任务（1.5年飞行时间和20天表面停留）根本不值得讨论。这也意味着月球或火星轨道集合（LOR，MOR）架构是不受欢迎的，原因很简单，在星球表面停留时间越长，在轨道停留时间也越长。因此，LOR或MOR架构就陷入了尴尬的境地：或者延长表面停留时间，但让留在母舰中的宇航员暴露在过多宇宙射线和严酷的零重力环境中，并且一无所得；或者让母舰保持无人值守状态，而宇航员们返回的时候，要相信命运留给他们的还是一艘保留原貌的飞船——万一不是，他们将陷入无望的困境。LOR和MOR之外的另一选择是从星球表面直接返回地球。这在登月任务时可以做到，所有推进剂尚可在地球生产，但如果月球产生的液态氧（LOX）可以用于返回，则完成任务的能力就大大增强了。从火星表面直接返回，绝对需要使用当地生产的推进剂。

无论在火星还是月球，要进行有效的探测工作，活动能力当然也是必需的。要将远处的天然能源运输到基地以进行处理也需要活动能力，它还令宇航员们能拜访较远的区域，如月球上陈列的光学和射电望远镜。月球和火星上的活动能力都取决于当地推进剂的生产，高能地面探测车和火箭推进飞行器都需要它。月球上的能量来源是LOX，它能与地球燃料（如氢气或甲烷）共同燃烧。火星上的化学燃料和氧化剂组合是甲烷/氧气或一氧化碳/氧气，它们都能同时用于表面探测车和飞行器。另外，将二氧化碳推进剂作为原料放入热核火箭（nuclear thermal rocket, NTR）引擎加热，还可以得到火箭所需的飞行推力（thrust）。

在月球或火星上，为了在当地大量生产推进剂以得到能量，只能使用核反应堆。一旦推进剂在当地产生，会有非常方便的机制来储藏核能，从而为探测者们提供活动能量，比如发电机能够为地面探测车提供100千瓦电力，无需内燃引擎。在这样一个能源丰富的环境中，无论是基地还是远程地点，宇航员都可以进行大量科学和能源利用活动。

因此我们看到，对简单、强大、低成本高效率的要求，能驱使SEI走向利用常规运载和太空转移系统对月球或火星直接发射（direct launch）的架构，并利用当地推进剂从星球表面直接返回地球，同时提供活动能力和能量。[12]

这就是我的思考过程，它直接带来了全新形式的火星任务架构，也就是现在你们熟知的"火星直击"。

火星直击的诞生

到1990年1月，很显然，《90天报告》已经烟消云散。在科罗拉多州斯普林斯市的Broadmoor酒店，部分马丁·玛丽埃塔管理层召开了一次研讨会，讨论当前的局势。因为在公司内部被称为火星的"设想人"，本·克拉克（Ben Clark）博士和我也受邀出席了会议，当然我们在那个场合是级别最低的。本是公司的低层管理者，曾是1976年海盗火星探测项目的四名主要研究人员之一（他设计了X射线荧光光谱实验）；而我只是一名高级工程师。

本和我提出的计划对与会高层产生了冲击：马丁公司应该甄选组织一支队伍，发展我们自己的火星"蓝天"计划，不受NASA目前的偏见影响。要想形成载人火星计划全面而性价比高的近期路线，却不让一堆市场人员来告诉我们，如何设计方案以便取悦NASA约翰逊或马歇尔航天中心的某些领导或团组，可以说是相当困难。我们的团队必须不受此类干扰。毕竟，恰恰是这种想取悦每个人的努力，使《90天报告》失去了控制。

这是一个非常激进的建议。在航空航天业管理层中屹立不倒的生存智慧是，你总是要重播"顾客"（NASA或空军）想听的内容，也就是重复他们自己的路线。这当然是最简单的销售方式。而我们提出了相反的方案：想出一些好点子，然后告诉顾客他们应该听什么，无论他们是否喜欢。

会议的主导人物阿尔·沙伦穆勒（Al Schallenmuller）并非最高级别的管理者，他是马丁·玛丽埃塔公司民用太空系统新任的副总裁，该部门专门负责SEI。沙伦穆勒曾作为工程师在洛克希德·马丁（Lockheed Martin）传说中的"臭鼬工厂"（Skunkworks）为克拉伦斯·约翰逊（Clarence Johnson）工作，从那儿获得了一些经验。[①]他明白，如果路线是正确的，庞大艰

---

① 臭鼬工厂是用非常规的方式进行一个项目的一小群人。臭鼬工厂的宗旨是用极少的管理限制来迅速发展某物，其最初常常被用来推出一种产品或服务，此后该产品或服务将根据通常的业务流程来发展。这个词在第二次世界大战期间由洛克希德·马丁公司的工程师首次使用。负责为美国政府建造战斗机的工程师在一个由克拉伦斯·约翰逊研究开发的非常规的组织方式下工作，约翰逊关于运作臭鼬工厂的指示被称为"14常规"（14 Rules）。

难的任务也能够以便宜而快捷的方式完成。1976年，他是海盗项目的主要工程师之一。每当提及看到"海盗"的第一张火星表面照片，他总是难以抑制那种兴奋。沙伦穆勒真的想重返火星。他知道，如果不能拿出比《90天报告》更强的东西，什么方案也不用谈。他支持了我们的提议。

于是，在1990年2月，马丁·玛丽埃塔公司成立了由阿尔·沙伦穆勒领导的12人方案开发团队，承担人类太空探索"广泛新战略"的发展任务。团队的大多数成员是多面手，如本、我和航天器系统工程师大卫·贝克（David Baker）。但也有一些专家，如比尔·威尔科克逊（Bill Willcockson）就是马丁公司大气制动系统方面的专家，这是利用大气摩擦来减低宇宙飞船运动速度的技术，比尔后来还在金星探测器麦哲伦飞船的成功大气制动中起了重要作用。阿尔·汤普森（Al Thompson）则是人造重力领域的佼佼者，史蒂夫·普赖斯（Steve Price）是马丁公司设计行星地面探测车的专家。

在火星任务设计方面拥有最强烈个人观点的是本和我，但我们也只保持了有限的一致。我们都同意应当走一条低能、合点级之路，月球基地对于火星任务不是必需的，而用轨道基础设施来支持轨道组装这种设计对于该任务来说简直不必考虑。除此之外，我们的意见就不同了。本认为只要有足够的机器人，就可以用随车携带的操控装置在轨道上进行组装，使航天飞船可以在轨道上利用一系列运输过去的硬件自行建造。既然本想在轨道上组装他的飞船，他对于减轻任务负荷的意愿就没有我这么强烈。因此，虽然多年来他也对在火星上制造推进剂抱有很大兴趣，但并没觉得需要把这一策略加入他的任务计划中去。本也不觉得需要最大程度上增加在火星表面活动的时间。他的想法是，团队在这个红色星球附近待一年半，但几乎所有时间都在轨道上，只有相对可怜兮兮的30天利用一架小型着陆机去火星表面看一眼。本使用化学动力推进，从现有的材料中"现货供应"。这种思路的结果是需要建造700吨轨道飞船的相对传统的方案（如果我们把主流的《90天报告》叫做传统方案的话），只是避免了《90天报告》中南辕北辙的月球和轨道基础设施的巨大花费而已。本一开始把他的计划称为"概念6号"，后来又改名叫"直箭通路"。

我不同意本的想法。我认为他的机器人自行组装程序不可信。另外，如果需要每个航班运输700吨去近地轨道（LEO），将来去往火星的发射任务就不会很多，而且30天的表面停留对于真正的探测来说也不够。以我的考虑，我们去火星并不是为了竖立一个新的高度纪录，而是去对一颗星球进行探索和开发。在火星上的持续停留需要大量能重复的飞行任务，要实现这一点，唯一的办法就是减少任务涉及的物资和费用。最好的对策，就是将整个飞行任务需要的返程推进剂的制造过程放到火星上去。事实上，1989年我就做过研究，结果显示，如果能在任务的去程飞行使用核动力，仅需阿波罗时代土星5号级的单级火箭，就能完成整个载人火星任务。用单级火箭进行发射，整个系统都能集成在卡纳维拉尔角的地面上，而在轨道上组装星际飞船这种事情将变得毫无意义。另外，使用当地生产的推进剂，整个任务都能着陆在火星上，不会把任何重要责任遗留在火星轨道上。从而我们就可能长期停留在火星表面，而这一点是我认为对有效任务非常必要的。直接发射，重型助推器仅发射一次，去程轨道使用核动力推进，然后利用当地生产的推进剂从火星表面直接返回地球——

这就是该走的路。

下面说说大卫·贝克。贝克曾率领过马丁公司的空间转移飞行器（STV，月球任务使用的运输机）计划，是当时在系统和设计方面非常敏锐的工程师。在STV中，贝克差点被NASA武断强制的要求逼疯了。比如，NASA要求STV在任意2个引擎失效时仍能降落在月球。（阿波罗登月舱只有1个引擎。）为了让推力对称，这等于是说你必须有5个引擎，虽然只需要1个就能干活！现在你的推力太大了，所以引擎的功率要调节为10%，这和它们的设计完全不符，因此需要一个昂贵的新的引擎开发计划。另外，NASA要求引擎可以被重复使用。这就是说，飞向月球再飞回来的时候一路都得拖着5个沉重的引擎——这大大增加了飞行任务的发射物资和费用，然后还得在价值数十亿美元的轨道设施上对引擎进行检查和改装。而这一切，只要利用一个现成的、单一的、价值200万美元的普拉特惠特尼（Pratt and Whitney）牌RL-10引擎就能完成。在STV，贝克作为团队一员作出了他应有的贡献，但他同时也对我吐露心声："这一切都没有任何意义。"

贝克参与过早期火星任务的研究，思维方向难免受到《90天报告》的影响，但很显然，其中隐藏（或缺失）的逻辑令他本能地感到不舒服。我的想法给了他冲击，某些是他本来就赞同的；另一些，比如在载人火星任务中使用当地生产的返程推进剂的重要性，我也渐渐令他接受了。然而，还是有一些他不让步的方面，尤其是，他拒绝接受将核动力推进作为首次火星任务的基础。他认为这项开发成本太高，民众的接受度也是个问题。我没接受这些观点；随着载人火星任务的持续进行，发展核动力火箭的费用在两到三次发射任务后就能得到补偿，从而降低发射费用。如果民众想要火星任务持续进行，他们会在这个基础上接受核动力推进。但是，贝克说，如果你坚持在一开始的任务中就使用核动力推进，你会使整个计划推迟，甚至把它搞死。

这一点直中靶心。我强烈地感觉到，载人火星任务的时间表十分紧迫。紧迫的时间表能降低费用：费用相当于人员乘以时间。另外，每一年，重要的计划都需要提交给国会寻求持续的资金，因而常常由于与任务本身毫无关系的交易或人际摩擦，而出现被终止的风险。每次计划提交到国会寻求资金的时候，就像是一场俄罗斯轮盘赌。你只能寄希望于一次又一次的好运。

1961年，约翰·F.肯尼迪要求在1970年前到达月球。到1968年，虽然阿波罗号的宇航员成功登月，但因为主管部门变化，理查德·尼克松总统将计划撕成了碎片。如果肯尼迪当时要求国家在20年内登月而不是10年，那么我们在1969年可能会看到NASA还处于水星计划的最后阶段，月球依然遥不可及；计划也许就此取消，而现如今我们仍会将月球视为不可能的梦想。如果你想让人类登上火星，就别做一个30年的计划；甚至不要计划20年来完成——10年最值得期待。

核动力推进，我承认，可能需要等待，但火星任务等不起。尽一切努力，在需要核动力推进的地方令它实现，这能提高该任务的载荷能力，减少发射成本（为原来的一半）。但在开始任务之前，别拖延。利用手头已有的东西，尽快完成，以后再考虑如何完善。贝克和我花了许多时间，从技术上和哲学上来商讨飞行器和任务设计，我们越来越契合。我们决心开始合作。

在很多方面我们不像合作伙伴。我很矮，贝克身材高大；我像水银，他像黏液；我是个乐观主义者，他则是悲观主义者；我是浪漫主义者，他是存在主义者；我最喜欢的电影是《卡萨布兰卡》，他则喜欢《巴西》；我的思维非常跳跃，他则像条稳定的线。我的信条与黑格尔一致："没有不用激情就能完成的伟业。"我有一次把这告诉贝克，他眨了眨眼走出了房间。对于贝克来说，激情和工程是不相容的。显然，贝克做出完美工作好好生活就足够了。我则想改变世界。

然而，我们还是合作着，并且在1990年的一段时间，合作非常有效，我们优势互补。我在数学、科学和工程学方面有更好的教育背景，他则有更多的工程经验，"知道些内情"。我提供有创造性的动机，他提供纪律。我们从来不是亲密的朋友，但我们是工作中的战友。

正如上文所说，在1989年，我在许多论文中提到，如果可以使用核动力推进并且将火星当地生产的推进剂用于火星上升和返回地球，则土星5号级别的单级火箭就可以用于载人火星任务的发射。贝克为NASA设计了这样一架重型飞行器。他根据NASA当时负责开发人类空间探索计划的组织"代码Z"（Code Z），将之命名为"航天飞机Z"。航天飞机Z是NASA航天飞机C设计的成长变种，用一次性的货物吊舱取代了往返运载航天飞机发射架上的轨道飞行器。航天飞机C可以将70吨的物资运输到近地轨道（LEO）。在增大的侧装货物吊舱内加上强力的氢/氧上面级后，贝克创造了航天飞机Z，它向LEO运输的能力提高到了130吨，仅比土星5号少10吨。由于航天飞机Z的全部重要部分来自航天飞机的库存，这使飞行器的开发变得快速和低价，这对一个10年计划来说是非常重要的要求。

所以，我们有了火箭，但无论去程还是返程都还缺乏核动力推进。要想把我们的硬件扔到火星上，如果不用核动力推进，就需要两次发射。就其本身而言，它还算不上阻挡计划的因素，最多也就是让我们的任务架构看着不雅。在我们的设计中，返地飞行器（ERV）搭载在居住舱上，也就是说，搭载在部分填充的航天飞机Z上面级上，而后者也要搭载在另一个几乎满载的上面级上。这堆东西需要通过在轨道上集合和对接操作来完成组装，前三个元素（ERV，居住舱，部分填充的上面级）需要用航天飞机Z来发射，第四个（几乎满载的上面级）需要另一次发射。

这个设计有很多地方不尽如人意。首先，这一长串东西操纵不便，无论先发射哪个，都会令它的载荷在LEO漂浮几个月，在这段时间里上面级会有大量推进剂蒸发。到达火星时，ERV/居住舱载荷会乘坐减速伞——一块钝边蘑菇状圆屏——在通过火星大气层时减速。然而，ERV/居住舱载荷加起来很重，减速伞既要完成此项任务，又要能装进航天飞机Z的载荷整流罩（fairing），即使做成折叠式的，减速伞是否够大依然值得怀疑。但是，火星上还有更大的难题。

当核动力推进还是纸上谈兵时，我设计了一个推进系统，它能简单地压缩和存储火星二氧化碳，然后用核反应堆给它加热，以产生高温蒸气供火箭排气。（火星大气中约95%是二氧化碳，火星的温度下用100磅每平方英寸①的压强可以液化。）从机械原理来说，这种推进剂制造系统是非常简单的，基本上你需要的所有东西就是一个泵。在这样一个计划里，非常合理的做法是，建议宇航员在火星着陆后再获取返程所需的推进剂。然而，由于没有核动力推进，火星上生产的推进剂都需要利用某种化学合成

———————————

① 英制压强单位。1磅每平方英寸约合6.895千帕（0.06895巴）。

的方式来制造。这可比压缩和储存二氧化碳要复杂得多。毫无疑问，NASA如果坚持要所有返回地球所需的推进剂都在宇航员去往火星之前制造完毕，也是合情合理的；否则，一旦燃料生产失败，宇航员们就会被困在那个星球上了。

1989年，独立工程顾问吉姆·弗伦奇在《英国星际学会志》（*Journal of the British Interplanetary Society*）就这方面的考虑发表了一篇文章。弗伦奇建议，在宇航员到达火星之前，就先把推进剂制造装置发射到火星上。这样，该装置将为团队的返程制造并储存燃料。但由此带来的问题是，如何让宇航员的飞船降落到推进剂仓库附近，使管道处于连接有效距离内。这一点相当困难，因此弗伦奇在文章最后不得不承认，除非火星上建立了设施良好的人类基地来为各种突发状况提供支援，否则使用当地生产的推进剂恐怕是个不切实际的念头。

所以，事实摆在那里：抛开核动力推进，我们能得到较快的时间表，但会出现一大堆需要讨价还价的问题。其中最棘手的，应当是如何让先期抵达并生产完成的化学推进剂从仓库传送到ERV。指望先登陆的活动机器人燃料车吗？太冒险了。与这个问题斗争一番之后，我想到一个新的结构理念，现在它看起来是显而易见的。别用宇航员自己的返程舱来送他们出去——先把整合了推进剂生产装置的返程舱送出去。这一下，就解决了所有的实际问题。居住舱和ERV本身都足够轻，用一架单级航天飞机Z就能直接发射到火星上。我们还是需要进行两次发射，但一次是用航天飞机Z发射ERV，另一次则是宇航员和他们的蜗居。合在一起时，ERV/蜗居的载荷对大气制动的要求很高，对我们的大气制动设计者来说是巨大的挑战。但是，单独飞行的话，航天飞机Z的整流罩中就能分别放置适当的大气制动减阻装置了。为了确保我们的宇航员不受困，ERV将有一次先期发射机会，比如在宇航员出发前26个月。这样，宇航员离开地球的时候，所有的推进剂已经生产完毕了。而又因为推进剂生产装置整合在ERV中，所以也不存在"连接有效距离"的问题了。在火星上制造的推进剂从化学合成单元到ERV的燃料舱的连接，将采取硬管道方式在地球上安装完成。

最好的一点是，该任务完全不需要在轨道组装或任何形式的轨道集合，仅仅需要在火星集合，而这实在容易。在阿波罗时代，我们将阿波罗号的宇航员降落在了距数年前降落于月球的探勘者号（Surveyor）200米左右，而如今我们的航空航天电子设备更高级了。在轨道集合时，仅仅10米的差距也会让你失之交臂。但在表面集合时，离开10千米也没关系——走过去或者开车过去就行。另外，作为居住舱货舱的一部分，我们加入了一台加压地面火星车，它的单程驾驶距离是1000千米。万一降落点实在糟糕，也能到达ERV所在地。不管你对NASA的官僚抱什么态度，NASA的宇航员队伍绝对有世界一流的驾驶员。毫无疑问，表面集合会获得成功的。

相比把人员和送他们回火星轨道的飞行器一起运往火星，将宇航员与返地飞行器分开运到火星这个办法虽然不太正统，而且显然很大胆，但要安全得多。原因很简单：如果ERV先送过去，宇航员在离开地球之前就知道，火星表面有一套功能完备的火星上升和返回地球系统在等待着他们，而且这是一套已经逃离登陆伤害的系统。与之相对的是，如果让宇航员携带自己的上升系统，在到达火星表面之后，只有天知道他们的火星上升飞行器会变成什么样。另外，在我们的计划中，宇航员登陆到火星的时候，会由另一架ERV护航，其范围在火星车的驾驶范围内。第二架ERV将开始为第二次载人火星任务生产推进剂，但在紧急情况下，也可以作为第一次载人火星任务的后备舱使用。另外，火星表面的两架ERV，加上宇航员自己的居住舱模块，他们共有三处安身之地可以提供生命支持。考虑到火星任务必须确保安全，再没有什么更好的主意了。

我们越精细地检查，这个新的任务架构看起来就越完美。所以，我们开始着手拟订所需的子系统和飞行器设计。我专注于火星推进剂的合成化学。1990年，这个领域的主要学术工作是发现了一种新方法，可以将二氧化碳（CO_2）裂解为一氧化碳（CO）和氧气（O_2），它们可以共同作为火箭推进剂。而唯一需要的原料——二氧化碳——则是火星上的免费空气。

当然这个方案还有很多缺点。整个过程未经证实，要达到载人火星任务所需要的生产规模，将需要数万个小而脆且两端经高温（约1000摄氏度）密封的陶瓷管作为反应器。另外，所产生的一氧化碳/氧气双组元推进剂是低效的火箭推进剂，比冲量只有大约270秒。（比冲量，specific impulse，简称Isp，是指火箭利用1千克推进剂可以持续多少秒内一直产生1千克的推力。这个数值越高越好。第二次世界大战时德式V2火箭引擎的Isp为230秒，目前使用的普拉特惠特尼 RL-10引擎利用氢气和氧气为原料，Isp为450秒。使用氢气的核动力火箭引擎Isp为900秒。）一氧化碳/氧气混合推进剂的低能表现，使得我们需要将庞大而沉重的燃料舱运送到火星上，才能获得返程需要的燃料。同样，一氧化碳/氧气混合推进剂燃烧温度非常高，目前还没有引擎可以利用它。而开发此类引擎的费用和时间是巨大的风险。

另一个办法是使用甲烷/氧气（CH_4/O_2）混合推进剂。这么做的好处是，甲烷/氧气是可以在火星表面长期混合的最高效的化学混合物（Isp=380秒）。虽然目前没有飞行级别的CH_4/O_2引擎，但这种组合已经成功在RL-10引擎上经过测试。而该引擎的生产商普拉特惠特尼公司已经发表的评估数据表明，RL-10经过调整就可以使用CH_4/O_2工作，这是相对简单而低价的方案。但还是有一个问题：你需要氢原子（CH_4中的H）来生成甲烷，但这在火星上可不太容易弄得到。所以，在火星上去哪儿弄氢呢？现在欧道明大学（Old Dominion University）工作的罗伯特·埃希教授1976年时和一些JPL同事合作发表了文章，提出了一些极其简单、完善、功能强大（精确地说，要考虑那是煤气灯时代）的化学工程步骤，只要有水（H_2O）的存在，就可以在火星上生产甲烷/氧气双组元推进剂。但这就是瓶颈——水。在初始的自动任务中，火星冻土层挖掘出来的水并不是可靠的来源。在极其干旱的火星大气中要将其浓缩也是非常困难的。所以埃希转而研究CO/O_2的生产。但是，在审视埃希方案的过程中，我意识到，他的小组遇到的唯一问题其实是过度洁癖——他们想确保所有推进剂都来自火星。而事实上，支持他们的化学过程所需要的氢只占全部推进剂生产重量的5%。所以，既然只是这么少量的氢，为什么不从地球上带过去呢？我请教了马丁公司的超低温液体储存专家，他们的意见是一致的：从地球到火星8个月的地外飞行过程中，储存所需的6吨左右的氢，即使考虑一开始时为防止转移过程中的表面蒸发（气化）而额外增加的15%，对他们来说也是小事一桩；而到了火星，任何气化的氢都能直接送入甲烷反应器，不会有任何损失。理论上来说，这就解决了在火星上切实持续生产火箭混合推进剂的问题。

同时我们还得到了锡德·厄尔利（Sid Early）的帮助，他是马丁公司发射飞行器轨道分析师。贝克在航天飞机Z的基础上设计出了战神号，这架火箭经过优化，并不携带载荷到近地轨道，而是直接到星际空间（参见图3.1）。他也提出了一个方案：将战神号烧完的上面级作为旋转缆线的配重，在去往火星的去程飞行中，在宇航员居住舱中做出人造重力。用缆线来产生人造重力的方案并不新鲜，但我们的计划更强大，因为缆线远端并不是任务关键。在较传统的任务中，因为航天飞船的巨大体积，缆线产生的人造重力不得不通过分离飞船、将重要部件（如返地飞行需要的化学推进级）放在缆线远端来实现。如果这种缆线在卷绕时被钩住，任务就可能失败。相反，我们任务中设计的缆线不需要卷绕。当蜗居到达火星时，可以通过点燃一个爆炸螺栓来将它释放或切割。这将最大程度上降低任务的风险，也呈现了我们任务架构的一个重要衍生优势。

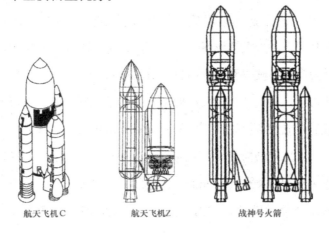

航天飞机C　　　　　航天飞机Z　　　　　战神号火箭

图3.1　助推器从航天飞机C、航天飞机Z到战神号火箭的演变。

这就行了。贝克提出用两个空间站模块作为蜗居的基础，这在我们任务日程中都是现成的东西。空间站模块长而薄，像个飞机机身，这样设计是因为它们需要适应直径5米的航天飞机有效载荷舱。我曾指出，真正的开发性工作是关于空间站模块本身的维生和其他内部系统，而不是外壳建造。我认为，比起一对儿空间站模块来，一个胖胖的鱼罐头样子的居住舱能够更好地利用战神号现有的直径10米的整流罩。作为长期的居住舱，它更"人性友好"，而且更轻。在把玩过许多居住舱内部设计草图后，贝克终于对这个方案感到满意，于是我们选择了鱼罐头。鱼罐头蜗居漂亮地与比尔·威尔科克逊的折叠式大气制动设计固定中心同步符合。我们会将蜗居稳妥地放在折叠式大气制动设备中，再把二者一起放进战神号的整流罩内。由于我们希望整套设备不仅能用于火星，还能用于登月（不是中间步骤，而是附带好处），我们决定将ERV的推进分为两步。它的上面级携带的推进剂量刚好够从月球表面返回地球，两级一起足以将ERV从火星带回地球。因为上面级体积比下面级小得多，这样就可以用战神号将注满燃料的ERV带到月球表面（在月球上制造火箭燃料不是不可能，但这不太可能用于初始任务，因为需要击破岩石）。根据设计，战神号、蜗居、两级ERV和大气制动模块组成了紧凑（而低价）的一套装置元素，可以混合搭配，用于完成太空探索计划中的月球和火星任务。在计算机辅助设计（CAD）工程师鲍勃·斯潘塞（Bob Spencer）和公司美术设计师罗伯特·默里（Robert Murray）（是的，美术设计师，一个好的工程美术设计师对设计有卓越的贡献，可以驱使你去考虑和解释如何让不同部件互相适应，如何让人从这儿去那儿）的帮助下，所有的设计蓝图都具体化为三维工程图。

　　出于极简主义的考虑，贝克首选三人团队，而我想要五人。

通过任务的后勤组工作，我们发现我们的载荷运输能力可以负担四人团队。所以就是四人了。（选择如此简单。后面的章节会解释我如何确认四人是初始载人火星航程最适合的人数。）

设计工作快要结束的一天，我走进贝克的办公室，坐在他的办公桌上。"我们得给任务想个名字，"我说，"直取精华的那种。我们要直接飞去火星了，从程序上来说我们避开了轨道和月球开发，物理上来说火箭直接离境并从火星表面直接返回地球来完成任务。所以我想的名字是'直接计划'，或者'直击火星'通路。"贝克看着我说："好……'火星直击'怎么样？"他只说了一次，这就够了。计划有名字了。

完成工作后，我们将计划交给了方案开发团队和管理层进行审议。本·克拉克就该计划列出了好几页纸的尖锐意见，我们必须能以书面形式成功回应，我们做到了。马丁·玛丽埃塔公司民用航天副总裁阿尔·沙伦穆勒对计划感到非常兴奋。完成我们任务所需的一切都是短期并相对简单的。根据他在臭鼬工厂的经验，他同意我的评估，火星直击计划掌握了让人类10年内飞向火星的基本要素。他决定让我们飞去亚拉巴马州亨茨维尔的马歇尔太空飞行中心，把计划提交给NASA。

贝克和我都没有指望我们的摘要能让马歇尔中心立刻接受。马歇尔中心是NASA最保守的中心之一，我们不觉得那儿的任何一名听众能对火星直击这样激进的主意有兴趣。地方保护主义也是一个真正的障碍，会加强"不是这儿发明的"这一因素。我当时半开玩笑地向贝克预测，马歇尔中心的反应可能是："我老爸可没用这个法子飞去火星，我老爸的老爸也没用这个法子飞去火星，我们可不需要该死的北佬来这儿告诉我们火星任务怎么完成。"

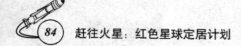

　　我错得一塌糊涂。贝克和我一起提交了计划，这是典型的团队风格。反应是令人激动的。马歇尔SEI计划组的确非常保守，也正因为如此，他们对于火星直击非常兴奋。几个月来，他们面对的一直都是在轨道上组装星际飞船的庞大计划，这些统统被他们视作胡言乱语。当我们解释载人火星任务如何用两次相当于土星5号的火箭发射就能完成，坐在房间里的阿波罗计划组老前辈们全都两眼放光："嗨，这是我们真能做的！"马歇尔SEI组织负责人吉恩·奥斯丁（Gene Austin）将贝克和我带到他的办公室，就这个计划聊了两个小时（简直闻所未闻），先研究概念，然后给了我们一些建议，关于如何把计划提交给约翰逊航天中心或其他地方。

　　马歇尔的通报是1990年4月20日进行的。接下来的几个礼拜，我们拜访了NASA与SEI有关的各个主要中心，做类似的演讲，所到之处无不引起热烈反响。在阵亡将士纪念日[①]，我得到一个机会，可以在阿纳海姆的国家空间学会全国会议闭幕式上进行一次讲话。这是火星直击首次面对大众。我获得的荣誉是全场起立鼓掌。一周后，贝克和我将计划提交到了博尔德"火星提案"会议（这个会议负责搜集三年来有关"地下火星"的材料）上，并几乎获得了压倒性的胜利。第二天，《波士顿环球报》署名大卫·钱德勒（David Chandler）的资深科学记者发表了一篇头版报道——"新火星计划提交"，这消息立刻通过电台和其他数百份报纸传递开来。火星直击崭露头角。

　　随着夏季来临，贝克和我（有时分开有时一起）继续在各个公开会议和NASA中进行简报演示。我们还在业内月刊《美国航空航

---

① 美国人传统上在每年5月的最后一个星期一举行各种纪念活动，向为国捐躯的军人表达哀思和敬意，这一天称为阵亡将士纪念日。

天》（*Aerospace America*）杂志上发表了一篇专题文章，对任务进行了详细描述。每到一处，我们都带来变化，但在准备工作中却遭到了反击。NASA内部与空间站计划有关的强大势力对火星直击不太高兴。因为我们并没用到空间站或者它（将要建造）的轨道组装技术。我们，在他们看来，正把他们的工作"非合理化"。NASA里对火星直击友善的人被告诫要与我们保持距离。这影响了我们的速度。某些（并非全部）先进推进团体的宗派也对我们抱有敌意。他们也认为火星直击正把他们的计划"非合理化"，并试图建立一些只有他们的系统能满足的任务条件。反驳这些要求又进一步影响了我们的速度。一开始是智能闪电战，现在变成了阵地战。

这类持续的斗争与贝克的风格不符。改变固有思考模式的困难逐渐浮现，加强了他与生俱来的悲观情绪；而NASA的官僚作风又令他们固执地坚持着4500亿的不切实际的庞大计划，令国会一直反对SEI的拨款请求。贝克斗志渐消。1991年2月，他离开了马丁公司，回到科罗拉多大学继续攻读硕士学位，并开办了自己的咨询公司。

而作为一个乐观主义者，我坚持巡回全国，举办了数十次讲座，写出了数十篇论文和无数的杂志文章。布什政府组建了一个一流的"综合组"，由前阿波罗宇航员托马斯·斯塔福德（Thomas Stafford）将军领衔，试图为太空探索计划找到一个新架构，代替失败的《90天报告》。我向他们做了简报，并随后与委员会中几个关键成员继续做了工作上的沟通。最终，综合组在1991年5月给出了报告[13]，这是个令人失望的结果：他们忽视火星直击，而采用1969年韦恩赫·冯·布劳恩核动力推进巨型飞船计划的轻度升级版本，来进行火星探索。然而，虽然我的计划并未被纳入报告，我的许多关键原理却出现其中。轨道组装现在看来是非常不利的，不会给我们加分。火星上逗留的时间才有意义——要在火星上真正完成一些事情，而不是去了就回来，这很重要。所以，尽管计划在首次火星任务中保留了一个冲点级任务（高能量/短期停留）作为精神遗迹，但所有后续任务都是合点级的（低能量/长期停留）。我的甲烷/氧气火星推进剂生产过程被明确定为需要进一步发展的内容，要在下行任务中使用。这一切都可视为一种进步。然后，在1991年秋天，更多曙光出现了。作为综合组内精英的代表，麦克·格里芬被指定为NASA分管探索计划的副局长，专门负责SEI。根据报道，格里芬是个聪明人，完全不是你了解的那种闭门造车的官僚型。"只要我能搞定他。"我这样想。格里芬不太好接近，所以我开始对他的朋友们下功夫，其中某些正好也是我的朋友。最后，在1992年6月，我得到一个向格里芬直接报告的机会，在他办公室里。一切都很顺利。格里芬已经读过我的一些文章，但他仍有一些疑问。我个人就可以解答这些问题。格里芬叫来了比尔·巴尔豪斯（Bill Ballhaus），他是马丁·玛丽埃塔民用航天的总裁（此时沙伦穆勒已经不再直接参与此事），并"问"他能否为我拨出资金将火星直击发展为更详细的计划，并提交给他在NASA约翰逊航天中心（JSC）的探索计划组——NASA副局长的"请求"在航空航天业中可不仅仅是一个"请求"。我们将看到他们会如何认真地对待这件事。

一切顺利。还不止如此。我后来才知道，格里芬对火星直击太喜爱了，他还直接向后来的NASA局长丹·古尔丁（Dan Goldin）作了汇报，并且也获得了他的支持。最终，当我于1992年10月在JSC就火星直击进行一系列讲解的时候，我发现他们已经知道会听到什么了。

　　JSC探索计划组听过讲解后，都很感兴趣，但他们还是有些顾虑。他们认为我对于任务物资的估计过轻了，他们希望是一个6人团队，这样的话就需要比战神号更强劲的火箭。组内的任务设计负责人大卫·韦弗（David B. Weaver）对于能否让整个任务架构依赖于火星基地生产推进剂这件事表示怀疑。是的，它会在宇航员离开地球前制造完毕，这样就没人会被困在外太空，但一旦推进剂生产失败了，整个任务就失败了。我和韦弗来到他的办公室，拿出粉笔来完成了一个妥协的任务架构，这解除了他的疑惑。[14] 我把这叫作"火星半直击"（图3.2）。原来任务中的两次发射变成了三次，一次将自有燃料的火星上升飞行器及大量设备和给养送到火星表面，一次将返地舱和甲烷/氧气化学推进级送到火星附近的高位轨道，最后一次将宇航员及蜗居送到火星上。现在，不需要在火星表面上制造出足够让返地飞行器从火星回到地球的推进剂了，而只需要让火星上升飞行器和宇航员舱飞到轨道集合平面，然后轨道化学级将送宇航员完成余下的路程。只要没有额外的货舱，火星上升飞行器是足够轻的，装满燃料后也能用单次重型火箭发射送到火星表面。因此，一旦当地推进剂生产失败，只要发射第四次火箭，任务依然是可以完成的。相比经典的火星直击，我并不是那么喜欢这个方案，因为限制了火星推进剂生产的应用也就限制了它的优势。火星直击只用两次发射和两架飞船，而火星半直击计划需要三次，额外的这次发射和这架飞船会多花很多钱；另外，这个任务的核心是在返程使用火星轨道集合。但显然这比先前NASA的想法强多了，所有的载荷直接送往火星，直接抛弃助推器，不需要轨道组装或巨型飞船，首次飞

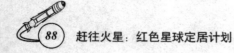
行任务就可以在火星表面长期停留并开始使用当地资源。这是一种妥协，但它依然是可行的，是我可以支持的计划。麦克·杜克（Mike Duke）和洪堡·曼德尔（Humboldt Mandell），JSC的两位相对高层的负责人，也在早期成为火星半直击计划坚定的支持者，此后这个计划在JSC内部迅速获得了肯定。

火星半直击任务序列

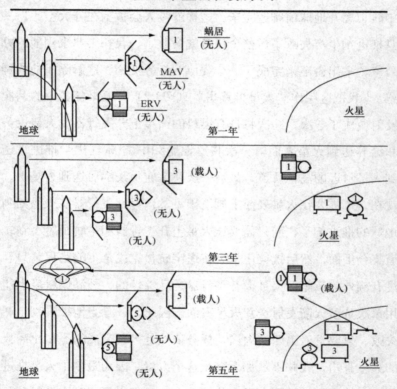

图3.2 火星半直击计划的任务序列。每隔两年，发射三架火箭。一架将蜗居中的宇航员送到火星，一架运输带有自身燃料的无人载荷火星上升飞行器（MAV）和返地飞行器（ERV）。返程的时候，宇航员转移到MAV，乘坐它来到轨道，集合ERV，然后乘坐ERV返回地球。第一年，飞向火星的蜗居不搭载宇航员，作为第三年首个乘坐蜗居载人飞行的储备蜗居。

1993年，韦弗将一个大型跨NASA团队拉到一起，开始对火星半直击计划进行精心设计研究。我作为顾问参与了这项研究。大型团队中的离心倾向再次浮现。各个不同方案的代表试图扭曲计划，以确保本系统的主导地位。要控制好这个团队，韦弗简直就像是在到处抓猫。然而，该团队也在火星半直击的基础上研制出了可行的计划，虽然有些浮夸。然后，这个火星半直击的扩展版本被提交给JSC费用分析组——正是把《90天报告》估价为4500亿美元的那伙人。分析考虑了所有所需技术的开发费用，包括大型火箭（即，并没有共享之前假想的月球探测计划的系统开发费用）和三次完整的载人火星飞行任务费用。最后的底线是：550亿美元，是原来传统计划费用的八分之一。1994年7月，部分工作内容成了《新闻周刊》的封面报道："载人火星任务？"这是《新闻周刊》的提问。"这项技术已经就位。500亿美元——原来预算的十分之一——是价廉的好货。"

在研究过这个问题的人们当中存在一个共识：要将人类送往火星，存在一个可负担的、技术上可行的、政治上可获得支持的计划——正如火星直击的基础概念。这不是一项远期未来才能实现的方案，而是我们就可以完成的。这是今天的工程师就可以设计出来的计划，是由今天的宇航员就可以完成的飞行。

在下面的章节里，我们还会更细致地了解火星直击计划，看它如何动作，一步步，一点点。我们将看到它的核心不仅仅是把人类送往火星，还是为了探测和定居——甚至是改变红色星球本身。

地下火星

有时，一小组人可以发出大声音，盖过周边的喧嚣。这正是"火星事件"的真实写照。

在阿波罗登月计划之后的10年内，载人火星探索计划基本跌到了NASA的视线之外，因为他们连让航天飞机上天都举步维艰。机构内几乎听不到有关人类火星探测的研究。但到了20世纪80年代初，在一小撮火星狂热爱好者的努力下，将人类送上火星的概念再次在空中飘荡，这些人很快被称为"地下火星"（Mars Underground）。要了解这些"地下党"是如何开始的，我们得回到1978年，天空实验室和航天飞机之间那让人昏昏欲睡的时段。最后一次阿波罗计划，即阿波罗-联盟（Apollo-Soyuz）测试计划在1975年7月执行，并不是飞向月球，而是在近地轨道与俄罗斯航天器进行对接。在阿波罗-联盟测试计划之前，1973年11月的天空实验室4（Skylab4）之后，就没有美国人飞入过太空了。1977年发射了旅行者号（Voyagers），用于检查深空中的气体巨星们。先锋-金星（Pioneer-Venus）1号和2号则已经在飞向金星的途中，预计在年底到达。下一次航天飞机的飞行任务是1981年4月。总而言之，这是空中社区一个相对瞌睡的时间，而总有些丰饶多产的头脑在四处张望，找些顽皮的事情做做，比如再造一个星球。当时的科罗拉多大学天文地球物理学研究生克里斯·麦凯

（Chris McKay），创办了一场如何将火星改造成地球的研讨会。

　　研讨会是从走廊讨论和研究生休息室啤酒闲谈开始的，海盗项目阴沉而神秘的发现起到了推波助澜的作用。根据海盗号的探测结果，火星看起来没有生命迹象，但似乎不会总是这样：只要些许聪明的行星工程，地球化改造，就能将未来的火星变得和从前一样，成为一颗温暖潮湿的星球。与麦凯一伙儿的有卡罗尔·斯托克（Carol Stoker，天文地理学研究生）、佩内洛普·波斯顿（Penelope Boston，麦凯的老朋友，主修生物学的本科生）、汤姆·迈耶（Tom Meyer，自己开了个工程公司，也是斯托克多年的朋友）、计算机科学家史蒂夫·韦尔奇（Steve Welch），以及其他一些零散的人，可能总共有21个。查尔斯·巴斯（Charles Barth），科罗拉多大学大气和空间物理实验室主任，是该团体的导师和辅导员，帮助他们将非正式的谈话转变成了正式的研讨班：火星的可居住性。

　　在第一学期的课程中，研讨班的参与者们在巴斯些许的推动下认识到，将火星地球化是一件离谱的事情，这对研究生来说也不容易。他们也认识到，他们徒有理论而数据不足。也许关于将火星地球化的讨论颇具娱乐性而且耐人寻味，但没有数据就没有出路。他们需要关于火星的更多信息——现有的大气情况、过去的大气情况、挥发成分、资源以及其他很多东西，这些都是只有载人计划才能收集到的数据。于是，这个团体开始关注近期的载人火星飞行任务，最后将他们的发现写成了《火星研究小组初步报告》（The Preliminary Report of the Mars Study Group）。巴斯把报告送到了NASA总部。迅速有消息传开，说博尔德有群研究生什么的，热情地——并且聪明地——探讨了载人火星飞行任务，还更多地讨论了地球化这门新科学。一些研讨班成员凑了些钱，开车穿越全国去参加大大小小的空间科学会议。他们偶尔能在那些场合把自己的意见传递给他人，一些被博尔德小组的热情、眼界和聪明吸引了的人。

1980年春天，麦凯和波斯顿在华盛顿特区举行的美国天文学会会议上遇到了莱昂纳多·戴维（Leonard David）。戴维过去几年曾安排过一些关于太空探索的学生论坛，听说过博尔德这些人。这三人几乎是一拍即合，立刻谈论起火星探索来，最后戴维提议就载人火星探索举办一个会议。这是一个新主意。二十多岁的学生们通常没有组织和主办过有关行星探索的会议，但总会抱有"为什么不呢？"的态度（他们实在没什么可损失的）。于是一群火星信徒开始了低调的规划。麦凯、波斯顿、韦尔奇、迈耶、斯托克和科罗拉多大学的另一名学生罗杰·威尔逊（Roger Wilson）开始列出一些可用于演讲的话题和可能的演讲者。通过一些学生游击队式四处出击的办法，他们将自己印刷的上百份大会宣传单分发出去，用于扩大影响。令每个人惊讶的是，他们开始接到电话，既有想参加会议的，也有想提供论文的。论坛的名字来自一篇开创性的文章《火星人类事件》（The Case for Humans on Mars），这是海盗项目的科学家本·克拉克在1978年写的。1981年4月下旬，博尔德小组主办了第一次"火星事件"（Case for Mars）会议。

这只是一次小型会议——最终只有100人左右出席，但这对主办方来说已经很多了。会议前，科罗拉多小组多多少少认为自己在孤军奋战。他们认为没多少人会对载人火星飞行任务有兴趣，并知道如何进行严肃的研究。但是现在，他们在会议中遇到了能源利用、火星表面生命支持、推进剂选择等各类演讲。得知还有其他人在分享他们的热情，是多么激动人心，令人振奋，甚至是令人看到曙光。莱昂纳多·戴维从华盛顿带来了一些红色徽章。这些徽章上印着艺术家卡特·埃马尔特（Carter Emmart）设计的"火星事件"标志（古老的火星占星符号图内有一个达芬奇风格的人像），下面是文字"地下火星"。每个徽章上附有简短说明，申明佩戴者是地下火星成员，临时聚集的火星爱好者（紧密联合但结构松散），这徽章需要谨慎佩戴在衣服下襟甚至内侧。在4天的时间里，举办了许多工作坊、大量演讲后，地下火星制定了人类火星探测的计划：包括方案的理由和目的，载人飞行的前期任务，任务描述，探索者要进行的地面活动。考虑到这次会议是一群学生构思和组织的，这实在是个不坏的结果。

会议每隔3年一次，持续举办了15年，每次都领先并反映了时代特征。1984年的第二次会议促成了一个完整的火星任务端到端设计。以此为基础，地下火星的成员们在NASA总部和其他NASA中心做了几次关于火星探测的2小时演讲。1984年的会议很重要，另一个原因是，它把一些具有很大政治影响力的人物带了过来，如前NASA局长托马斯·佩因（Thomas Paine）。1985年，里根总统指定佩因领导一流的国家空间研究委员会，而在佩因的引导下，委员会推荐美国确立了关于在火星上建立前哨的30年目标空间计划。白宫对报告的反应是，在NASA总部建立了"代码Z"组织和"探路者"计划，分别对人类月球和火星探索所需的任务战略加以规划，并对其关键技术进行开发。正是这些组织建立了内部网络，为布什在1989年7月要求太空探索计划的呼声提供了策略参考。

第三次火星事件会议令这种趋势加速了，卡尔·萨根对超过千名观众进行了主题演讲，观众中包括国际性媒体的部分重要代表。我第一次听说地下火星是在火星事件II之后，同时听说的还有超过400个其他非主流技术类型；火星事件III有大约200个演讲和16个工作坊，我参加了其中一部分。通过火星事件III而集结成的两册论文中，涌现了将火星探索展望转化为现实的战略，既触及了技术要求，也谈到了公共政策和政治要求。到1990年的第四次会议（还是一如既往地在博尔德举行）时，那些10年前在NASA几乎被禁的关于载人火星飞行任务的言论，已经成为现任总统声明的太空远期目标。卡罗尔·斯托克当时负责会议流程，她曾出席NASA加利福尼亚州艾姆斯研究中心一个私人性质的火星直击宣传活动，并喜欢上了这个计划。她给了大卫·贝克和我一个在开幕式上宣讲的机会，将火星直击带给地下火星组织。第二天，一个低价载人火星任务已在议程中的消息出现在《波士顿环球报》和其他数十个联合报纸上。

为航天器轨迹定位是一个相对简单的业务，只需遵循物理定律；通过政治体系给一个想法的轨迹定位，则是个只能听天由命的业务。为什么乔治·布什在1989年会站在航空航天博物馆门口的台阶上，宣布火星是人类探索的必要目标，其中有许多理由。但我毫不怀疑的是，在将人类火星之旅确定为美国空间计划的可达成目标这件事上，火星事件会议和组成地下火星核心的一小部分人起了重要作用。会议为这个投放原料的容器提供了大量想法，所有这些都提升了载人火星飞行任务的地位，为火星研究者和爱好者们鼓了劲。对于一个靠热情与努力（而不是会员名册上的位置或皮夹里的会员卡）来定义会员资格的组织而言，我们不

得不说，地下火星和火星事件会议发挥的影响与他们不大的规模形成了鲜明对比。

为了向他们的努力致敬，我选择此作为本书书名。[1]

---

① 原版书书名为*The Case for Mars*.

4 到达火星

快速方案和好方案

计划一次长途旅行，首先得选择路线和交通方式。设计火星任务也一样。

很多人觉得去火星不可能，因为那颗红色星球离地球太远了。他们提出，除非航天推进方式获得突破性进展，否则火星之旅耗时实在太多。我们来看看这个理由是否站得住脚。

火星的确很远。从地球上观察，火星在和太阳处于直线相对的位置时（古占星家出于地心的世界观称之为"冲"，此后沿用下来）离地球最近，但二者距离也从未小于5600万千米。从地球上观察，它处于太阳背面时（古占星家称为"合"，conjunction），离地球最远，约为4亿千米（见图4.1）。当火星与地球相冲时，目前没有任何一种哪怕是概念性的推进系统，能够沿着从太阳向外的直线，从地球飞到火星。因为从地球出发的飞行器会获得地球的速度，约30千米每秒，所以除非使用大量推进剂改变航向，否则它将以和地球相同的方向继续绕太阳运动。事实上，正如1925年德国数学家沃尔特•霍曼（Walter Hohmann）所发现的，要是想节省燃料，从地球去火星的最佳时机是它们相合时，也就是它们分处太阳两边相对位置，彼此距离最远的时候

（见图4.2）。这是难度最小的路线，因为你可以沿一条椭圆轨道飞行，它的一端与地球轨道相切，另一端与火星轨道相切，从而使飞行器离开或会合行星时需要的转向角度最小。要是你愿意的话，可以对这条航线进行改动，不过改动越大推进就越困难，任务费用也就越高。不过，就算你真打算多用点燃料来抄近路，不做完全的霍曼转移，而是选择某条弧形航线，大体来说也至少要飞行4亿千米左右才能从地球到达火星。整整4亿千米。真够远的。相比之下，月亮离地球"只有"40万千米。也就是说，去火星的路程是阿波罗号宇航员登月时飞行距离的1000倍。阿波罗号飞船去月球的单程飞行花了3天，那岂不是说去火星得花3000天，也就是8年？

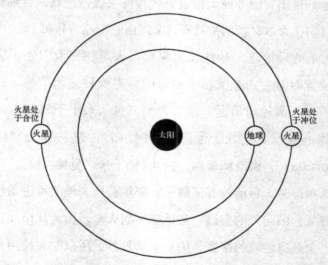

图4.1 冲与合。冲位，火星与太阳分处地球两边的相对位置；合位，从地球上观察，火星处于太阳背面。

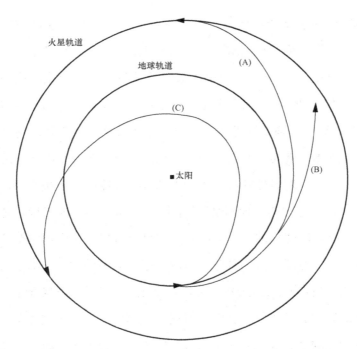

图4.2 去火星的可选航线：（A）霍曼转移轨道（Hohmann transfer orbit）；
（B）快速合点航行（fast conjunction mission）；（C）冲点航行（opposition
mission）。

　　幸亏不是。阿波罗号在地月间飞行的平均速度是1.5千米每
秒，这个速度上限并不是受制于当时的推进技术——土星5号第
三级足以将阿波罗号加速到这个值的2倍甚至3倍——而是由这条
航线的几何性质决定的。阿波罗号能够以4.5千米每秒的速度飞向
月球，只要一天就能到达，不过将付出高昂的代价：他们就停不
下来了。因为月球引力很小，把登月飞船送入绕月轨道几乎全靠
飞船自身的推进系统。如果飞船以远大于1.5千米每秒的速度冲向
月球，阿波罗号的指挥舱根本无法将飞船的速度降下来。

　　从另一方面来说，火星引力大且拥有大气层，这二者都能

协助完成减速动作。所以，飞船飞往火星时的到达速度可以远大于这个值，而仍能完成入轨。更重要的是，飞船以3千米每秒的出发速度（departure velocity，严格来说叫"双曲线速度"，hyperbolic velocity）离开地球，但它在太阳系中飞行的速度可不止3千米每秒。确切地说，飞船离开地球时是从一个高速运动的平台上飞出，因为它们的运动方向相同，所以在绕太阳飞行的航线上，飞船从地球额外获得了30千米每秒的速度。横跨太阳系的航程中，飞船的初速度不是3千米每秒，而是33千米每秒，是阿波罗号指挥舱速度的二十多倍。（在登月时你无法利用这个"运动平台"的速度，因为月球随地球一起绕太阳运动。）由于飞船从地球轨道向外飞向火星轨道，在太阳的引力井①中爬升了，部分动能转化成了势能，所以飞行速度会降低一点，不过还是够快的。幸运的是，火星以24千米每秒的速度在轨道上巡航，运动方向和飞船大致相同。当飞船到达火星轨道，它与火星的相对速度只有3千米每秒（因为飞船此时的速度约为21千米每秒），这个速度慢得足以完成入轨。飞船到达火星时，它的飞行距离是阿波罗号的1000倍，不过，平均来算，速度也有20倍。1000倍的距离除以20倍的速度，我们得出的航行时间是阿波罗号（航行时间3天）的50倍——150天，从地球到火星。那么，使用阿波罗时代或者如今的推进技术，去火星的单程飞行大约就要这么多时间。这个估计不算离谱，一次霍曼转移需要258天，那么多用一些推进剂，把航行时间缩短到150天完全可行。

---

① 在广义相对论中，引力是时空不平坦的一种表现。形象地说，天体就像一个个质量不同的球，在时空的橡皮膜上压出深浅不一的坑，这样的坑就是天体的引力井。越靠近井底引力越大，也就越难逃逸。此处文中的飞船从离太阳较近的地球轨道飞向较远的火星轨道，所以在太阳的引力井中爬升了。

不过，到达火星只是问题的一半——你还得回来。地球和火星一直绕太阳运动，而它们的速度不同，所以相对位置总在变化。只有地球和火星处于特定相对位置时，才适于发射返航飞船。选择哪条轨道不仅决定了航行的时间，还决定了发射的时机。所以，设计一次完整的往返程任务很复杂，不过归根结底，基本上载人火星往返程任务有两种选择：合点级航行与冲点级航行。这两种航行的典型参数见表4.1。

表4.1　火星任务的飞行时间与停留时间

	合点航行	冲点航行
去程时间	180天	180天
返程时间	180天	430天
火星停留时间	550天	30天
总任务时间	910天	640天
任务速度变量	6.0千米每秒	7.8千米每秒
是否需要飞越金星	否	是
平均辐射剂量	52雷姆	58雷姆
暴露在零重力下的时间	360天	610天
任务费用	最少	最多
任务成果	最大	最小
任务风险	最低	最高

合点航行的范例之一是"最小能量"方案，即在地球和火星之间进行两次霍曼转移。这种方案费用最低，但往返程各需258天。运送货物的话没问题，不过载人飞行还是快一点好。其实，不用增加太多推进剂就能把合点航行的时间减少到180天左右，所以，这正是我们在"火星直击"计划中建议的做法。不过，如果采纳这个计划，那么在返回地球的发射窗口完全开启前，你得在火星地面待上550天，总任务时间也将达到910天。

冲点航行有一部分与合点航行完全相同，例如去程飞行。不

过，返程就完全是另一回事了。其返程飞行不直接返回地球，而
是额外使用大量推进剂将飞船从火星送往内太阳系。飞船擦着金
星飞过，获得引力助推（gravity assist），将它朝地球弹去。这种
航行所需的发射窗口在飞船抵达火星后不久就会开启，所以尽管
这条返程轨道耗时比霍曼转移多得多，冲点航行还是将地球外的
总任务时间缩短了将近10个月，从900天左右缩短到600天左右。

　　因为冲点航行需要的任务总时间最短，NASA《90天报告》
的设计者们对它情有独钟。后来者亦步亦趋，好像冲点航行是去
火星的唯一方案似的。不过这样的偏爱真的合乎情理吗？冲点
航行对推进系统的要求相当高，它需要7.8千米每秒的总速度变
量（delta-V，ΔV）来使飞船加速或减速，而合点航行的速度变
量只有6.0千米每秒。（ΔV是指航天器从一条轨道变换到另一条
所需的速度变化量。）事实上，如果使用可在太空中储存的推
进剂作为火箭燃料，将飞船从火星暂泊轨道送入返地轨道，冲
点航行的起飞质量将是合点航行的2倍。而且情况还能更糟。表
4.1中给出的速度变量只够飞船加速离开近地轨道（LEO）和一
条椭圆度很高的火星暂泊轨道；默认飞船可以通过大气制动的方
式进入地球轨道或火星轨道。不过冲点航行的飞船太重了，大气
制动也许不太可行——如果不是完全不可能的话。而如果真是这
样，我们就不得不使用火箭来减速，这将使任务所需的速度变量
增大，又进一步增加了飞船总质量和任务费用。情况迅速失控。
于是我们能够得出结论：冲点航行完全不可行，除非有热核火箭
（NTR）——它的排气速度（exhaust velocity）能达到化学能火
箭的2倍——或者其他什么更好的推进系统。（因此，那些主张
发展这类推进系统的人也偏爱冲点航行。）

可是我们为什么要希望任务时间最短？最常听到的理由是，这才能使船员暴露在零重力和各种宇宙射线中的时间最短。然而，冲点航行所有的时间几乎都花在行星际空间里，它实际上使船员暴露在零重力中的时间最长。此外，由于火星大气和地表材料能提供大量掩蔽（就算不做其他任何防范，比如往居住地房顶上铺沙袋，也没什么问题），我们估计在行星际空间中，单位时间内的辐射剂量大约比火星地面大4倍，冲点航行中船员接受的辐射剂量很可能略大于合点航行。

就算我们对飞向火星途中辐射的危险束手无策，有一点也必须了解——表4.1中所示的两个剂量都不会构成太大威胁。为了明确这一点，我们应该注意到，在一段连续的时间（例如耗时几年的火星往返程飞行）中，35岁的女性每接受60雷姆的辐射，未来罹患致命癌症的风险就增加1%，对同龄男性而言，这个剂量是80雷姆。辐射并不是载人火星任务中的主要风险。

所以，冲点航行的优势是镜花水月，但它的劣势却实实在在。冲点航行的推进需求更高，所以起飞质量也更大，因此导致任务费用升高。要把这些沉重的硬件组装到一起，需要在轨道上进行装配。与在地球上完成所有硬件装配相比，这种装配几乎毫无质量保障。此外，硬件质量越大，需要装配的东西越多，也越复杂，这使得装配出错的风险最大化。到这里还没完。冲点航行需要的推进剂最多，这意味着发动机在任务周期中的工作时间最长，使得发动机失效的风险最大化。冲点航行中的单程飞行时间也最长，所以对飞船维生系统的可靠性要求最高（合点飞船的维生系统只需要保证180天的连续工作时间，而冲点飞船必须达到430天）。冲点级航行不是从火星直接飞回地球，而是先飞到金星，那里的太阳热量是地球的2倍（这就是为什么一些任务设计者会将冲点航行中的"飞越金星"称为"煎越金星"），这就要求飞船维生系统必须能承受由此引起的外部温度变化。最后，在任务结束时，冲点级飞船回到地球，它与地球大气间的冲撞强度比合点级飞船大得多。这使得作用在飞船和船员身上的再进入减速力最大，也增加了这样的风险：倘若再进入方向偏离，飞船可能烧毁，或者弹出大气层，船员将被困在行星际空间中。

而且，在以上所有缺点以外，我们还将发现一个致命而荒诞的缺陷——冲点航行几乎得不到任何成果。飞船和船员花了6个月时间，飞了将近4亿千米来到火星，却只能在这里停留30天。在火星轨道上一共只能待一个月，那船员们所能期待的，最多也就是离开前能在火星地面待上两个星期。事实上，如果他们抵达的时候天气太差，可能根本就无法登陆，整个计划将一无所成（想想水手9号吧，它到达火星后，为了等待尘暴过去，在轨道上得等4个月）。我给冲点航行打了个比方：一家人决定飞去夏威夷过圣诞节，他们花了10天时间在机场间辗转周折，却只在海滩上玩了半天——天气所限。简单地说，冲点航行计划实在很蠢。它的费用和风险都最高，科学回报却最小。只有那些希望证明载人火星任务是白日梦的人，或者希望增加任务技术难度，好给自己拥护的新推进系统争取资金的人，才会对它念念不忘。而对那些真正希望把人类送上火星的人而言，冲点航行根本不值得进一步考虑。

现在，在各种类型的合点航行计划中，我们有更多空间可以作出理性的选择。最小能量计划费用最低，不过快速飞行计划更好，它减少了浪费在路上的时间，待在火星上进行有用探勘的时间更多。沿着快速合点航线飞向火星，可以大大减少船员暴露在零重力和辐射下的时间，对航天维生系统可靠性的要求也最低。不过，最小能量计划不用像快速飞行计划那样推进加速，它的飞船可以造得重一些，任务关键系统——如推进系统、控制系统和维生系统——可以有更多备份。所以，最小能量飞船比快速合点飞船的可靠性要求高，但它有质量额度来实现高可靠性。（冲点航行飞船可靠性要求最高，但是它可以容纳分系统冗余、提高可靠性的质量额度却最小。）

显然，这里需要权衡，在飞船速度和系统冗余之间，应该作出明智的妥协。不过，还有另一个问题需要考虑。在特定的出发速度下，存在这样的轨道：飞船沿着它飞向火星，而如果你决定不（或者出于某些原因不能）进入火星轨道，它能把飞船直接带回地球。这样的轨道叫自由返回轨道（free-return trajectory）。如果在去程飞行中，飞船推进系统彻底失效，或者出于任何原因必须中止任务，这样的轨道可以让船员安全地回到地球。就像险些彻底失败的阿波罗13号任务，他们采用了一条自由返回轨道飞向月球，最终安全返回。在火星计划中采用自由返回轨道的优势如此明显，其他非自由返回的轨道最多能节省30天的去程时间，却完全不值得。表4.2中我们列出了去火星可选的自由返回轨道。出发速度3.34千米每秒时，最接近最小能量轨道（minimum energy trajectory，选项A），到达火星需要250天，自由返回地球需要3年（包括两个一年半的轨道周期）。运送货物没问题，不过对于载人飞行而言只能算凑合。出发速度5.08千米每秒时（选项B），去火星的航行时间缩短到180天，自由返回时间2年。显然，这是载人飞行的最佳选择，因为如果选择需要能量更多的自由返回轨道（选项C和D），消耗的推进剂大幅增长，飞行时间的缩短却不那么明显；而且如果真有必要进行自由返回，这两条轨道绕得超出火星太远，实际上导致船员回到地球需要的时间更长。另外，如果选择高能量轨道，到达火星时飞船速度会很快，难以安全完成大气制动。

表4.2　地球与火星间的自由返回轨道

出发速度	轨道周期	自由返回地球所需时间	飞到火星所需时间	进入火星大气难易程度
A 3.34千米每秒	1.5年	3年	250天	容易
B 5.08千米每秒	2.0年	2年	180天	可接受
C 6.93千米每秒	3.0年	3年	140天	危险
D 7.93千米每秒	4.0年	4年	130天	不可能

选择从火星返回地球的轨道时，能否自由返回并不重要。不过，当出发速度超过4千米每秒，缩短飞行时间的收益就开始递减。如果非要选择远超过这个值的速度，我们就将被迫放弃飞船的有效载荷，从而导致关键系统冗余的减少，而飞行时间只能缩短一点点。

所以，我们发现载人火星任务的最佳往返轨道是：以5.08千米每秒（且不大于这个值）的出发速度离开地球飞向火星，然后以4千米每秒的出发速度从火星返航。如果是运送货物，最佳选择显然是霍曼转移或选项A中的自由返回轨道，它的出发速度是3.34千米每秒，最接近最小能量轨道。妙处在哪里呢？显然是：这些最优轨道都能轻松地用现有的化学推进达成。

注：任务所需的速度变量与其出发速度相关但不相同。如果有兴趣的话，可阅读本章末的技术详析，其中列出了速度变量、出发速度、火箭比冲量、飞船总质量之间的数学关系式。

派谁去

那么，我们已经确定了飞行轨道，现在得挑选船员了——派谁去，几个人。

一次长周期的火星任务需要多少人？考虑到人的社会属性，当然是"多多益善"。不过，船员数量决定了蜗居、飞船运输级和运载火箭的质量，出于任务费用和技术可行性方面的考虑，有必要把考察组控制在最小规模。此外，不管设计任务时准备了多少种后备计划，考虑过多少种中止任务时可以采取的办法，我们还是必须了解：把人送往火星，不管怎么说都会对船员健康有所损害。所以，从人道主义的角度来说，初次任务派出的人越少越好。最后，长途旅程中，大的社群有利于成员互相陪伴，不管这有多诱人，但是回顾人类在地球上探索的历程，我们会发现，一个人完全可以成功完成长周期的考察，两个人也行，多少人都行。

接下来的问题是，载人火星任务至少需要多少人。换句话来说，我们至少需要哪些人？如果任务出现危机，最可能的原因是关键的机械或电气系统（推进系统、控制系统、维生系统）中，有一个或几个地方出了问题。那么小组中最重要的一位成员，手里攥着所有人性命的那一位，就是机修工了。要是你愿意的话，可以叫他随船工程师（他或她，从某种意义上来说，就是从前的火车机车或蒸汽轮船工程师）。不过火星任务需要的是一位王牌机修工，能够在问题暴露前敏锐地发现蛛丝马迹，修好能修的东西。这项工作太关键了，尽管需要控制船员数量，我还是建议配

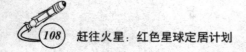

备两名具备这种能力的人。

任务中第二重要的职位是野外科学家。记住，载人火星任务存在的理由①就是要勘探火星。能够圆满完成勘探目标的人员，重要性仅次于那些能把考察组带到火星再送回地球的人。如果任务没有任何科学发现，实质上也是某种形式的失败。所以我再次建议，配备两位野外科学家。其中一位应该是地质学家，他的目标是勘探资源、研究火星的地质历史；另一位是生物学家，他的目标是勘探火星上那些痕迹，它们会揭示，过去或现在，火星上是否存在生命。生物学家还能通过实验确定，火星物质对地球上的动植物是否有生化方面的毒性，当地土壤是否适合发展温室农业。

这就够了。两位机修工，两位野外科学家。我们可以把船员分成两组，每个组里都没人落单（比如说，一组人员乘地面火星车出外考察，另一组留在大本营里），而且每个组里随时都有精于处理设备故障的人，也有能完成科研工作的人。不需要有专职的"任务指挥官"、"飞行员"或"医生"。当然，说到指挥官，任务的确需要有人指挥，也需要副指挥。因为如果出现危险状况，需要有人为大家迅速作出决断，无须投票和辩论。不过我们没有位置留给专门督促别人完成工作的人。同样，船上也可以没有专门的"飞行员"。飞船可以进行全自动着陆，在两年半的任务周期中，自动飞行系统可能偶尔有几分钟时间需要应急后备，飞行技术顶多能在这时候派上点用场。如果真想要后备的人工飞行控制，完全可以对一位或几位船员进行交叉培训，让他们

---

① raison d'être，原文为法语。

掌握飞行技术（把地质学家培养成飞行员比培训飞行员成为地质学家容易多了）。最后，没有专职医生。伟大的挪威探险家罗尔德•阿蒙森在远征中从来不带医生，他觉得医生有损士气，而有经验的探险者自己也能处理征途中的绝大部分疾病损伤。而且，众所周知，在其乐融融的表象下，几乎所有宇航员都讨厌太空医生。你可以设身处地地想想——你在辛辛苦苦干活，却有人不断扎你，针啊，导线啊，体温计啊。医疗方面，所有船员都会接受急救培训，船上会配备专家系统，地球上也有相应的医疗会诊，很容易诊断那些能处理的状况（耳部感染之类的）。如果船员之一有普通内科的工作经验，或曾接受过交叉培训，有医疗助理的知识水准，再给他配上一个乡村医生的黑包、一堆广谱抗生素，诊断工作就更容易了。生物学家是这一位置的天然候选者。不管怎么说，在船上配备一位顶级的专职医生，这个主意既累赘又无必要。他大部分时间只能阅读医学文献，在虚拟现实设备上磨砺手术技巧，或者更糟糕，抓着其他船员做外太空医学研究，当一个十足的讨厌鬼。

用《星际旅行》（*Star Trek*）中的术语来总结，载人火星任务需要的是两位"Scotty"，两位"Spock"。不需要"Kirk"、"Sulu"和"McCoy"①，更重要的是，船上没有他们的铺位和补给品份额。

一个四人考察组就可以完成火星任务。

---

① 这五个名字都是《星际旅行》中的角色，职位分别是总工程师、科学官、舰长、舵手和总医官。

直接发射

迄今为止，所有行星际的任务都是"直接发射"——运载火箭将飞船送到近地轨道，然后火箭上面级将飞船送入通往目的行星的轨道。水手号和海盗号飞船都是这样去的火星，阿波罗登月计划也一样。近地轨道以外的任何任务中，我们都没有这么做过：将载荷送到轨道上运行的太空港中，再装入一艘行星际巡洋舰里；这艘巡洋舰刚刚从土星回来，重新加满了燃料。近地轨道以外的任何任务中，都没有用过太空中组装的行星际飞船。在许多人的脑子里，载人火星任务和这种未来主义的宇宙飞船/太空港的画面紧密联系在一起，这使得人类火星探索在今天的世界里完全被排除在视野之外，它属于"未来"世界。但是如果可以用直接发射的方式完成载人火星任务，那我们现在就可以开始人类火星探索。忘掉那些宇宙飞船和太空港，载人火星任务就会从"未来"那个平行世界来到我们的世界里。如果直接发射可行，把人类送上火星所需的东西我们现在就已经掌握了90%。

我们已经选定了轨道，确定了考察组规模。现在，如果要求每次任务中前后发射的火箭不超过两枚，要把一支四人火星考察组的所有物资和人员，按照此前确定的飞行计划送上火星，这样的重型运载火箭是否存在？我们来看看。

重型火箭没什么稀奇——美国45年前就有重型火箭了。经过5年的研发，土星5号火箭于1967年投入使用。它曾把阿波罗号宇航员送上月球，8年中没有一次发射失败，最后一次发射是在1975年，顺利完成了阿波罗—联盟任务。土星5号能将

140吨的载荷送入近地轨道。如果今天我们想要与之相当的运载能力，最保险的办法就是重新设计和生产土星5号。不过也有别的路子。比如说，利用航天飞机的硬件。将4个航天飞机主发动机（SSME）装入一个吊舱，挂在一个航天飞机外挂燃料箱（external tank，ET）下方；将2枚航天飞机固体火箭助推器（SRB）分别挂在外挂燃料箱两侧；再在外挂燃料箱顶部装一层氢/氧上面级，就能制造出和土星5号同等级的重型推进器。这就是大卫·贝克为火星直击设计的战神推进器。根据上面级发动机的推力大小不同，战神推进器可以将121吨（上面级推力25万磅）至135吨（上面级使用50万磅推力的航天飞机主发动机）载荷送入近地轨道。20世纪八九十年代，俄罗斯也生产过能源号（Energia）重型火箭，其同样可以再次利用。实际发射过的能源号火箭只能将100吨载荷送入近地轨道，不过它的升级版本能源B型（Energia-B）据称有200吨的运载能力。在太空探索计划（SEI）短暂的执行期中，NASA开发过几十种五花八门的重型推进器，运载能力从80吨到250吨不等。简而言之，如果美国想要重型推进器，就一定能搞到。

在纸面上，你想要多大的推进器就能设计多大的，不过现实中就不是这么回事了。有人设计过近地轨道运载能力1000吨的超级推进器。听起来很棒，不过它们起飞时可能会把奥兰多都吹飞（至少也能把肯尼迪航天中心吹飞）。所以，我们还是做个极端保守主义者，假设美国——今天的美国——能够造出不超过20世纪60年代水平的重型推进器。我们把推进器的基准设为近地轨道运载能力140吨，和土星5号完全相同。要用直接发射的方法执行火星直击任务，这样的发射系统够用吗？

表4.3给出了这个问题的部分答案。表中列出了单个近地轨道运载能力140吨的推进器，经过初步的火星大气俘获[①]，能将多少有效载荷送上火星地面。表中根据运货和载人的不同情况，以及火箭第三级是用代表目前水平的比冲量450秒的氢/氧化学推进级，还是用近期内可能投入使用的比冲量900秒的热核火箭，列出了对应数据。

表4.3　近地轨道运载能力140吨的重型火箭能送到火星地面的有效载荷

任务类型	进入火星转移轨道推进级	火星转移轨道运载能力	送到火星地面的有效载荷
运货	氢/氧	46.2吨	28.6吨
载人	氢/氧	40.6吨	25.2吨
运货	热核火箭	74.6吨	46.3吨
载人	热核火箭	69.8吨	43.3吨

表4.3中列出的运载能力，其假设前提是飞船采用大气制动进入火星轨道。显然，在火星直击任务中，这是完成火星入轨（Mars orbital capture，MOC）的最佳方案；因为所有有效载荷的目的地都是火星地面，所以无论如何飞船都要有隔热罩。在火星直击任务中使用大气俘获，不需要很大的推力就能实现变速。如果放弃大气制动，一定要用火箭推进，那运送的有效载荷就要减少25%左右。NASA《90天报告》这一类的任务计划中，大气俘获面临许多技术困难。这类计划需要庞大的太空堡垒式的飞船，这样的飞船要实施大气制动，需要巨大的隔热罩，只能在轨道上制造——正如我曾说过的，这个办法可不那么可靠。此外，这些计划采用冲点级轨道，飞船到达火星时速度极高，因此在进入火星大气层的过程中，作用在防护罩上的热量和力学负载都更高；

---

① aerocapture，利用目的行星大气给飞行器减速，使飞行器能够进入绕行星轨道的机动动作；在本书中与"大气制动"意思基本相同。

而火星直击采用能量较低的合点级轨道，进入速度较低，因此热耗低，承受的气动减速力也小得多。更有决定意义的是，火星直击计划中所用的飞船相对较小，所以用来保护飞船的隔热罩也可以做得小一些，完全可以装在运载火箭的有效载荷整流罩里。有一两种可选方案：使用柔性织物制成伞状防护罩，裹住有效载荷的底部，就像原版的火星直击设计的那样；或者把运载火箭整流罩换成刚性的子弹状外壳，从顶上罩住有效载荷。二者都可行，而且当有效载荷只有火星直击中设计的这么大时，二者都不需要任何轨道装配，可以从地面"整体发射"。另外，和那些下一步需要火星轨道集合的计划相比，火星直击大气俘获对导航、精确飞行和控制方面的要求更低；因为飞船到底进入了哪条轨道无关紧要（飞船一旦降落，就用不上这条轨道了），只要这条轨道的倾角不超过某个宽松的偏差范围，飞船就能在选定的着陆点降落。

运送有效载荷时，我们可以采用直接进入（direct entry）的方式。和大气俘获一样，这种方法利用行星大气产生的气动阻力而非火箭推进来减速。不过也有差别。大气俘获中，飞船冲入行星大气一定深度来减速，然后离开大气层，进入轨道；而在直接进入时，飞船深深扎进大气层里，消耗掉全部速度，然后直接着陆。对载人火星任务而言，多数人觉得大气俘获更好，因为如果天气不好，这种方法允许船员停在轨道上，等待情况改善后再着陆。而如果选择直接进入，飞船到达火星就必须立刻着陆。不过，直接进入有过多次成功范例，如火星探路者号、勇气号、机遇号和凤凰号。这些记录提供的数据基础也许会鼓励任务设计者，在载人火星任务中也采用直接进入。

　　不过，这一切的根本是送到火星地面的有效载荷。如果使用化学推进，单个近地轨道运载能力140吨的推进器能把28.6吨的货物送到火星地面；如果是速度较快的载人航班，有效载荷也能达到25.2吨。在这样的质量额度内，能设计出一个载人火星任务吗？如果不能，我们总还能设计更大的推进器，或者干脆开发热核火箭。不过还是先看看，没有比土星5号和化学推进更好的办法时，我们能不能做到。如果可以，那些更先进的技术、更好的推进能力带来的好处就是锦上添花了。

后勤补给

　　我们的运载能力够吗？好吧，我们来看看任务的后勤需要。表4.4中我们能看到单个船员在任务单程中每天需要的消耗品数量；以及四人考察组在两个居住系统——蜗居（船员在去程航行中和火星上居住的地方）和返地飞行器生活舱中分别需要的消耗品总量。"需求每人每天"这一栏中给出的数字是NASA标准数据（你可能会注意到，洗漱用水相当宽松），不过我把部分（每天0.13千克）脱水食品换成了1千克完整（湿）食品。在长时间的任务中，混合食谱能显著提高团队士气，只有脱水食品可不行。而且，这实际上只增加了一点点重量，因为完整食品提供的水分可以弥补饮用水循环系统的损耗。给船员准备的维生系统从物理上和化学上来说效率都相当低，它能循环利用80%的氧气和饮用水、90%的洗漱用水（水质可以差一些）。和那些未来主义的维生系统（封闭生态系统，里面的食物、氧气和水都能

100%地循环利用）相比，这样的系统简单得多，消耗的能量
也少得多。

表4.4　火星直击任务中四人考察组的消耗品需求

项目	需求每人每天（千克）	可循环利用的部分（百分比）	损耗每人每天（千克）	ERV200天返程飞行需求量（千克）	蜗居200天去程飞行需求量（千克）	蜗居600天火星停留需求量（千克）	蜗居需求总量（千克）
氧气	1.0	0.8	0.2	160	160	0	160
干食物	0.5	0.0	0.5	400	400	1200	1600
完整食物	1.0	0.0	1.0	800	800	2400	3200
饮用水	4.0	0.8	0.0	0	0	0	0
洗漱用水	26.0	0.9	2.6	2080	2080	0	2080
总计	32.5	0.87	4.3	3440	3440	3600	7040

　　浏览一下表4.4，你马上会注意到火星资源给我们带来的巨大
好处。返地飞行器可以生产燃料，除此以外还能生产出大量的水
和氧气。如果没有返地飞行器上的化学加工厂，我们就得给蜗居
再配备7吨消耗品。消耗品需求量将从7吨增长到14吨，而我们只
能运送总重量25吨的蜗居，很难装得下这么多消耗品。每个返地
飞行器可以生产9吨水，为船员提供超过NASA标称额度的生活用
水，对在荒芜干燥的行星上辛苦工作的考察组而言，这能大大提
高士气。所以，表4.4中没有列出蜗居在火星地面停留期间需要
的氧气和水。我们也看到，每个飞向火星的蜗居中都带了能满足
800天任务需要的食物，如果中止任务，进入为期两年的自由返
回，那也绰绰有余。如果发生这种情况，蜗居中的船员将不得不
从登陆级中抽取5吨甲烷/氧推进剂，来制造额外需要的水和氧气
（自由返回时，这些推进剂就用不上了，飞船将大气俘获进入地
球轨道，结束航程），还得把洗漱用水的量降低到NASA标称额
度的40%。肯定不舒服，士气也会受到打击，不过还能忍受，够

活命。不得已中止任务时，什么也没这个要紧。还有，表4.4中没有标出饮用水的损耗，因为完整食品中包含的水分弥补了因低效循环而损失的那部分饮用水。

消耗品需求确定后，分配给蜗居和返地飞行器生活舱的质量额度就能确定了，详见表4.5。

表4.5 火星直击计划中的质量分配

返地飞行器	吨	蜗居	吨
返地飞行器生活舱结构	3.0	蜗居结构	5.0
维生系统	1.0	维生系统	3.0
消耗品	3.4	消耗品	7.0
电源（5 kWe太阳能系统）	1.0	电源（5 kWe太阳能系统）	1.0
反应控制系统	0.5	反应控制系统	0.5
通讯与信息管理	0.1	通讯与信息管理	0.2
家具和内部装饰	0.5	实验设备	0.5
舱外活动（extravehicular activity, EVA）宇航服（4套）	0.4	船员	0.4
		舱外活动宇航服（4套）	0.4
备品与余量（16%）	1.6	家具和内部装饰	1.0
返地飞行器生活舱总计	11.5	开放式火星车（2辆）	0.8
减速伞	1.8	加压火星车	1.4
轻型卡车	0.5	野外科学设备	0.5
氢原料	6.3	备品与余量（16%）	3.5
返地飞行器推进级	4.5		
推进剂生产工厂	0.5		
供能反应堆（80 kWe）	3.5		
返地飞行器总计	28.6	蜗居总计	25.2

着陆后，表中所示的返地飞行器有效载荷中，6.3吨的氢原料将转化成94吨甲烷/氧推进剂和9吨水。生产出的94吨推进剂中，82吨将用于考察组返程飞行的火箭推进，其余12吨可以提供给使用内燃机的地面交通工具。如果把水和12吨火星车燃料的质量单独列出，再加上返地飞行器有效载荷中在火星地面停留期间有用

的部分（例如返地飞行器生活舱及其电源、维生系统，供能反应堆、舱外活动宇航服、轻型卡车等等），我们发现，每趟返地飞行器航班，都运送了36.5吨有用的地面有效载荷。在火星地面上，第一个考察组有2艘返地飞行器（提前发射的一艘，在考察组出发前就提前生产出了推进剂；备用飞行器，紧跟着考察组出发）和1个蜗居（有24.7吨有用的地面有效载荷）。所以考察组可用的地面有效载荷共有97.7吨，差不多是传统合点级任务的4倍（合点级任务数据来源于NASA《90天报告》，而且它的初始发射质量是我们的2倍以上）。船员可用的地面有效载荷中有4个可以维生的加压舱室：1个蜗居，2个返地飞行器生活舱，还有加压火星车。因此，万一蜗居中的主维生系统出现故障，船员还有很多安全的避难所可以待。另外，他们还有12套舱外活动宇航服、5辆装有发动机的交通工具（1辆加压火星车、2辆开放式火星车、2辆轻型卡车）、5个主要电源（蜗居和2艘返地飞行器中共有2个80 kWe的核反应堆、3个5 kWe的太阳能系统）、5个备用电源（每个交通工具上的发动机都可以改装成发电机）、1000千克的野外/实验室两用科学设备、14吨从地球运来的消耗品、火星上生产的18吨水和24吨火星车燃料，还有2套化工厂系统，每套都能用火星大气生产出氧气，效率大概是船员维生所需的50倍。因此，这个计划非常完善了。万一你觉得这还不够好，我们可以再加点保险：利用第一次的发射窗口，向火星发射一个完整的蜗居，装载所有补给品，不过没有船员；它可以和提前发射的返地飞行器一样在第一个着陆点降落（不过这将使项目发射时间表变成每隔一年发射2枚重型火箭，包括第一年在内）。这样的话，考察组就会有6个可居住的舱室：2个完整的蜗居、2个完整的返地飞行器生活舱……我想你已经看到了重点。地球上的任何一次探险活动都没有过哪怕是接近这种程度的后备冗余。而我们用20世纪60年代的技术就完成了这一切，土星5号，化学推进；没有在轨道上修建基础设施，没有轨道装配，没有对接，也没有任何形式的轨道集合，完全没有。

船员在旅途中能够得到的配给是有限的，但是我们能送到火星营地中的冗余物资却几乎是无限的，而且它们很有用——火星任务计划者们为什么应该让船员们在火星地面上停留的时间最长、旅途中消耗的时间最短，这就是另一个理由。火星地面的任务资产可以累积。如果做到这一点，那么，火星地面就会变成太阳系里第二安全的地方。

后备计划还是中止计划？

过去，许多火星探索计划都围绕着这一可能性来构建：到达火星前几天，或者刚刚到达，火星考察组就发现自己不得不中止任务。现在我们要考虑的不是他们为什么不得不中止，而是怎么中止。哪里有安全的港湾？好吧，显然他们得回地球，虽然原计划是合点级任务，在火星地面上停留的时间很长，不过幸运的是，他们带上了足够的燃料，可以选择一条冲点级轨道，快速返回地球。他们可以离开火星，飞越金星加速，回到地球，不必等待霍曼转移轨道的发射窗口开启。要是真有紧急状况，谁会愿意等着？不过我们还是想一想吧。设计任务计划时要考虑到中止，费用就会增加，而且不是一笔小数。首先，这样一来，有效载荷会增大，因为既需要为长时间的地面停留做准备，也要考虑到返回地球的漫长路程，把所有这些东西送上一条能量极高的冲点级轨道也需要额外的推进剂。设计任务时，你很难想出比这更费钱的法子了。其次，如果任务顺利进行，那所有为中止而额外准备的载荷都白费了。第三，如果选择冲点级轨道来返回，船员们将在一年半的时间里持续承受外太空的宇宙辐射（很可能同时还有零重力），经过内太阳系时离太阳很近，太阳辐射很高，返回地球时还有极高的重力载荷。总之，以这样的方式中止任务，船员能否存活很成问题。而且显然，就算他们幸存下来，从考察的角度来讲，任务也彻底失败了。

结论是，这一类的计划几乎没有任何益处，却大大增加了载荷和费用。幸运的是，要解决紧急状况下怎么办的难题，我们可以质疑一下这个最基本的假设：只有地球才是唯一的避风港吗？我可以响亮地回答：不。要为中止做准备，与其考虑返回地球，不如提前在火星地面上创造一个安全的地方，紧急状况时这就是首选的避风港。对远航在外的考察组而言，到这个避风港比回地球快多了，万一发生状况，这里也更可能提供真正可以解决问题的资源。这样一来，中止任务的首选项和原定的任务目标一样，不必增加任何载荷，而且就算启用了避风港，任务仍然可以进行下去。的确有其他备选的中止计划，不用继续执行任务，但任务设计的核心不是它们。换句话来说，与其总想着怎么中止任务，不如设计一系列后备计划。这就是火星直击计划处理问题的方式。

我们从近地轨道开始，看看任务过程中，考察组有哪些中止计划和后备计划。任务的第一个重要节点是发动机点火，将

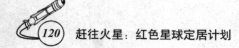

飞船送上进入火星转移轨道（trans-Mars injection，TMI）。完成这一动作所需的总速度变量是4.3千米每秒，飞船将进入一条快速合点轨道，到达火星需要180天左右，自由返回周期为2年。不过，3.7千米每秒的速度变量就足够把飞船送入一条最小能量轨道，到达火星需要250天。所以，只要发动机推力能达到这个最低要求，考察组就算完成了任务的第一步。这一步中，如果推进系统不能提供至少3.3千米每秒的速度变量——逃离地球引力所需的速度变量，飞船将进入一条绕地球的椭圆轨道。在这种情况下，船员可以利用蜗居的推进系统稍微降低轨道的近拱点（perigee，最低点），使之进入地球大气的最上层。绕轨道数圈后，大气层阻力将把轨道远拱点（apogee，最高点）降到猎户座航天飞机（Space Shuttle Orion）①能到达的高度[1994年，麦哲伦号（Magellan）飞船曾在金星成功采用了这种慢大气制动降低远拱点的方式，1997年火星全球探勘者号及此后的每个火星轨道探测器都采用了这种方式]，然后蜗居上的一个小推进器点火，将飞船轨道近拱点推到大气层外，并在新轨道上稳定运行。这一步完成后，船员就能获救了（其实不用急，他们有差不多够用三年的补给品）。在进入火星转移轨道的阶段，如果推进系统提供的速度变量介于3.3千米每秒到3.7千米每秒之间，考察组可以利用蜗居推进系统回到地球轨道；蜗居中配备了用于中段校正、在火星轨道上完成机动动作和着陆的推进系统和燃料，总共可以提供0.7千米每秒的速度变量——飞船要脱困，最多需要0.4千米每秒额外的速度变量，0.7千米每秒简直绰绰有余。不过，以上所有都只

---

① 目前查到NASA的航天飞机中没有Orion这个型号，只有Orion Crew Exploration Vehicle，又称Orion Crew & Service Modules，是航天飞机的替代方案。

是设想。进入火星转移轨道这一阶段，合理的设计是采用多重发动机，飞行这段路程，每个发动机的可靠性都是0.99左右。两个发动机同时失效的概率大约是1/10 000，在整个任务的风险中，这个数字几乎可以忽略。

顺利进入火星转移轨道，中段点火成功后，按照计划蜗居将在火星上进行大气俘获。去程飞行的前95%，都可以中止任务，比如自由返回或飞越加速返回；不过，一旦登陆器准备好了进入一条大气俘获轨道（通常在进入大气层之前几天），自由返回地球或飞越加速返回的可能性就越来越小。等到某个时间点，大约是大气俘获之前几个小时到一天，中止任务通过某条轨道返回地球就完全不可能了。不过有时候你就是得下定决心，而且必须正视这个事实：180天的航行时间中，前175天都可以实施自由返回，这已经很不赖了。

火星直击计划中不需要轨道集合，所以飞船入轨时精确度要求不高，只要这条轨道的倾角能让飞船降落到地面着陆点就行（这要求轨道倾角不小于预定着陆点的纬度）。满足了这一点，考察组只要进入绕火星的轨道，就能降落到地面上提前送过来的前哨站。大气俘获的准确度要求不高，由此对导航、精确飞行和控制系统的要求都很宽松，所以在火星直击计划中，入轨这一步，我们倾向于选择大气制动技术。如果大气制动不成功，蜗居无法入轨，考察组可以使用登陆器的推进系统（最高可以提供700米每秒的速度变量）辅助大气制动。现在考察组可能没法乘坐蜗居着陆了，不过至少进入了绕火星的轨道。然后他们有两种选择。第一种，考察组可以留在轨道上，600天后，在轨道上与返地飞行器之一（最先发射的那艘，或是紧随考察组发射的这艘，两艘中的任意一艘都可以遥控点火飞向他们）集合，然后换乘返地飞行器飞回地球。另一种选择是，只要在火星轨道上等90天左右，紧随考察组发射的返地飞行器就能到达火星，在它着陆前进行集合。考察组可以把返地飞行器上的部分推进剂搬到蜗居里，这样就能乘坐蜗居着陆了（不过返地飞行器就牺牲掉了）。或者，他们可以转移到返地飞行器里，乘着它着陆，而把蜗居留在轨道上。如果火星上已经有一个蜗居（另一次任务的考察组留下来的）可供地面活动使用，那集合之后马上就可以这么做；如果没有，可以暂缓着陆，考察组大部分的火星停留时间都待在轨道上（在这里，他们可以使用携带的大量消耗品，蜗居里也有足够的铺位），然后利用两个返地飞行器里的铺位作为地面基地，完成短时间的地面任务。

无论如何，既然火星地面上有避风港，也只有在这里才可能顺利完成任务，那最佳选择显然是到地面上去。所以，大气俘获时如果真出现问题，与其被弹到行星际空间里去，我们宁可进入大气层太深。火星直击计划不要求飞行器进入的轨道引力小、椭圆度高（传统的计划需要这种轨道——脱离时需要的燃料少），所以我们可以选择一条引力大一些、椭圆度或圆度不那么高的绕火星轨道，这样就几乎不可能被弹出去了。如果飞船进入大气层太深，无法进入一条稳定的轨道，考察组可以直接乘蜗居着陆。反正计划本来就是要坐着蜗居降落到地面上。

如果着陆前不需要在火星轨道上集合，任务的安全度会大大提升，因为不需要很精确的大气俘获动作，这样的动作被弹出去的风险较高。不过当然，火星直击用地面集合取代了轨道集合。这里有没有风险？好吧，我们来想想。为了确保任务成功，火星直击中的地面集合也有几个层级的后备计划。首先，在考察组到达之前，返地飞行器已经就位两年了，这样就可以提前安排自动火星车，对集合地点进行彻底的探查，并在附近最理想的着陆点安放应答机①。返地飞行器上还配备了一个无线导航电台，很像机场里的仪器导航着陆系统发射机，在飞船靠近和最终着陆的过程中，它可以为考察组提供具体的位置和速度数据。我们应该记得，在没有主动导航的条件下，两艘海盗号登陆器的着陆误差都在30千米以内，而阿波罗载人登月飞船的着陆点离预定地标——一艘探勘者号飞船仅有200米。在地标反馈控制系统和无线导航电台的辅助下，着陆误差应该只有数米。尽管如此，如果最终着陆误差高达数十千米甚至上百千米，考察组也可以乘坐蜗居里装载的火星车完成地面集合，该火星车单程最多可以行驶1000千米。考察组乘坐完整的蜗居着陆，而不是短期使用的着陆飞行器，所以就算他们掉到偏僻的地方，也能支撑很长时间。因此，第三、四层级的后备计划也有了。第三层后备计划是，如果间隔太远导致地面集合失败，紧跟着（几个月后）载人蜗居到达的第二艘返地飞行器可以重新定位到蜗居的着陆点。而第四层后备计划是，考察组着陆时乘坐的蜗居内携带了够两年用的补给品，就算所有计划都不成功，他们也只需要原地坚持，等待下一次发射窗口开启，地球上就会给他们送去更多补给品和另一艘返地飞行器。

火星直击计划中，上升到轨道所需的燃料是就地生产的，所以没法在降落过程中中止任务，回到轨道上。一旦开始向火星地面降落，就没有回头路了。不过，就算登陆器的燃料箱装得满满

---

① transponder，在收到无线电询问信号时，能自动对信号作出回应的电子设备。在这里，可以用于帮助轨道上的飞船确定着陆点的具体位置。

的，足够飞回轨道，可是要从碍事的隔热罩背面点火，以极超音速（hypersonic）穿越火星大气层才能成功返回轨道，真能做到吗？十分值得怀疑。（这种机动动作需要上升飞行器穿过极超音速激波，飞到减速伞另一面，然后在空中掉头，这样发动机才能从减速变成加速！）在着陆过程中中止任务返回轨道，放弃这个虚无缥缈的可能性（传统任务中考察组着陆时乘坐的是满载燃料的上升飞行器，他们愿意相信自己有这个选择，可实际上并没有），火星直击的考察组得到的是一点真正的安全。那就是，他们知道，早在他们进入火星大气层以前，甚至早在他们离开地球以前，火星上已经有一艘返地飞行器成功着陆、满载燃料等着他们了。此外，在着陆时，考察组乘坐的是又大又结实的蜗居，拥有多个加压舱室，长期维生系统已经启动并正常运转，而且燃料箱几乎是空的。相比之下，要是考察组乘坐装满燃料的火星上升飞行器着陆，空间会很小，长期维生的可能性也最小——满载的火箭推进剂就是一堆高能炸药。

　　如前所述，火星直击计划把资产集中在地面上而不是轨道上，所以在地面上停留的漫长的600天中，考察组所需的所有系统都有多重备份。随着系列任务的进行，蜗居一艘接一艘飞来，地面上可用的设施不断增加，备份的冗余度不断增长。等到该回地球的时候，考察组在地面上有两艘完整的返地飞行器，每一艘都能独力把他们送回家，而且在起飞前，两艘都能提前进行手工检查。在传统的任务计划中，考察组只有一艘火星上升飞行器，他们必须乘坐它和母船完成关键的火星轨道集合。而那艘母船可能已经在轨道上待了一年半，期间无人值守，船上也几乎没有检修所需的任何资源——相比之下，火星直击计划简直是革命性的进步。在把自己的生命交付出去之前，考察组可以亲自检查返地飞行器，如果需要修理或调整，他们身后的火星基地营地里也有全部资源。如果两艘返地飞行器都不合格，他们只需要在基地里好好等着，因为在他们原定出发时间的几个月后，会有另一艘装载补给的蜗居、另一艘返地飞行器到达火星。在这种情况下，他们在火星上停留的时间将不得不延长两年，不过这当然比死掉要强。

如果有更先进的技术

正如目前本书中所描述的，火星直击计划中的运输系统都能用现有技术实现：土星5号或同等级的重型火箭，化学推进，诸如此类。不过，如果一些更加先进的技术成为现实，我们的计划当然可以并且应该准备好利用它们。人们设想过很多先进的航天运输系统——核推进、太阳电能（离子驱动）推进、太阳帆、磁力帆、核聚变火箭甚至反物质火箭，这些都是比较有名的设想。不过，只有几个有望很快实现，能让最初的载人火星任务用上。例如，热核火箭（NTR）和它的近亲太阳能火箭（solar thermal rocket，STR）可以取代航天运输中的化学能火箭，单级入轨（single-stage-to-orbit，SSTO）飞行器可以取代从地球上发射时所需的一次性多级重型火箭。并不是说核电离子驱动、磁力帆、核聚变火箭以及其他先进技术不可行。恰恰相反，它们完全可行，而且在一个世纪后的行星际商业活动中，可能就是它们唱主角。所以，在本书后几章中，我们展望更加未来主义的火星殖民前景时，会对它们作进一步讨论。不过，如果哥伦布龟缩在码头里，等着能横渡大西洋的蒸汽铁轮或波音747出现，他一定走不了多远；所以第一代火星探索者不得不寄望于比较原始的技术，而以后的旅行者就不一样了。哥伦布横渡大西洋时坐的船，原本只设计用于地中海和大西洋沿岸航线。只有在美洲大陆上建立欧洲前哨站以后，人们才有了改进造船术的动力，将哥伦布的原始小船发展为三桅卡拉维尔帆船，再到快帆船、远洋邮轮、客运班机。同样，在火星上建立人类殖民地将促使人们发展出更先进的航天推进技术。所以，迄今为止，我们讨论火星任务时，技术基础完全是现有的原始的航天技术，这是保守的办法。不过在比较近的未来，某些技术可能会投入使用，可以显著提高任务表现或降低费用。我们来看看吧。

热火箭，不管是热核还是太阳能，是最可能取代化学能火箭的航天推进系统。它的原理很简单。由抛物面镜聚焦阳光或核反应堆提供热源，液体将被加热到极高的温度，转化为过热气体，然后从火箭喷嘴中喷出，提供推力。换句话说，热火箭就是一个飞翔的蒸汽壶。它的性能主要受限于发动机材料能承受的最高温度，通常认为是2500摄氏度左右。热火箭使用的推进气体分子量越小，排气速度越高，比冲量也越大。所以，热火箭最佳的推进气体是氢气。使用氢气推进的热核火箭或太阳能火箭比冲量可达900秒（排气速度9千米每秒），是最好的氢/氧化学能火箭发动机的2倍。

热火箭不仅仅是个理论。20世纪60年代，美国有一个名为NERVA（用于火箭飞行器的核发动机，Nuclear Engine for Rocket Vehicle Applications）的项目，他们造出了一打热核火箭发动机并做了地面试验，其推力范围从1万磅到25万磅。这些发动机真的可以工作，真的提供了超过800秒的比冲量，远超过任何一位化学能火箭工程师最疯狂的想象。20世纪80年代早期，NASA希望在阿波罗计划之后实施载人火星任务，韦恩赫·冯·布劳恩计划使用热核火箭作为推进系统。不过尼克松政府叫停了NASA的后阿波罗火星计划，NERVA项目也付诸东流。那些发动机从未进行飞行试验，地面试验设备也被弃置。许多NERVA项目的参与者仍很活跃，虽然大多数人都过了退休的年纪。就在我写作的时候，他们关于热核火箭的宝贵知识正在蒸发，虽然这种系统的可行性已经过验证。

在太空探索计划尚未夭折的时候，克里夫兰市NASA刘易斯研究中心（Lewis Research Center，现为格伦研究中心）里有一个小团体，在斯坦·博罗夫斯基（Stan Borowski）博士的精神（而不是权力）引领下，他们试图恢复美国热核火箭研发项目。我非常支持他们的行动，不过这一努力面临政治上的许多障碍，其中不小的一个就是：太空探索计划的预算金额太高，导致国会不愿意在和它相关的任何东西上花一个子儿。还有别的问题。20世纪60年代，反核运动还没成为一股像样的政治力量，热核火箭发动机的测试通常在户外进行，有放射性风险的废气直接排到内华达州测试场的空气中。现在就行不通了。现代的热核火箭必须在配有净化器的封闭设施中进行测试，废气排放入环境前，净化器将清除其中所有的放射性产物。测试设施的大小取决于热核火箭发动机的尺寸，可能需要建得很大，费用很高，大概需要10亿美元；建造这样的设施需要申请环境许可证，又要拖上几年。爱达荷州国家工程实验室（National Engineering Lab）有一座通过了环境评估的设施，名叫LOFT，只要稍加改造就能用来测试推力约1.5万磅的小热核火箭发动机。这能节约大量时间和金钱。把火星直击计划中相对比较小的飞船从近地轨道送入火星转移轨道，这么小的热核火箭就够大了；而要用于一些非太空探索计划的项目，它也够小，比如向外太阳系发射无人探测器，把军事卫星送上地球同步轨道。这些项目有预算，而太空探索计划没有。

所以，我和几位同仁为这个方案大声疾呼了很久。但是，20世纪90年代早期，关于热核火箭的讨论方兴未艾时，NASA没有接受火星直击；而要把"太空堡垒"送上火星，1.5万磅推力的热核火箭又实在太小。NASA设计的任务很庞大，他们需要的发动机推力底线是7.5万磅到25万磅。此外，围着博罗夫斯基转的那些人中有很多机构的代表，他们希望建造新的巨型测试设施，从中赚大钱，相应地他们也在对博罗夫斯基施加压力。还有，热核火箭项目中，博罗夫斯基的上司——也就是NASA的管理者——更希望把热核火箭做成一个大型、长期的项目，所以他们反对任何抄近路、小规模、更快、费用更少的方式。所以最后，大发动机派赢了。NASA浪费了这个机会，草拟了一个只能用于太空探索计划的热核火箭方案，预算高达60亿美元，要建造巨大的测试设施，研发周期长达12年。当太空探索计划半途而废，热核火箭项目也无疾而终。项目一终止，老鼠纷纷跳船逃生，只留下博罗夫斯基一个人还在争取上马小热核火箭项目。从那以后，事情全都搁置下来了。

我相信，只要美国想要，我们就能在4年内启动一个小热核火箭项目，可以制造出1.5万磅推力、850秒比冲量的可用的发动机，预算5~10亿美元。NERVA项目参与者和其他几个工业界和国家级实验室的专家进行了详细的讨论和研究，得出这一预算。这不是笔小数，但它只相当于发射一次航天飞机的费用，却可以为美国发展出一系列新的航天能力。热核火箭发动机潜力无限，不管我们是不是打算把人类送上火星，都应该对它进行研发。

无论如何，太空核项目目前还是奢求，这一点不可否认。所以，有半条面包总比没有强，在新墨西哥州阿尔布开克市，一群和美国空军飞利浦实验室（Phillips Lab）有关的工程师一直在极力争取发展太阳能火箭。太阳能火箭的概念很老，最初在20世纪50年代由德国V-2①项目参与者Krafft Ehricke提出，不过从未实施。太阳能火箭聚焦阳光来提供动力，和核项目相比没有污染的负担，不过太阳能有散射的特性，太阳能火箭的推力很难达到100磅以上。此外，出于显而易见的原因，这种系统在外太阳系没什么用处。太阳能火箭的推力相当有限，所以无法把火星直击飞船从近地轨道一路送上进入火星转移轨道。不过它可以在一段比较长的时间里（几周）完成一系列名为"近拱点推进"的机动动作，每当飞船运行到轨道最低点，发动机就点火推进约30分钟。这能把火星直击飞船从近地轨道推向一条高椭圆度轨道，只差一点就能脱离地球。飞船利用化学能短时间点火，飞向火星，此时太阳能火箭级可以耗尽废弃，也可以返回近地轨道去推进另一艘火星飞船。将飞船送上接近逃逸速度的轨道，需要太阳能火箭提供约3.1千米每秒的速度变量，而整个火星转移过程需要3.7千米每秒（运送货物）至4.3千米每秒（运送人员）的速度变量，太阳能火箭可以提供其中的72%～83%。几乎比得上热核火箭了，不过还是略差一点。

这样的推进系统能给火星直击带来什么好处呢？正如我们已经看到的，它们不能提高飞往火星的速度。那些非常未来主义的推

① 第二次世界大战期间德国研制的一种中程弹道导弹。

进系统（核聚变发动机、反物质等等）倒是可以不遵循弹道轨道飞行，但我们还没有这样的系统，因此要把人类送上火星，就应该选择自由返回周期2年的轨道，不管使用哪种推进系统，到达火星都要180天左右。不过在起飞质量相等的前提下，太阳能火箭或热核火箭允许我们运送更多有效载荷。正如我们已经看到的，在我们选定的轨道上采用热核火箭而非氢/氧化学推进来进入火星转移轨道，可以多运送60%～70%的有效载荷，太阳能火箭可以多运40%～50%。使用化学能推进时，我们设定的火箭能力底线是近地轨道运载能力140吨。因此，如果采用运载能力相同的热火箭，考察组的规模就可以扩大到6个人（3个机修工，3个野外科学家——没有医生！），任务所有组成部分也有更宽裕的质量额度。

或者，在所有有效载荷质量额度不变的前提下，这些性能更好的推进系统能让我们把火箭做得更小。我们可以放弃近地轨道运载能力140吨的推进器，相应运载能力85吨的热核火箭或100吨的太阳能火箭就够用了。前者的运载能力和"航天飞机C"差不多。（基本上，航天飞机C就是一整套航天飞机发射系统，不过它的有效载荷整流罩里是空的，没有装载轨道飞行器。NASA认为，发展这种运输工具比研发土星5号级的运载火箭要快得多。）后者（100吨级的）运载能力和俄罗斯能源号相近，不过能源号的有效载荷整流罩有点小了，我们得把它扩大一些，才能装得下热核火箭和太阳能火箭体积庞大的推进剂——氢。

不过，也许完全不用重型火箭也能完成任务。20世纪90年代，美国启动了一个野心勃勃的项目：研发完全可重复使用的单级入轨（SSTO）飞行器。这个项目由航天先驱加里·哈德森（Gary Hudson）和马克斯·亨特（Max Hunter）率先启动，然后弹道导弹防御组织（Ballistic Missile Defense Organization）皮特·沃登（Pete Worden）上校的小组资助了一个"快而脏"的项目，造出了一枚可重复使用的亚轨道缩比火箭①（麦克唐纳·道格拉斯公司的DC-X火箭），这个成功范例极大促进了SSTO项目的发展。（DC-X的项目经理Bill Gaubatz花6000万美元就完成了研发工作，所以，下次要是有人告诉你，你想要的东西得花100亿美元、长得没有尽头的时间，你可以把这个数拍到他脸上。）此后NASA接手了这个项目并把它更名为"X-33"。SSTO项目面临许多技术困难。如果采用氢/氧推进剂（X-33的所有设计都如此），SSTO装满燃料时，它自身的重量就只能占到总重量的10%。这在结构上很难实现，因为氢燃料体积非常庞大，飞行器又必须有能承受再进入的热防护系统（一次性的火箭就用不上这样的防护系统）。要让SSTO成为现实，目前的许多技术都必须改进，如轻型结构材料、发动机、热防护系统。我们没法保证一定能发展出需要的技术，而且事实上，X-33项目的总承包商洛克希德·马丁公司没法在预算范围内按时达成目标，这个项目最终油尽灯枯，被砍掉了。不过，还是可以再次倾举国之力往这个方向努力，只要资金充裕，下定决心，对付这种问题，美国人的聪明才智战无不胜。我们说，要做这个项目，然后就做成了。那它能给火星直击带来什么？

好吧，为了能在火星直击计划中真正用上SSTO，我们脑子里应该有个概念，哪种飞行器的发动机可以设计成既能使用氢/氧推进剂，又能用甲烷/氧推进剂。（直接设计使用甲烷/氧推进剂的

---

① suborbital rocket，亚轨道火箭。这种火箭能把有效载荷送到太空中，但高度较低、速度较小，无法完成完整轨道周期，最终将落回地面。通常能够到达100千米左右的高度。

SSTO应该也行。SSTO项目领导者马克斯·亨特说，甲烷/氧推进剂和氢/氧一样能用于SSTO。虽然甲烷提供的比冲量比氢小，但它密度更大，相应地体积更小，燃料箱可以更轻，足以补偿这个缺陷。）这不是不可能的任务。普拉特惠特尼公司的RL-10发动机设计使用氢/氧推进剂，不过在测试台上，它用甲烷/氧推进剂也成功运转了。此外，据报道，俄罗斯的某些技术允许氢/氧发动机使用煤油/氧推进剂，比起氢/甲烷/氧三组元推进剂系统，这又迈出了一大步（因为甲烷和氢很相似，煤油就没那么像氢了）。

好吧，可以说我们得到的就是这个。SSTO净重60吨，装载600吨推进剂（86吨氢，514吨氧），可以将10吨有效载荷送上近地轨道。所以我们发射一艘SSTO，将火星任务所需的10吨有效载荷送上轨道并让它留在轨道上。然后，通过接下来一系列的SSTO航班（20次以上），我们将200吨推进剂、30吨货物送到绕轨飞行的SSTO里。（货物中有20吨液氢，它不是用于去程航班的燃料，而是在火星上就地生产推进剂的原料。不过，它还是可以和用于推进的氢一起装在飞行器的燃料箱里。）那么，现在我们有了一艘绕轨飞行的SSTO，装载着40吨货物、足够进入去火星的最小能量轨道的推进剂。我们可以叫它"ERV/SSTO 1"。它从轨道上出发，满载货物在火星上完成大气俘获和着陆。在常规的火星直击计划中，这些货物是由返地飞行器运送的（任何设计用于在地球上再进入的SSTO都有足够的热防护系统，在火星上再进入绰绰有余）。和标准的火星直击计划一样，接下来SSTO启动反应堆，推进剂制造厂开始运作，将20吨的氢原料转化成332吨甲烷/氧双组元推进剂（320吨用于返程飞行，12吨用于地面火星车）和9吨水。（SSTO制造的甲烷/氧必须比标准的火星直击计划多很多，因为它是单级飞行器,而火星直击返地飞行器是2级的;而且SSTO可以重复使用,相应的结构质量也更大。这二者增加了SSTO的推进剂需求。)与此同时,另一艘载着10吨货物的SSTO从地球上发射,进入近地轨道。第三艘SSTO飞行24趟,给这艘SSTO送去20吨货物、220吨燃料,最后一趟航班负责将考察组送过去。现在,第二艘SSTO,"Hab/SSTO 1"里有一个考察组、30吨货物,以及足够进入快速合点轨道(到达火星需要180天)的燃料。假设时间经过计算,第二艘SSTO的装载工作正好在地球-火星发射窗口开启前夕完成。火星地面上,第一艘SSTO也重新装满了燃料,这样的话,考察组就能启程飞向火星了。180天后,他们到达红色星球,在地面上和ERV/SSTO 1会合。考察组到达后不久,第二艘无人运货SSTO(ERV/SSTO 2)也来到着陆点,开始为下一次载人任务生产推进剂(它同时也是Hab/SSTO 1的后备船),这和标准的火星直击任务序列相仿。考察组在地面上停留600天,然后把Hab/SSTO 1留在火星,乘坐ERV/SSTO 1返回地球。他们离开火星后不久,另一艘SSTO(Hab/SSTO 2)装载着4位宇航员组成的考察组抵达基地,继续探索,紧随其后的还有另一艘无人返地SSTO,即ERV/SSTO 3。Hab/SSTO 2考察组将乘坐ERV/SSTO 2返回地球,任务序列就如此无限循环下去,每次任务都给基地增加一艘Hab/SSTO。所有离开火星的SSTO都回到地球,等待再次出发,所以什么都没浪费,这个计划相当经济。

注意,如果每次载人火星任务都采取这种方式,那每次需要49趟SSTO航班。如果SSTO的工作方式和现在的运载火箭有丝毫相似之处,那这个计划就太荒唐了,它的发射频率差不多是每个月一次。不过,如果SSTO的支持者们宣传的是真的,SSTO的工作方式更像是飞机，它的周转时间很短，飞行频率可达每周几次甚至更快，那可以想象，这个计划有可行性。不过，它也是种非常高科技的方式。先别说SSTO尚未研制成功并投入使用，这个计划还要求在零重力下将液氧和液氢从一艘绕轨飞行的SSTO中输送到另一艘里。液氧和液氢都是超低温流体，我们从未在零重力下完成过这种转运。这一操作障碍重重。如果你打算用柔性容器来转运超低温流体，它会被冻硬；也不能用泵，因为在零重力下，它抽取流体形成空洞，剩下的流体却不会流过来填补（泵会吸满一次，但是接下来就不动了，管口周围空空如也）。也许可以试试这样：用火箭推进器缓慢加速飞行器完成转运，或是把燃料箱放在旋转平台上转，也有人提出，使用毛细管或其他利用表面张力的设备来控制液体流动。此外，还存在这样的可能性：用磁力控制液体运动，这至少对液氧应该有效。（液氧是顺磁性的——你可以用磁铁把它吸起来。）简而言之，情况不算全无指望，可是要实施这个计划，还有很多工作要做。

所以现在，我还是寄望于老式的火星直击，使用一次性重型火箭、化学推进、马拉的火星车（好吧，还没那么老），以及其他原始而繁琐的方法。在如今这个太空探索的黑暗时代，我们只有这些。可能有更好的法子去火星，当它们真正出现，我们一定会用上的。不过更可能的是，除非我们靠已有的东西去了火星，由此推动航天技术的发展，否则它们永远不会成为现实。是谁征服了七大洋[①]，那些老水手们是怎么说的？钢铁般的人驾着木头船，不是木头般的人驾着钢铁船。火星也一样。利用已有的技术，我们就能做到。

---

① 传统上指北冰洋、南冰洋、北太平洋、南太平洋、北大西洋、南大西洋及印度洋。

技术详析

速度变量与双曲线速度

本章中我多次提到速度变量与双曲线速度。这两个量相关，但并不相同。

速度变量，或称ΔV，它是火箭学中的基本量，以速度单位衡量，如千米每秒。设某飞船净重（即不装推进剂时的质量）为M，装载的推进剂质量为P，火箭发动机排气速度为C，下面的火箭等式可以表示出这个系统能产生的速度变量：

$$(M + P)/M = e^{\Delta V/C} \tag{1}$$

等式左边的部分$(M + P)/M$，是火箭的"质量比"；质量比是$\Delta V/C$的指数函数。若$\Delta V/C=1$，则质量比等于$e^1=2.72$；若$\Delta V/C=2$，则质量比等于$e^2=7.4$；若$\Delta V/C=3$，则质量比为20.1；若$\Delta V/C=4$，则质量比为54.6。指数函数是强函数，速度变量增加一点点，或排气速度减小一点点，都会导致质量比发生巨大变化。事实上，情况比这还糟，因为飞船的净重M不仅仅是你打算送上轨道的有效载荷，它还包括装推进剂的燃料箱和发动机（它得推动装满推进剂的飞船）的质量，而随着推进剂质量P的增加，这两个质量也会成比例增大。所以，当$\Delta V/C$变大，飞船净重增长的速度会比指数函数还快；根据结构材料和推进剂密度的不同，当$\Delta V/C$取2~3的某个值时，单级飞船的质量将趋于无限大！所以火箭工程师们拼命要降低速度变量，提高排气速度。

从地球飞向火星

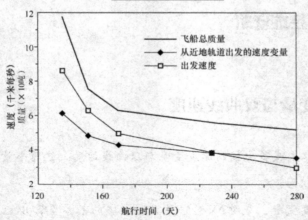

图4.3 若一艘净重20吨的飞船离开近地轨道飞向火星，它的平均航行时间、出发速度、速度变量和飞船总质量之间的关系。飞船使用氢/氧推进剂，比冲量为450秒。注意，航行时间小于170天时，飞船总质量大幅增加。

从火星飞向地球

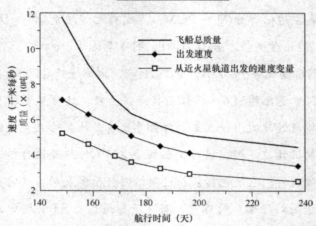

图4.4 若一艘净重20吨的飞船离开近火星轨道（low Mars orbit, LMO）飞向地球，它的航行时间、出发速度、速度变量和飞船总质量之间的关系。飞船使用甲烷/氧推进剂，比冲量为380秒。注意，当你试图将航行时间控制在170天以内时，飞船总质量大幅增加。

如果你有兴趣的话，我们顺便提一下，用火箭的比冲量（即Isp）乘以9.8，你就能得到火箭的排气速度，单位是米每秒。如果你想得到单位是千米每秒的排气速度，那就乘以0.0098。

$$C(\text{米每秒}) = 9.8 \times Isp \qquad C(\text{千米每秒}) = 0.0098 \times Isp \qquad (2)$$

双曲线速度，不管是离开还是到达行星时与行星的相对速度，都不同于速度变量，后者一定是由飞船的火箭发动机产生的。不过，它们彼此相关，也与飞船到达时的最大再进入速度相关，其关系如下：

$$(V_0 + \Delta V)^2 = V_e^2 + V_h^2 = V_r^2 \qquad (3)$$

式中V_0是飞船在出发轨道最低点时的速度，ΔV是飞船火箭发动机产生的速度变量，V_e是该行星逃逸速度（地球是11千米每秒，火星是5千米每秒），V_h是飞船的双曲线速度，而V_r是再进入速度。在图4.3和图4.4中，我们可以看到净重20吨的飞船离开地球或火星的低轨道作行星际飞行时，航行时间、出发速度（或称双曲线速度）、速度变量和飞船总质量之间的关系。

5 屠龙避妖

在很久很久以前，地球上还有许多处女地的时候，地图制作者们用许多具有想象力的图案来装饰他们地图上未知的区域，其中最多见的是来势汹汹能吞下整条船舶的巨龙，以及美妙妩媚用动人歌声令水手触礁的同样危险的海妖。龙这种动物也许只存在于人们的想象当中，但即使是假想的龙，依然令许多想成为航海者的人断了念头，从而扼杀了几个世纪中人们的探索。而海妖从来不需要耳听为实，仅仅听说有她们的存在，已经能令人想象出一幅充满希望而又杀机四伏的探险航道。

相比从前，我们现在面临的状况改变并不大。想开启火星航行任务的人们，还是会发现他们的图表上画满了龙。关于可怕野兽的报告上充斥着辐射、零重力、心理因素、尘暴和回归污染等名词，争先恐后地杀入任务计划的讨论中，免不了吓到那些未来的宇航员（不太成功）、未来的任务规划者（有点儿作用）和未来的任务赞助者（相当有效）。同样，也有海妖存在，那是名叫黛安娜的月亮女神，她的歌声呼唤着火星水手们再次将船只错误地挪向荒芜的目的地。如果我们想去往火星，我们得把地图清理干净。龙也好，独眼巨人也好，脑子里想到的其他怪物也好，非得赶尽杀绝不可，海妖也将露出她欺骗的面目。

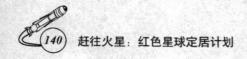

辐射危害

火星之路上领头阻拦的巨龙名叫辐射。我们一直被告知，辐射可以致命，除非我们能用超快的飞船，在不可能的短时间内迅速闪过太空中据说辐射暴露的区域，这才能算得上安全的旅程。或者，我们被告知，只有使用几乎像颗小行星的巨大飞船，才能给船员足够的安全屏蔽，确保他们的健康。我们还被进一步警告说，宇宙辐射的性质与地球上的全然不同，是个全新的陌生领域，我们只有先花上几十年来了解它们对星际空间中人们的远期危害，才能进行去往火星的冒险之旅。

但是，事实上，上面援引的几乎所有断言都是无稽之谈。最接近真相的是第一条，"辐射可以致命"，这当然是真的，但只有在接受过量辐射的时候才是真的。

人类演化的过程中，环境中存在相当数量的自然背景辐射。比如在今天的美国，海平面附近的居民每年接受的辐射量大约为150毫雷姆。（1毫雷姆是1/1000雷姆，雷姆则是美国规定的测量辐射剂量的基本单位。欧洲单位是西弗特，1西弗特相当于100雷姆。）那些住在范尔①或阿斯蓬②的有钱人，每年接受的辐射量则超过300毫雷姆，这是因为他们放弃了很大一部分原本拥有的、地球大气层对宇宙射线的屏蔽。既然我们是在辐射场中演化

---

① Vail，美国滑雪胜地。
② Aspen，美国另一滑雪胜地。两处均在科罗拉多州。

起来的，人类实际上需要辐射来保持健康。这可能与民间的信仰、政府各监管机构的方向相反，但无数研究已经说明身处非自然无辐射环境中的个体，与暴露在天然水平电离辐射的对照组相比，将出现严重的健康退化。这个现象被称为"毒物兴奋效应"（hormesis）[15,16]，因为人体需要一定量天然辐射的持续冲击，以刺激自我修复机制。虽然还不知道对人类健康来说最佳辐射暴露水平是多少，但显然其不为零。

换言之，如果在极短时间内接触非常大量的辐射，如接触到原子弹爆炸时释放的大量伽马射线，即使只是几秒钟时间，或者在无屏蔽的情况接触废弃核反应堆释放几分钟，都可以是致命的，这是千真万确的。对广岛和长崎原子弹受害者的研究已经明确说明了这种瞬间辐射剂量会导致的结果。这些研究结果表明，这种瞬间剂量在75雷姆以下时，对健康没有明显损害。如果剂量在75~200雷姆，受暴露的人群中大约有5%到50%出现辐射疾病，主要症状是呕吐、疲劳、丧失食欲，且发病百分比在75~200雷姆范围内随着辐射剂量升高而增加，二者呈正相关。在这个剂量范围内，基本上所有人都能在几周内痊愈。到300雷姆以上，辐射疾病普遍出现，并开始出现致命性损伤。辐射量提高到450雷姆时，死亡率为50%；600雷姆时为80%，1000雷姆以上基本没有幸存者。

然而，这是瞬间剂量造成的结果，相对细胞复制和身体自我修复的几周到数月时间来说，这个时间微不足道。这和饮酒或者其他化学毒素的情况很相似。一个人可以每晚喝一杯马丁尼持续数年而不出现明显的疾病，因为他的肝脏有足够时间在每次饮酒之后清理身体。而一晚喝上一百杯马丁尼就会杀了他。与此类似，辐射对有机体产生伤害也是通过化学反应，在细胞内产生足

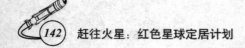

以杀灭或扰乱单个细胞的有害物质。辐射低于一定的剂量率时，单个细胞的自我修复能力能快速反应，阻断辐射诱导的毒素，挽救细胞。面对相当高的辐射剂量率时，人体组织作为一个整体可以产生替代细胞，在损失的细胞引起身体整体问题之前就顶替那些牺牲者。只有在剂量率高到远超自我修复机制能力的时候，辐射才会对健康产生严重的损伤。

现在的观点认为，除了瞬间辐射超过一定量会引起疾病和死亡之外，根据统计学数据，慢性少量辐射也会增加人类和其他动物罹患癌症的可能性。因为接受辐射后产生的细胞毒素可能有致癌性。这种慢性接触的剂量与远期癌症之间的确切关系还没有得到普遍认可，但目前对其作用效果的研究已经比现有人类环境中任何一种化学致癌物质都细致深入。比如，在1960年之前，英国曾对强直性脊柱炎患者大规模进行脊髓的放射治疗。此后又对接受治疗的患者进行了无数的随访研究，以寻找辐射引起的白血病。这些大规模研究对14 554名成年患者在治疗后随访了25年，他们接受的辐射剂量从375雷姆到2750雷姆不等。在研究组中，有60名患者死于白血病，而当时英国人口中同样人数的随机组中白血病死亡人数为6，前者显然处于不利位置。然而，虽然剂量很高，照射组的死亡率却低于0.5%。根据本研究和其他同类研究的结果，权威的美国国家科学院国家研究理事会发布了《电离辐射的生物效应报告》（BEIR report）[17]，估计了10岁以上人群在30年内接受总量为100雷姆的慢性辐射后患致命癌症的统计概率（见表5.1）。

表5.1 接受总量100雷姆慢性辐射后的癌症风险估计

癌症种类	30年内罹患致命癌症可能性
白血病	0.30%
乳腺癌	0.45%
肺癌	0.40%
消化道肿瘤，包括胃癌	0.30%
骨癌	0.06%
所有其他	0.30%
总计	1.81%

因此，根据BEIR报告的估计，每接受100雷姆辐射，30年内患上致命癌症的风险是1.8%。如果一名女性宇航员在去往火星的两年半内接受了50雷姆的辐射，等她返回地球，又活了30年到去世时，患上致命癌症的风险是50/100 × 1.81% = 0.905%。（每年患致命癌症的概率是该值的1/30，即0.03%。任务执行过程中因辐射导致癌症的风险几乎可以忽略。）如果该宇航员为男性，则风险降低为0.68%，因为乳腺癌风险可以去除。假定这些宇航员不吸烟，如果他们不去火星，死于癌症的风险是20%。因此，将这段旅程的风险叠加上去之后，他们患癌症的风险只是从20%提高到了略小于21%。

在上面的例子中，我使用的是两年半的火星旅程中会接受到的50雷姆慢性（非瞬间）剂量。下面的问题是，现有的载人火星飞行任务架构如何影响宇航员们可能接受到的辐射剂量？

火星任务的宇航员们可能受两种辐射的影响：太阳耀斑（solar flare）和宇宙射线。

太阳耀斑是日面上密集迸发的大量质子，周期不规律且不可预计，大约每年一次。对完全无屏蔽的宇航员来说，太阳耀斑的辐射剂量在几小时内可以达到数百雷姆，如我们所知，这会引起辐射疾病甚至死亡。然而，组成太阳耀斑的每个粒子本身具有大约100万伏特的能量，可以相对容易地用中等屏蔽阻止它们。比如，如果我们看看历史上最大规模的三次太阳耀斑，也就是1956年2月、1960年11月、1972年8月，我们发现它们带给有屏蔽的宇航员的辐射剂量平均仅为38雷姆，而宇航员需要的屏蔽仅为如我们的蜗居般的星际飞船（包括外壳、家具、各种工程系统、配件和其他物品，每个内容物周边大约每平方厘米有5克屏蔽物体）的外壳；而宇航员如果去储藏室内接受风暴屏蔽（火星直击蜗居在这里有每平方厘米35克的屏蔽，参见图5.1），他会得到堆积供给品的屏蔽，接受的剂量会下降到大约8雷姆。[18,19,20]如果太阳耀斑事件发生时，他在火星表面坐在蜗居里，假设这次事件的能量相当于上面三次的平均值，那么他在储藏室外接受到的辐射将大约为10雷姆，在储藏室里接受到的辐射大约为3雷姆。（火星表面接受到的能量会低得多，因为该星球的大气和表面会屏蔽大部分耀斑。）

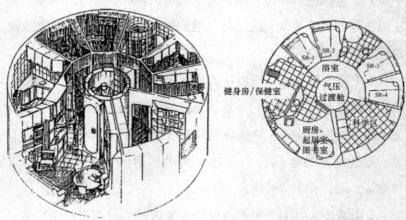

图5.1 火星直击蜗居示意图。太阳耀斑发生时，气压过渡舱对宇航员的屏蔽功能会强一倍。

宇宙射线则与此不同。因为它们是由能量为数十亿伏特的粒子组成的，需要厚达数米的屏蔽才能阻止他们，因此在星际飞行过程中基本不能屏蔽宇宙射线。然而在火星上，这个星球本身就能遮挡所有从下方来的宇宙射线，起到屏蔽作用，而使用沙袋就能阻挡至少部分从上方向蜗居袭来的宇宙射线。

此外，与太阳耀斑不同，宇宙射线不以突然大量爆发的形式存在。它们是较持续但如细雨般的辐射。蜗居中的宇航员在星际空间飞行过程中，会遇到每年20雷姆到50雷姆不等的宇宙射线，剂量取决于太阳在其11年的太阳黑子活动周期中处于什么阶段。宇宙射线剂量最大的时候出现在太阳活动最小的时候，因为在所谓的"太阳极大期"，太阳的磁场扩大，实际上在某种程度上屏蔽了整个太阳系，从而减弱了来自星际空间的宇宙射线强度。平均来说，在星际飞行时，估计宇宙射线剂量为每年35雷姆。宇航员在火星表面无覆盖时，宇宙射线剂量大约为每年9雷姆；有覆盖时（如蜗居的沙袋屋顶）则为每年6雷姆。由于宇航员在火星的大部分（但不是全部）时间在蜗居，所以在任务执行期的宇宙射线大约为每年7雷姆。

如果我们把所有的数据综合起来，结合冲点级和合点级飞行任务的特点，并假定任务执行期间每年的太阳耀斑相当于历史上三次最强年份的平均值，我们得到的辐射估计值列为表5.2。

表5.2 火星任务接受的辐射剂量

	合点级	冲点级
转移时的宇宙射线	31.8雷姆	47.7雷姆
转移时的太阳耀斑	5.5雷姆	9.6雷姆
火星上的宇宙射线	10.6雷姆	0.8雷姆
火星上的太阳耀斑	4.1雷姆	0.3雷姆
总的平均剂量	52.0雷姆	58.4雷姆

正如前面的章节讨论过的那样，火星直击飞行任务将采用合点航行轨道，估计整个往返飞行中的辐射剂量在41至62雷姆，具体数值取决于太阳处于它11年活动周期的极大期还是极小期。所以，根据太阳极大期和极小期情况的平均值，估计整个往返飞行辐射剂量为50雷姆是比较现实的。我们也可以看到，火星直击任务中最坏的估计，太阳耀斑剂量为5雷姆，远远低于任何瞬间辐射致病效应75雷姆的阈值。

看看表5.2，也可以看到从降低辐射剂量的角度为冲点级任务辩护是多么愚蠢。抛开它要花费更多物资和费用、任务价值更低（因为在火星待的时间少），冲点级任务所接受的辐射剂量也要大于合点级任务，而且它遭遇的太阳耀斑瞬间剂量也要高出75%。但是，基本上，无论采用哪种轨道航行，所接受的慢性剂量都是可以预见的，与载人航天飞行中不得不接受的其他风险相比也是可以忽略的。辐射的唯一真正风险是，异常的太阳耀斑可能释放一个比过去50年所测量到的剂量都大得多的瞬间剂量。而采用冲点级轨道航行的时候，这种可能性更大，因为它经过太阳时与其距离更近。因此，从辐射剂量角度来说，没有理由选择冲点级任务而放弃火星直击中所采用的合点级甚至最小能量轨道。恰恰相反，从辐射危害的角度来说，冲点级轨道是最坏的选择。

顺便说一下，与某些想在本领域得到大笔研究预算的人的危言耸听不符的是，宇宙射线辐射剂量与其他类型的辐射剂量相比并没有什么特别之处。宇宙射线占地球上生活的人终生会接受辐射剂量的一半，但那些生活或工作在高海拔地区人的会接受更多剂量。比如，一名横跨大西洋的航空公司飞行员如果每周工作五天、每天执行一趟飞行任务，则会接受每年1雷姆的宇宙射线。

在他的25年飞行生涯中，接受的宇宙射线大约是两年半火星任务宇航员的一半多。

事实上，由于近地轨道的宇宙射线剂量率大约是星际空间的50%，和平号和ISS空间站上的6位美国和俄罗斯宇航员（Waltz、Foale、Krikalyov、Solovyov、Polyakov和Avdeyev）已经接受了相当于甚至两倍于载人火星飞行任务成员可能接受的宇宙辐射剂量，但他们当中没有人表现出任何与辐射有关的健康问题。

所以，再次说明，只用化学推进，无需扭曲时空，我们可以载人飞向火星，并让他们安全回家，接受的辐射剂量可以控制在50雷姆左右。虽然这个剂量对普罗大众不宜，但这只是太空旅行总风险的一小部分，而且与常见的登山或帆板等活动差不多。辐射危害不是飞向火星的主要障碍。

零重力

火星之路上另一头拦路的恶龙是零重力的威胁。我们被告知，长期处于零重力中，会让人类的肌肉和骨骼组织有严重退化的风险；因此，宇航员前往火星之前，我们必须进行长期人体实验，了解长期空间站零重力的影响。该项目需要花费数十年时间及数十亿美元在"微重力生命科学研究"上，还需要几十个愿意为"科学研究"牺牲健康的人。

我觉得这种说法很离奇。首先，长期处于零重力下肯定会导致心血管退化、骨骼脱钙和脱矿物质，并因为缺乏锻炼而发生肌肉的普遍退化。零重力还会抑制身体免疫系统某些方面的机能。

这些影响已经在许多宇航员身上被记录到，不仅包括每次轨道生活3个月的美国天空实验室宇航员，也有标准运行6个月的国际空间站成员，还有在和平号空间站定额工作近18个月的俄罗斯宇航员——这几乎是火星直击任务中火星转移或地球转移所需航程的3倍之多。在所有这些病例中，重新回到地球重力环境的人的肌肉和免疫系统基本得到了完全康复。回到地球之后，骨骼的脱矿也停止了，但让骨骼恢复到飞行前的状况需要一个比较长的过程。俄罗斯在苏联时期已经尝试了关于零重力的各种对策，包括密集锻炼、药物、用弹性的"企鹅服"强迫身体在日常活动中付出更多体力。如预期所料，密集锻炼（每天3小时）已被证实能减轻普遍肌肉退化和某些程度的心血管退化，但迄今为止的对策对减缓骨骼物质脱矿都帮助不大。需要理解的是，虽然这些反应都是确实存在的，是我们不希望发生的，但它们也并不是太极端；美国和俄罗斯宇航员中没有一个人因为零重力的"适应变化"而在零重力环境无法圆满履行职责，即使在长时间的飞行后，宇航员还是可以在降落后48小时内基本恢复机体功能。事实上，在降落后一周内，在天空实验室3待了84天的队员们已经可以进行网球这样的激烈运动。抵达火星需要暴露在零重力中6个月，功能应该恢复得更快，因为队员们在降落后只需要习惯火星环境中0.38 G的重力，而不是回到地球后更强劲的1 G。重点是，这个领域中进行的研究已经够多的了，我们完全知道会存在什么影响。考虑到这一点，我们完全有权利问：继续让宇航员们进行这些实验，目的仅仅是为了得到零重力对健康损伤作用的更详尽信息，这样做是不是有必要，甚至是不是道德？我当然持反对意见。事实上，就我们现在所知，我认为，所提议的继续对人类进行零重力对远期健康影响的实验是不道德并且毫无价值的，我知道很多宇航员在这一点上同意我的看法。把大把宇航员暴露在比火星飞行任务时间还长的零重力环境中，仅仅为了"确保"人数少得多的真正需要飞去那儿的人"安全"，这没有任何意义。这就好像训练轰炸机飞行员时让他们穿过真正的高射炮。如果你愿意接受长期暴露于零重力中对健康带来的后续影响，你就愿意去火星真的试试。

但其实我们完全不需要在零重力模式中飞向火星。去往火星的航天飞船可以提供人造重力。只需要旋转飞船。这和让一个小孩旋转水桶而不使其中的水洒出来一样，利用的是物理学上很基本的离心力原理。得到这种效果的方程式可以写成：

$$F = (0.0011) W^2R$$

F是在地球重力环境中测得的离心力；W是以转每分钟（rpm）为单位的旋转速度；R是旋转臂的长度，单位为米。我写下这个等式，因为你看到它就知道，在重力一定的前提下，W越大，R越小。比如，如果想得到火星的重力（F=0.38），那么W为1 rpm时，R就是345米；如果W为2 rpm，R就是86米；W为4 rpm时，R是22米；W为6 rpm时，R是10米。因此，我们有两个办法来得到人造重力：旋转臂短而旋转速度快，或者旋转速度慢而旋转臂长。这里说的"旋转臂"，就是宇航员所在位置和飞船旋转时围绕的重力中心之间的距离。如果飞船是单一钢性结构的，只需要在两端放置小型的火箭推进器，分别向两个相反方向发射，就可以完成旋转。如果在一架钢性飞船上需要较大的人造重力，那么唯一可行的办法是快转速/短臂技术。20世纪60年代，NASA就人在旋转环境中的情况进行了实验，发现挺过了初期的方向不明之

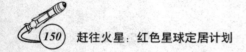

后，人类可以适应高达6 rpm的环境中的生活、运作和活动。[21]

快转速/短臂人造重力系统是工程师可以设计并完成的最简单的系统，但它们也有一些缺点。比如，如果R是10米，那么一名2米高的人站在这样的重力域中，头部会位于R=8米的位置，这样的话他头部受到的重力只有足部的80%。这种差异确实存在，会引起不适，至少一开始肯定会。从另一方面来说，如果旋转臂达到100米长，2米高的人头部受到的重力就是脚趾的98%，可能不会感觉到差异。另外，如果队员在飞船内快速行走，他会受到科里奥利力[①]影响，因为他自己想走的是直线，而飞船（他走的地板）不仅在活动还在快速变换方向。在6 rpm的转速下，这个效应是非常明显的，但其在2 rpm的时候基本可以忽略。因此，如果你希望享受踏在地球陆地上那样的人造重力（值得期待，但没什么必要，水手们在海洋上颠簸的时候其实也经历了非常不稳定的重力/科里奥利力环境，也适应得很好），最好是慢转速配长转臂。想得到这样的长转臂，最好飞船能分解成多个部分，通过系绳在长距离（几百到几千米）中把它们连接起来，或者叫作"缆线"。

虽然在原理上很完美，但过去，这些连接起来的人造重力系统一般不被看好。因为在传统的"太空堡垒卡拉狄加"型航天器的设计中，唯一体积够大、可以用于在缆线两端配重的，往往都是飞船的功能部分。换言之，如果想为缆线一端居住舱中的宇航员提供人造重力，你可能需要把飞船一劈两半，把大部分的燃料舱放到缆线另一端去。这种结构只能是纸上谈兵，在实践中会引发灾难。如果缆线在绕回时被障碍物钩住了，那

---

① Coriolis forces。当一个质点相对于惯性系做直线运动时，相对于旋转体系，其轨迹是一条曲线。立足于旋转体系，我们认为有一个力驱使质点运动轨迹形成曲线，这个力就是科里奥利力。

么完成任务的关键硬件中的很大部分（如返回地球的推进剂）将永久性不可达。结果，你的任务也玩完了。然而，在火星直击计划中，这不会成为问题。因为宇航员飞往火星的时候，乘坐的是相对较轻的居住舱，而不是星际太空堡垒；他们的飞船极轻，在缆线另一端只需要用烧完的上面级助推器做配重，也就是把他们送上火星之旅的助推器（图5.2）。这个部件对完成任务并不重要：它是件废物，不需要回收。相似的缆线配重组成在返回家园的时候可以是ERV推进系统的已耗尽上面级和ERV舱。因此，除了火星转移发射和地球转移发射前、进入火星和地球大气前，以及在火星捕获大气层的一小段时间，飞往火星的宇航员几乎不会遇到零重力环境。

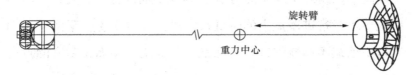

图5.2 缆线人造重力系统需要两个物件围绕相互的引力中心旋转。而在火星直击中，蜗居（右侧）的配重是已耗尽的上面级（左侧）。

所使用的缆线应该是重型连接的多股品种，其设计保证了即使在多处有多股被微小陨石或其他太空碎屑切割后，它依然是一个整体。这种故障安全缆线已经由航空航天工程师Robert Forward和Bob Hoyt设计并证明可靠。缆线不能用于大量电力的传输。在1996年2月，由航天飞机执行的一场失败的系留卫星[①]任务中，缆线/电力系统突然迸发的千瓦级能量造成了缆线的自熔和破坏。

---

① tethered satellite, 通过缆绳与航天飞机或空间站连接，可以施放和收回、重复使用的人造地球卫星。系留卫星利用含铜芯的连接缆绳绕地球运行，切割地磁场磁力线，可在电缆中产生电流，获得电能。

我一直被问到旋转的飞船如何进行必要的调试操纵，比如 ΔV 为 20 米每秒左右的中段修正，这在行星际飞行中很常见。这实际上并没那么难。以前的旋转飞船已经经过调试操纵了。先锋-金星轨道探测器及其运送飞行器就是旋转的星际飞船，它们一样完成了金星定位的精确要求。它们采用重复定时推进器点火的方式得到各个方向需要的净 ΔV。

火星直击飞行任务的缆线组装差不多也是这样。比如，如果你需要得到飞船旋转平面内任何方向的 ΔV，你只需要让缆线指向想要的方向，然后沿着缆线方向重复点燃推进器。因为缆线是拉紧的，推进器点火的时候就会推着蜗居朝向上面级从而减轻缆线张力。一旦推进力小于离心力，缆线又保持紧绷，就这么简单。因为缆线-飞船系统在固定平面内旋转，旋转平面的调试由控制推进器点火的时机来完成。反过来说，平面外的调试是由连续不间断的、非常低推力、与旋转平面相垂直的点火推进来完成的。

载人火星飞船能量很大（至少数千瓦），因此与地球保持有效对话及基本飞行遥测数据通讯可以通过全向天线来完成。飞船还可以使用高增益天线，这样飞船在旋转进行高数据流率视频传输的时候可以积极跟踪地球，但这不是任务的关键。如果旋转的飞船被定位为始终朝向太阳，则飞船使用的任何太阳能电池组都不需要活动性的平衡环来控制。飞船还配备有导航扫描传感器，在转速高于 6 rpm 的时候依然可以良好工作，因此可以安装在居住舱内。换言之，这些装置都不需要在缆线飞船上设置反旋转平台就能成功地运作。

简单说来，在火星直击飞船上使用人造重力是切实可行的，零重力恶龙完全被宰杀了。回到几年前的一次会议上，我曾询问NASA官员，谁主张在载人火星任务之前先花费几十年来研究零重力对人类健康的影响。"为什么不直接使用人造重力？"我问道。"我们做不来，"他说，"我们的数据都是零重力的。"你明白了？

心理因素

通往火星之路的航海图上最古怪的恶龙有个名字叫"心理因素问题"。有人断言，与火星往返任务有关的心理问题都是独特的，可能成为前进阻碍。他们宣称，该任务必须使用将行程缩短到数周的快速飞船，或是庞大而奢华、能让一支大团队有足够社交和心理空间的飞船。他们扬言，除非能提供这种直逼现代美国城郊的生活方式，否则宇航员团队一定会陷入疯狂。不幸的是，目前的现实是我们手头没有超快速太空扭曲机或Club Med①星际飞船，于是这些焦虑的人们建议任何去往火星的任务都要推迟，目前先要花费大笔资金用于解决"心理因素问题"的心理学研究领域。（我们似乎再次听到熟悉的旋律响起："哦你不能去火星，除非先给我们赚钱……"）

让我们就这个争端考虑一下。在我们提出的载人火星往返任务中，一支四人团队将在离开地球的旅程中消磨6个月的时间，或多或少局限在两层的蜗居中，每个队员有自己的私人房间，同时也共享一些公共区域（可以进行娱乐性的空间行走或"EVA"，即舱外活动，尤其是任务在零重力状态下执行时，

---

① 全球著名度假品牌，有高档连锁度假村。

不过我们暂时把这个念头放在一边）。总的室内建筑面积约为101平方米，差不多与美国标准的四人公寓居住空间相当，但与东京中等收入公民所居住的公寓相比可以算是相当宽敞。在6个月的旅程后，宇航员们的蜗居将在火星上降落，他们会在那儿住上一年半，这段时间里他们有已经降落在当地的返地飞行舱和加压火星车，可以提供额外的居住和活动空间。另外，在火星表面的长期停留过程中，队员们大部分时间需要在外界环境中进行广泛的探索任务。最终，在6个月时间的返程中，队员生活在ERV舱内，居住面积大约是蜗居的一半。在整个旅程中，他们无法与地球上的人进行正常的电话交谈，因为无线电信号传输会有延迟。可替代的是，可以传送音频、视频、文字信息或静态图片，但在整个航行中回复的延迟从数秒到40分钟不等。

老实说，上述任务对宇航员的心理状态所施加的苛刻压力，是我们绝大多数人在日常生活中不会经历的。但是比较一下，也有很多普通人过去曾克服过这样的压力。

航天心理医生们对于火星任务队员"远离家园长达三年"的创伤津津乐道。别忘了，我们的父亲、叔伯们，还有数百万其他美国军人在第二次世界大战期间就"远离家园长达三年"，那时的整体环境比我们初次飞往火星的队员们将要面对的还恶劣（安齐奥滩头的防空洞里，环境比火星表面居住舱的压力可大得多）。除了来自敌人的持续的死亡威胁，前线战士还不得不忍受高强度的劳动、低微的收入、寒冷、酷热、虫害、疾病、蚊虱、可怜的口粮，并在雨雪天睡在潮湿阴冷的地面上，有时一干就是几个月。另外，大部分士兵是被招募入伍的，他们不得不忍受一贯残忍的军事制度的凌辱，被轻蔑地称作"90天奇迹"[1]，日日夜夜被那些骄傲的、认为军阶让自己高人一等的军官视如尘埃。与这样的情形相比，首次执行火星飞行任务的队员也会面临危险，但不是军队、舰艇或其他可能杀了他们的战争机器。

火星团队无需忍耐长期的艰苦体力劳动。他们的任务中也不会出现虫害、蚊虱、疾病。他们的饮食不赖，能穿着干净的衣服躺在温暖的床上。在星际旅行期间，他们可能会感受到如军人般的无聊，但船上会有大量书籍、游戏、书写物品和其他物质可以支持多种爱好或娱乐，减轻这种烦恼。而且所有人都心知肚明，等回到地球上的时候，他们就发达了。相比不断付出消耗的军人，火星宇航员们知道他们是出类拔萃的人，当他们回到地球的时候会接受百万人民对英雄的欢呼，这会给他们的心理状态来上一剂强心针。在战争期间，美国军人与家人的标准联系工具是辗转数周才能到达的V-mail[2]。而相比较之下，宇航员需要等上40分钟来听到乡音完全不值得伤感。

我在这里要提出的一点就是，如果你把自己从美国当代生活的舒适中抽出来，看看人类历史就会发现：以下这些基本上随机选择的人——无论是前线战士，四处躲避的难民，牢狱中的囚犯，潜水艇上的工作人员，探险家，猎手，或20世纪前的海上商人——他们都不得不忍受长期的与世隔绝、囚禁与心理压力，这些压力远胜于被选出来执行火星任务的宇航员所要面对的，但他们也大都熬过来了。人类是打不垮的。因为我们不得不如此。我

---

[1] 90-day wonders，第二次世界大战期间军人训练从一年缩短为三个月，故对下级军士有此命名，含贬义。

[2] 因为战争中信件数量大而传递慢，于是出现一种技术将信件转变成缩微胶卷进行传递，然后再把它们扩印出来进行阅读。因为信件可以激励前方的将士，人们就用代表胜利的V来为其命名。

们是从剑齿虎和冰川、强横帝国和蛮族入侵、可怕饥荒和毁灭性瘟疫中一路奋斗下来的幸存者。无论哪种困难，你的祖上都曾面对过它们，并克服了它们。而精心挑选出来并经过良好训练的执行首次载人火星飞行任务的宇航员们，当然也有资格这样说。

人类心灵不会是火星先驱任务链上的薄弱一环。相反，它应该是最强的。

尘暴

第四条龙，火星尘暴，实际上是个最古老的问题，老得都掉牙了；尤其是因为它的主要潜在受益者——火星大气科学家们缺乏其他批评者那种商业本能的热情。然而它还是能吓唬到一些人。与其说它是错觉，不如说它是夸张的产物。所以在这里还是值得花点篇幅来说说。

从19世纪以来，根据望远镜观察的结果，人们一直怀疑火星上有强大的尘暴存在，而美国和苏联从20世纪60年代以来联合进行的无人飞船探索任务，也提供了充足的证据来确认这种假说。火星轨道是一个偏心圆。在火星南半球的夏天，它比全年平均水平更接近太阳，大约要近9%；而在南半球的冬季，它远离太阳，比平均水平远9%。夏季高温加上靠近太阳带来的额外升温，使这个星球的南半球季节温差很大（而不同相的北半球有相对温和的季节）。在极冷的南半球冬季，大量二氧化碳从大气中沉淀到南极冠（这个位置有一个干燥的冰层覆盖着水冰），并被南极风化层（regolith）吸收。等到南极地区被早期南部夏季加热时，这层额外的冰冻以及被吸收的二氧化碳又会突然迸发回到大气层。火星大气层气体的突然增加极其猛烈，会将该星球的大气压强在几个月内提高12%（全年冬夏压强动荡大约是这个幅度的两倍），这个过程会引起大风，将相当量的尘土吹起并卷走。因此，这种尘暴在南部早夏于南极附近形成，然后播散到北部，走得远的时候能席卷整个火星。这些尘暴的风速能达到50~100千米每小时。这样的风暴在整个南半球夏季时不时发生，随着南半球秋季的来临逐渐消亡。与地球上的极端天气一样，这一切都有某些偶然性：某些年份尘暴几乎不活动，另一些年份则可能整个南半球夏季在全火星肆虐。然而，一般来说，北半球春季、夏季和秋季的天气总是晴朗无云的。

这就是整个故事。听起来有点儿可怕。实际上，当1971年11月美国水手9号轨道飞行器和苏联火星2号和3号登陆探测器到达火星时，就刚好遭遇了一场全火星的尘暴。整整4个月，火星表面完全被沙尘覆盖，水手9号什么也看不见。但这对水手9号的任务损害并不大——它就等在火星轨道上，直到事情过去，然后毫无困难地继续在整个火星上拍照。然而，苏联探测器遇到的是另一个故事。它们按原计划定位在南纬45度成功登陆，结果正好跃入了风暴旋涡的中心，两个都被毁了。

虽然跳进火星尘暴中心是个坏主意，但如果尘暴来袭的时候你在地面上有所防备，情况就不一样了。火星大气厚度只有地球大气的1%，因此，100千米每小时的火星大风所带来的动态压力只相当于地球上10千米每小时（6节，即6海里每小时）的微风。海盗1号和2号，以及勇气号和机遇号火星车都在火星表面完好运作了几年（它们的设计寿命仅为90天），在它们停留的过程中都遇到很多次尘暴。尽管如此，海盗号或两辆火星车以及它们携带的器材都没有检测到什么损伤。另外，虽然根据肉眼来看，尘暴阻挡了从轨道观察火星表面的视野，但在火星上，可见度的损失并没那么大。沙尘会降低亮度，就像地球上的阴天，但对火星上的观测者来说，周围景观并没有在雾气中隐形。如果安装了太阳能电池板供电，尘暴来临的时候光线无疑会减弱。然而，由于太阳能光电池板即使在沙尘遮蔽时依然能将光能转化为电能（并不是必须看到太阳），能量并不会完全损失。在典型的尘暴坏天气里，太阳能电能输出可能会下降50%。因此，由于能量系统设计为在尘暴期间也有足够能量确保最低生命支持功能，一切都不会有问题。当然，如果能够使用核反应堆或者放射性同位素电池来为基地提供能量，或者有当地生产化学推进剂（可在内燃机中燃烧启动发电机）的大型能量储存库，这个问题就更加不值一提。

有一种意见认为，风暴沉积的沙尘可能遮盖太阳能电池板或其他光学表面，如窗户或设备。这个问题在海盗号或火星车上并没有出现。实际上，勇气号和机遇号的太阳能电池板不断地被强风清洁。显然，被风暴席卷的沙尘总量是很小的。然而，在载人火星飞行任务中，沙尘的沉积并不是个大问题。如果太阳能电池板盖了灰，解决方法也很简单：派个人带着扫帚出去看看！

综上所述，尘暴真正危害的是那些空气动力为主的东西（因为相对它们的重量，它们的帆面积较大），如气球或降落伞悬停的登陆器。如果登陆器不使用降落伞来降落（可以用高空浮标），它还是可以在尘暴中安然无恙的，就像飞机穿过云层一样；而火星直击也并不需要降落伞。当然，大多数飞行员愿意在完全可见的条件下降落，这也是火星直击计划在登陆前先用飞船制动入轨道的原因。如果蜗居到达的时候，登陆点的天气不好，队员可以像水手9号一样在轨道等候，直到天气晴朗。有趣的是，从2016年到2025年，每个发射年都有可能选择某些地球到火星轨道，让飞往火星的飞船可以在好天气到达。

尘暴是拦不住我们的。

回归污染

火星探索地图上五条恶龙中最后那条不仅是幻觉，更是妄想。这就是所谓的回归污染。

这个故事是这样的：地球上的有机体从来没有接触过火星有机体，因此我们对火星病原体引起的疾病没有抵抗力。除非确定火星上不存在有害疾病，否则我们不能让宇航员去面对可能杀死他们的风险；就算杀不死他们，这些疾病也可能被带回地球，毁灭全人类甚至整个地球生物圈。

用尽可能友善的话来说，上述意见完全是胡说。首先，如果火星表面或其附近有或者曾有有机体，地球应该已经在持续地与其接触了。因为在过去几十亿年中，有几百万吨物质已经从这颗红色星球的表面通过流星撞击的方式被炸起，其中相当一部分物质穿越太空一路旅行降落地球。我们确定这个事实，因为科学家已经收集了近100千克这种叫做"SNC陨石"（SNC meteorites）

的物质[22]，并将它们元素的同位素比率和海盗号登陆器在火星表面的测量结果相比较。同位素比率（比如氮15比氮14）的组合，以及岩石中储存的空气与火星大气一致的事实，说明这些物质来自火星，这是毋庸置疑的。虽然一般来说每个SNC陨石在到达地球之前都已经在太空中漫步了上百万年，该领域的专家意见认为，无论是在极度真空中的长期旅行，或是从火星出发及进入地球时遭受的创伤，都不足以对这些东西进行消毒——如果它们原来被细菌孢子污染过的话[23]。事实上，对著名的SNC陨石ALH84001进行的化学检测（见"特别增编"）显示，它有一部分在整个太空旅行的过程当中从来没有升高到40摄氏度以上。因此，如果其中含有来自火星的细菌，在旅途中存活不是什么难事。另外，根据我们已经发现的数量，估计这些火星岩石还在以大约每年500千米的速度像降雨一般袭来地球。所以，如果你害怕火星病菌，你最好是快点儿离开地球，否则火星生物战弹丸袭来的时候，地球简直是在鱼雷战的中心。但是，别惊慌，它们并没那么危险。事实上，迄今已知的唯一来自火星的伤亡案件是，1911年埃及的奈赫勒（Nakhla）有条狗被从天而降的岩石击中身亡。从统计学上来说，从楼上窗户里扔到街上的家具对行人造成的威胁可能更大。

　　然而，事实是，火星表面几乎不存在生命。那儿没有液态水（也没法有），地面平均温度和气压都无法满足液态水的存在条件。另外，锦上添花的是，火星覆盖着氧化灰尘，还沐浴在紫外线的辐射中。这最后两项——过氧化物和紫外线灯——在地球上是常用的消毒手段。不，如果现在火星上有生命，几乎可以肯定，它只能藏身于非常特殊的环境，比如地下的高温地热水库。

　　如果这种生命以某种方式被宇航员发掘，会是有害的吗？完全不会。为什么？因为疾病有机体是与它的宿主相契合的。与其他有机体一样，它们只能在特定环境中存活。导致人体疾病的有机体能存活的环境，是人体或者类似的相关物种（如其他哺乳动物）的内部环境。今日折磨人类的病原体与我们祖先建立的防线在40亿年中持续不断地进行着生物战。一种有机体如果不是经过演化千方百计打垮我们的防线，在组成我们身体内部的微观世界的交火区域存活下来，则根本没有机会成功对我们发起攻击。这就是为什么人类不会得荷兰榆树病，树也不会得感冒。现在，任何火星土著宿主有机体与人类之间的关系都比榆树与人类的关系还要远。事实上，没有任何证据能说明宏观上火星有没有动物和植被这件事，也没有任何理由去相信这种可能性。换言之，如果没有土著的宿主，火星上就不可能存在致病原；如果有宿主，它们和地球物种之间的巨大差异也使彼此间不可能存在共同疾病。同样荒谬的念头还有：火星上的独立微生物会来到地球，与地球微生物在开放环境中竞争。微生物都只能适应特定的环境。火星有机体会在地球有机体的家园中盖过它们（或者地球物种能在火星上盖过火星微生物）的想法是很愚蠢的，就像运到非洲平原的鲨鱼不会替代当地生态环境中主要捕食者狮子的领导地位。

　　你也许觉得我在这个想法上花了太多时间，我这么做可能是因为NASA在筹备计划（无人）火星取样返回任务会议的过程中，有人认真地提出，为了平息大众的恐慌，任何从火星得到的样本都要在返回地球之前用极度高温进行消毒。虽然可能性非常之小，但火星取样返回任务能找到的最珍贵的宝物，就是火星生命样本。然而，某些出席会议者想要先发制人摧毁它（同时也毁了样本中大量宝贵的矿物学信息）。这种提议是如此荒唐，我转而向科学家组提问："如果你找到一个可能是恐龙蛋的东西，你会把它煮熟吗？"这个问题并不完全脱节，毕竟，恐龙相对而言还算是我们的近亲，而且它们也可能有什么病。事实上，每次你扬起一铲子土时，你都在把地球上过往疾病出没的样子送到现在，威胁当前的生物圈。然而，并没有古生物学家或园丁穿戴消毒防护装备。

正如发现恐龙蛋代表生物学的珍宝而不是威胁，火星有机体的活体样本也是无价之宝，但当然不是威胁。事实上，通过检查火星生命，我们有机会鉴别这些生命特征与地球生物有什么根本不同，什么对生命本身是最基本的。这样，我们就可以学习到一些关于生命本源的基本法则。这些基础知识可以为基因工程学、农业和药学提供基础，可能给科学带来惊人的进展。没有人会因为火星疾病死去，但今天正在因为地球疾病死去的数千人中，可能有人会因为我们得到的火星生命样本而受益得到治疗。

月球海妖：为什么我们去火星时不需要月球基地

现在，我们在火星之路上面对的是另一种完全不同的神话生物，它并不以有害的怪兽或可怖的恶龙形象出现，而更像一位身着魅力石榴裙的曼妙仙女。这就是黛安娜，月亮海妖，她诱人的歌喉对将要进行的火星探险造成的破坏，几乎与五条恶龙加起来差不多。

黛安娜的粉丝们有一种古怪的宗教信仰：我们不能冒险进行

火星的开拓，除非我们先在月球表面建造大量神庙——就是基地——安抚好女神。这对异教徒来说真是个值得表扬的基础理论，它真正体现了我们从罗马帝国至今已经走了多远，但实际上这事儿的理由彻头彻尾地站不住脚。

的确，由于月球的低重力以及可以忽略不计的大气层，从月球表面发射火箭去往火星的确要比从地球表面发射容易得多。另外，氧占月球岩石重量的50%，所以一旦科技发展，我们就可以将组成月球大部分物质的铁和硅的氧化物分解，而得到丰富供应的液态氧，用于月球表面飞船的燃料灌注。不幸的是，在这种氧气中燃烧的燃料，如氢气或甲烷，在月球上基本是没有的。然而，由于各种火箭推进剂混合物中的氧含量从重量的72%到86%不等，原则上来说，月球可以建设为一个基地，成为太空运输物流业的重要一部分。

但是这种分析忽略了有关太阳系运输的一些基本事实。你看啊，火箭在月球加燃料之前，首先得飞往月球。从近地轨道（LEO）飞往月球所需的ΔV为6千米每秒（3.2千米每秒进入月球转移轨道，0.9千米每秒进入近月轨道，1.9千米每秒降落在无空气的月球上）。而从LEO飞往火星表面所需的ΔV只有4.5千米每秒（4千米每秒用于进入火星转移轨道，0.1千米每秒用于大气捕获后的轨道调整，0.4千米每秒用于隔热罩——没用降落伞——进行大气制动减速后的降落）。简而言之，从推进角度来看，从LEO直接飞往火星，比从LEO飞往月球表面简单得多。所以，即使现在已经有无限量供应的免费火箭燃料和氧气在月球表面的仓库里坐等（当然现在并没有），打算飞往火星的火箭先拐弯去那儿给自己加油依然是件毫无意义的事情。基本上，去火星的路上先去月球加油，其智力程度相当于从休斯敦飞去旧金山的航班却跑去萨斯卡通[①]加油一样。把月球加油节点放在月球轨道上也没什么不同。你还是不得不采用与飞往火星几乎一样的ΔV令飞船从LEO进入月球轨道。再想想在月球上制造氧气所需要的供应支持，以及把这些大家伙拖到月球轨道所需要的硬件和燃料（你得把氢气或甲烷运输到月球表面，再用它们将氧气送到轨道），很快你就会发现，这整个计划就是一场物流的噩梦，将极大地增加载人火星计划的费用支出、任务复杂度以及各种风险。

所以，月球不应该用作火星的运输基地。那么，黛安娜的粉丝又说了，你还是需要用月球作为测试基地和训练基地，好为火星任务作足准备。

可惜，月球环境与火星是如此不同，倒不如用北极（或者用犹他州）来训练人才，费用还要低得多。（事实上，火星学会，www.marssociety.org，我所领导的一个非营利性组织，过去10年正是为了此目的已经在加拿大的北极地区和南部犹他州的沙漠建立了火星实践基地，运作总成本还不到200万美金，主要从私人渠道募集。）火星有大气层，一天有24小时，日间温度在−50摄氏度到+10摄氏度之间。月球没有大气层，一天有672个小时，日间典型温度为+100摄氏度。地球重力是火星的2.6倍，而火星的重力是月球的2.4倍。另外，在火星上需要采用的资源利用方式（使用基于气体的化学反应器从大气中开采资源，从永久冻土中提取资源）与月球上需要采用的高温岩石熔解技术完全不同。并且，火星上需要进行各类地质勘探，由于它复杂的水文和火山历史，

---

① Saskatoon, 加拿大城市。

这种勘探更接近于地球上能做的那些勘探，而不是月球。通过在月球的练习，我们并不能学习如何在火星上生活。

月球有一定的用途，最显著的一点就是可以当做天文平台，通过光学望远镜的协调排列来获得超高分辨率的宇宙视野详情（"光学干涉仪"）。因此，确保符合火星任务要求的硬件设计也能用于支持将人类和设备运往月球，这一点是有意义的。正如第3章中讨论的那样，这正是火星直击任务设计的思路。因此，正如阿波罗月球任务的硬件事后还可以用于创建天空实验室空间站，火星直击任务的附带好处就是当我们需要的时候，就有能力在月球上设立观察哨。

然而，需要明确的一点是，从支持载人火星任务的角度出发，月球基地是不必要也不理想的资产。对火星之路来说，它是个致命的海妖，是通往死路的分岔口。已故NASA局长托马斯•佩因完全了解这个陷阱。在他生命最后的演讲中，他是这样说的："拿破仑•波拿巴曾经这样解释他对奥地利作战胜利的策略：'如果你要拿下维也纳，就拿下维也纳！'所以，你想去火星，就去火星！"

说得好，汤姆。去火星吧！

6 探索火星

　　我们派人到火星去，不是为了创造航空航天年鉴上的什么新纪录。我们去的目的是探索那颗行星，搞清楚火星上是否曾存在生命，考察它将来能否成为人类文明新分支的家园。如果只发射自动探测器过去，不管它们有多精密，都无法完成这一工作。就算我们派了人过去，如果只进行寥寥几次探索，只停留在火星地表，可能也不行，特别是考虑到考察组也许只能在临时基地周围有限的范围内活动。不，要了解火星，我们必须对它进行大规模的全面探索。

　　红色星球的表面积有1.44亿平方千米，要探索的区域相当于地球上所有大陆和岛屿的总和。而且，火星地形十分复杂，有峡谷、裂隙、山脉、干涸的河床和湖床、洪漫滩地、环形山、火山、冰原、干冰原，还有"不明地带"，而这些只是火星地貌中的几种。目前，美国地质调查局（U. S. Geological Survey）的"地质简图"上标出了至少31种火星地貌，这还是在我们有高分辨率的火星照片之前的事情。有的火星特征地形大小堪比一个大陆，比如长达3000千米的水手号峡谷。要对这样的地形进行彻底的勘察，哪怕只勘察一个，也需要大陆级的机动能力。

　　水手9号在火星上发现的干河床证明了火星曾拥有温暖湿润

的气候，适合生命萌芽。在火星的年轻时代，这很有可能，因为那时候火星的二氧化碳大气层比现在厚得多，这会带来很强的温室效应。今天的金星就拥有厚厚的二氧化碳大气层，导致那颗行星成了烤箱般的地狱。不过，火星离太阳更远，厚厚的二氧化碳温室正好能创造出适宜的温度环境，可供生命成长。现在，许多火星学家相信，火星上曾有一个时期存在这样的环境，这个时期比地球上演化出生命用的时间还要长得多。现有的关于生命起源的理论认为，生命是物质自组织演化而自然产生的，只要有合适的物理化学环境，生命就必然出现。如果事实真的如此，火星上就应该出现过生命，因为在地球上出现生命的时期，火星和地球的环境十分相似。经过漫长的地质时期，火星失去了自己的温室，变成了今天这个寒冷荒芜的世界。几乎可以肯定，环境恶化把生命从地面上赶跑了，它们可能灭绝了。不过，微生物会留下肉眼可见的化石。我们在地球上发现过这样的化石，叫做细菌叠层石，它们的形成可以追溯到37亿年前，和火星的炎热年代基本同期。就算火星生命完全灭绝了，它们留下的化石可能仍在那里。今天，关于生命的演化，我们只知道它在一颗行星上出现过——我们自己这颗。我们无从得知，生命的出现到底是万亿兆分之一的小概率事件，还是必然的。小概率事件可能会在一个单样本实验中发生，但绝不会连续发生两次。如果能在火星上找到存活的微生物，哪怕仅仅找到化石，那我们就会知道，宇宙属于生命体。

　　所以，搜寻生命——不管是现存的还是化石——是早期火星探索者的首要任务，因为这将解答生命到底是普遍现象还是特例的问题。不过，海盗计划的探测结果显示，就算现在火星上还有生命，那也很稀少，要找到它们，得花不少功夫。与此类似，地球上专业的古生物学者的经验可资借鉴：寻找化石需要大量跑腿工作，因为可见的化石形成的几率非常小。想象一下化石形成必需的过程。首先，生物死去后必须马上与环境隔离。如果没有，它很快就会腐烂，也可能被同类吃掉，不管它是什么物质构成的。然后，它必须在隔离环境中藏匿数百万甚至数十亿年，直到你在搜寻过程中偶然路过，才能把它挖掘出来。（如果在你到达之前它暴露过相当一段时间，那在你能看到之前，它就被环境毁掉了。）想想三角恐龙吧，还有年代更近的野牛，它们曾在北美的平原上成群结队地游荡，多达数千万只，可是今天的美国远足者们可没那么容易被它们的骨骼化石绊倒。不，要是你想亲自找到一块恐龙化石，或是火星叠层石，最好还是准备好跑很多路。而要是想证明它们不存在，你要跑的路更多。因为要有力地证伪这个命题，就要对整颗行星的地表进行彻底的搜索。结果就是，火星探索的机动能力需求简单得要命：要探索一颗行星，你需要行星级的机动能力。这一点很简单，却经常被忽视。

那么，我们首次载人火星任务的考察组使用什么地面交通工具呢？阿波罗计划中使用的电池驱动月面车可以单程行进20千米左右，所以它可以在着陆点方圆10千米的范围内活动。如果我们的载人火星探索采用同等能力的交通工具，不管考察组在火星地面上停留多久，也只能探索大约300平方千米的范围。那么，要对整颗火星的地表进行一次考察，需要差不多50万次这样的任务。就算有人认为只考察有兴趣的几种地貌这样的工具够用了，但它有限的机动能力也是个严重的缺陷。对于一个严肃的载人火星探索项目来说，费用也会大幅增加。例如，表6.1中列出了科普瑞茨三角区（Coprates triangle area）中我们感兴趣的地点，它们环绕着赤道上西经65度的一个着陆点。因为离赤道近（所以在一年中相对比较温暖，阳光比较充足），周围又有多种多样的待考察地点，这里是首次人类火星探索最可能的着陆点之一。

表6.1 火星探索中待考察的地貌

地貌	与基地的距离（千米）	方向
俄斐裂谷（Ophir Chasma）	<300	西南
朱芬塔裂谷（Juventae Chasma）	<300	西南
斜坡和基岩物质	<300	南
有坑洞的高原物质	<300	东
不明物质	<300	东
退化的环形山物质	<300	南
赫柏裂谷（Hebes Chasma）	600	西
月高原（Lunae Planum）中心	650	北
北部平原	1200	西北
卡塞峡谷（Kasei Vallis）	1300	北
海盗1号着陆点	1400	东北
盘地古湖（Paleolake）	1500	东北
火山流	2000	西
帕弗尼斯山（Pavonis Mons）	2500	西

我们可以看到，如果考察组地面机动半径只有100千米（阿波罗月面车的10倍），要考察表中所有地点，至少需要12次着陆任务。如果地面机动半径扩大到500千米，考察全部14个地点只需要4次任务，在这4次任务中，考察组能到达的区域是前面所说12次任务（机动半径100千米）的8倍。

现在，每次载人火星任务很可能都要花数十亿美元。没错，采用热核推进或者更便宜的运载火箭可以降低任务费用。虽然我们非常鼓励这方面的努力，但还是必须指出：开发这些技术中的任何一种都要花数十亿美元，而且只能把火星任务的费用降低到原来的一半左右。换个角度来看，提高火星地面机动能力应该更便宜，而且能成百倍地提升探索效果，甚至更多。

显然，在火星地面上的机动能力，最大程度地决定了人类火星探索项目的性价比。

火星汽车

制造火星汽车，我们有很多选择。轮胎式、行走式、半履带式，甚至动力腿都是可选的运动方式。最重要的是，我们打算用什么燃料。

迄今为止，唯一在太空中实际使用过的车是阿波罗月面车，它是用电池驱动的开放式车辆。如果我们采用最先进的锂离子电池（就是摄像机用的那种），给它充满够火星车用10小时的电，这样的系统每千克质量能提供的电能约为10瓦。如果改用航天飞机上的氢/氧燃料电池，功率质量比会上升到50瓦每千克左右。这当然有所进步，不过比起我们熟悉得多的一种家用技术来，简直微不足道。

内燃机的功率质量比能达到1000瓦每千克，是氢/氧燃料电池的20倍，锂离子电池的100倍。燃烧式发动机能以最小的质量提供最大功率（地球上绝大多数交通工具都采用燃烧式发动机，这就是主要原因），这对我们的火星汽车意义重大。如果维生系统的质量确定，车辆能够到达的范围直接和它的速度成正比，也就是说，和功率成正比。如果你打算采用别的供能系统，要和燃烧式发动机提供相同的功率，这种系统的自重会很大。假设火星车功率为50千瓦（约65马力），需要的内燃机质量只有50千克左右；而要是采用燃料电池，它的质量会达到1000千克。因此，和功率相同的燃料电池车相比，燃烧式动力车能多带950千克的科学设备和消耗品，所以更耐用，性能更好，开得更远。此外，燃烧式动力车的功率几乎没有上限，这允许外出的考察组在远离基地的地方开展耗能较大的科学活动，而在其他情况下这都不可能。比如说，考察组可以开着加压的燃烧式火星车去一个遥远的地方，用50千瓦的功率驱动钻头探查火星地下水位。火星车的数据传输速率也和功率成正比，因此燃烧式火星车可以达到更高的数据传输速率，这更能确保考察组的安全，还能传回更多科学发现。此外，利用燃烧式发动机，我们可以制造出轻型的小动力装置，快速灵活的单人全地形车（all terrain vehicle，ATV）需要的正是这种能源。和地球上一样，这种多功能的全地形车会为深入火星腹地的探索者带来许多便利。在建造主基地或分基地的过程中，燃烧式发动机也能提供很高的功率（推土机等）。最根本的一点是：燃烧式发动机的功率密度（即功率/质量）更高，所以能制造出机动性更强的交通工具，而且更小，更轻，性能更好；这又将提升整个火星探索项目的成效和性价比。如果你打算在火星上真搞出点成果，就得采用燃烧式动力车。

不过有个棘手的问题。燃烧式动力车需要大量燃料。比如说，假设1吨重的加压式地面火星车每行驶1千米需要约0.5千克甲烷/氧双组元推进剂，那么往返程800千米的出行消耗燃料约400千克。如果平均每天行驶100千米，这只能支持8天的出行。在600天的地面停留阶段中，要有效利用手里的时间，我们肯定希望这样跑很多趟。如果在600天中有300天火星车都以这种方式工作，那就需要15吨燃料。如果必须从地球运这么重的东西去火星，只为了给火星车供能，那实在是物流的灾难。要是你想在火星上享受到燃烧式动力车的好处，就得在火星上生产燃料。

用于火星汽车的燃烧式发动机可以是我们今天在地球上常用的任何一种，包括内燃机、柴油发动机或燃气涡轮机。不过，要是你想在燃烧式发动机里用纯的火箭混合推进剂，如甲烷/氧，那发动机就会过热，进而影响它的可靠性和寿命，而这两项正是汽车发动机重要的性能指标。用风扇从火星大气中抽入二氧化碳来稀释混合燃烧物，可以解决这个问题。作为一种惰性缓冲物，二氧化碳可以降低火焰的温度，就像在地球上，空气中的氮也会起到这样的作用。

化学燃烧式火星车的最大行程主要取决于燃料的能量质量比。原则上来讲任何一种双组元推进剂都能用，不过物流运输方面的要求决定了，我们采用的燃料——至少其中大部分——得用火星上自有的原料制造。可用的燃料组合见表6.2。

表6.2　火星交通工具可用的双组元推进剂

双组元推进剂	能量密度	
	瓦·小时每千克	瓦·小时每升
氢/二氧化碳	25833	416
肼（hydrazine）/二氧化碳	1329	1111
氢/氧	3750	1312
一氧化碳/氧	1816	2144
甲醇/氧	2129	2093
甲烷/氧	2800	2380

火星大气中二氧化碳含量为95%，因此表6.2中的氢/二氧化碳（H_2/CO_2）和肼/二氧化碳（N_2H_4/CO_2）两种组合中的助燃气体就是空气，它们的工作方式与地球上的内燃机和喷气式发

动机类似。因此，这两行中给出的能量质量比中没有包含二氧化碳的质量，因为车辆不需要带着它。我们可以看到，从能量质量比的角度来说，氢/二氧化碳发动机优于其他所有选项。不过，储存氢很难，在地面火星车上采用这种燃料可能不太实际。考虑到这一点，能量密度较高的甲烷/氧就成了我们的第一选择。运气不错，因为甲烷/氧其实是火星上最容易生产的燃料，从火星上发射的火箭飞行器首选燃料也是甲烷/氧。正如我们已经看到的，火星直击计划采用甲烷/氧作为返地飞行器的推进剂。所以，我们用来生产火箭推进剂的就地生产推进剂工厂（ISPP）也能生产火星车燃料。

不过，你可能已经注意到了，甲醇/氧的能量密度也不低。这很有意思。因为甲醇/氧是燃料电池的好组合（现在，温哥华的公交车就用这种燃料），而且甲醇是火星上第二容易生产的燃料，仅次于甲烷。作为火箭推进剂，甲醇比甲烷差得多，不过它在常温下就是液体，而且易于处理（处理起来像水——挡风玻璃雨刷液里就有1/3是甲醇），所以，宇航员在地面上活动时用甲醇作为便携能源很不错。因此，如果我们愿意接受采用两套不同的燃料生产系统（生产甲烷用于返程火箭，甲醇用于地表活动）带来的麻烦，也可以考虑采用甲醇/氧燃料电池作为火星车能源。

那么，火星车可以采用二氧化碳稀释的甲烷/氧燃料，也可以采用甲醇/氧燃料电池。这两种系统产生的废弃物都是二氧化碳和水。二氧化碳毫无价值——你随时都能从火星空气中搞到更多——可以作为废气排掉。不过水就不一样了。因此，设计合理的火星汽车应该配有冷凝器，可以回收发动机燃烧产物中的水。（这不难做到。20世纪20年代，美国海军的飞艇就做过完全相同的事情，他们需要回收尾气中的水来压舱。）当火星车结束一次外出，冷凝的废水可以带回基地。在基地里的化工厂中，它可以和二氧化碳发生反应，循环生产出甲烷/氧燃料。如果90%的废水都能回收，这一系统能让火星车将同样的燃料循环利用10次。

火星车上的维生系统怎么办？好吧，利用生产燃料的ISPP装置，我们可以很容易地在火星地面上用大气中的二氧化碳（含量高达95%）生产出无限的氧气。不过，火星大气中氮气和氩气加起来只占4.3%，要搞到呼吸所需的缓冲气体就难得多了。（发动机的缓冲气体可以用二氧化碳，呼吸可不行。二氧化碳浓度达到1%，就会对人体产生毒性。）因此，我们必须把居住地和加压火星车中缓冲气体的分压保持在最低限度。地面居住地中，我建议保持5 psi①的总压强（3.5磅氧气，1.5磅氮气）。20世纪70年代，NASA天空实验室的长周期任务中，宇航员们呼吸的就是这种气体。

不过，在为期2周的任务中，阿波罗号的船员们呼吸的是5 psi的氧气，没有缓冲气体。火星车出外执行任务的最长时间和这差不多，所以我建议加压火星车也这么做，这会带来很大的好处。火星车中的压强这么低，就不需要气压过渡舱，因此可以最大程度减轻重量。车里的宇航员想出去时（进行"舱外活动"），只需要穿上宇航服，排掉车舱里的纯氧，然后打开车门走出去就行了。车舱内没有氮气，所以排气工作可以很快完成；血液中没有氮气，你也不会得上减压病②。假设火星车内部容积为10立方米，以这种方式排气每次会损失3.3千克氧气。如果打开阀门前先

① 磅每平方英寸，见第76页脚注。
② 泛指人体因周围环境压力急速降低而引起的疾病，主要致病原因是周围压力骤降，溶解在身体组织内的气体（主要是氮气）溢出，在体内形成气泡。

把车舱内的部分气体泵入压缩氧气瓶，氧气损失就更小。不过不管怎么说，损失的氧气都可以很容易地在基地里通过就地生产来补充。采用低压火星车，舱外活动的宇航服也可以用低压的（3.8 psi氧气，没有缓冲气体，和阿波罗号的一样），出舱前就不需要呼吸准备期了。这样的宇航服可以做得最轻，灵活性也最好，因此能提高地面野外科考的质量。（现在航天飞机用的宇航服实际上是微型的飞船，要在火星上用就太沉了。）因为氧气很容易补充，所以采用简单的单向装置直接把呼出气体排放到环境中（和水肺的工作方式一样）就行，这可以大幅简化宇航服的设计。这样的简化不但能进一步减轻宇航服的重量，还能显著提高它的可维修性、可重复使用性和可靠性，一次火星地面任务能进行的舱外活动就可能不止几十次，而是几千次。

　　假设呼吸频率为每分钟5加仑①，如果采用这种低压氧气"水肺服"，每位宇航员进行一次4小时的舱外活动将耗氧1.3千克。氧气中的一部分可以分配给甲醇/氧燃料电池，只需要少量甲醇，就能为穿着宇航服的宇航员提供充裕的个人能量。所以，如果在外出期间，每天有2位宇航员进行2次舱外活动，火星车也排气2次，那么一共消耗12千克氧气。如果在600天的地面停留期中，火星车每天都以这种方式工作，那一共需要7吨氧气。如果我们必须从地球运送氧气过去，如此浪费将是一个沉重的负担。不过，如果氧气是在火星上生产的，就只需要一座由60千瓦的反应堆供能的ISPP工厂运转24天。

---

① 美制体积单位，1美制加仑约合3.785升。

在火星上生产燃料

在我们的讨论中，这一点应该很明显：怎样让火星之旅的费用变得可以负担，我们到达火星后怎样能做点有意义的事情，这二者都主要取决于一个关键技术——利用火星大气就地生产推进剂。可这真能做到吗？当然可以。事实上，火星直击计划中所有化学方法在地球上大规模应用的时间都超过了一个世纪。

生产推进剂的第一步是获得必要的原材料。双组元推进剂中氢元素的质量只占总质量的5%，所以可以从地球运过去。行星际运输需要6～8个月，采用多层隔热材料制作密封性良好的储存箱，无需任何主动制冷，就能将液氢在太空中的气化损耗降低到每个月1%以内。这些氢原料不是直接送进发动机的，所以可以加入少量甲烷使其形成胶体，预防泄漏。胶体化也会抑制储存箱中的对流，从而进一步降低气化损耗（约40%）。

因此，我们需要在火星上取得的原材料只有碳和氧。火星大气95%是二氧化碳，所以这两种元素都非常丰富，随处可得，"像空气一样免费"。在两枚海盗号的着陆点测得，一个火星年内大气压强在7～10毫巴间变化（地球海平面上的大气压强为1巴，或14.7 psi；10毫巴是地球海平面上大气压强的1%），海盗1号着陆的克里斯平原海拔较高，测得年平均压强约为8毫巴。泵可以吸入这样的气体并加压到1巴以上，使之适于使用，1709年，英国物理学家Francis Hawksbee首次证明了这一点。今天我们有更好的泵。不过，你甚至用不着泵来加压二氧化碳，可以用一种吸附剂床来代替，它会像海绵一样吸满二氧化碳。你只需要找个罐子，装满活性炭或沸石，然后在夜间放到火星户外。在夜晚的低温（–90摄氏度）中，它能吸收的二氧化碳重量可达到自重的20%。等到白天，把吸附剂床加热到10摄氏度左右，二氧化碳就会逸出。用这种方法可以得到压强很高的二氧化碳气体，基本上没有任何活动部件，也不需要什么能量。事实上，你甚至可以利用推进剂生产装置中其他组件产生的废热来为二氧化碳的逸出供热。在马丁·玛丽埃塔公司我的实验室里，我们组建了一个这样的系统，它运转得很不错。

现在，为了确保对推进剂生产过程进行质量控制，送入化学反应器的原料中不能有成分不明的杂质，也就是火星尘。为了实现这一点，首先可以在吸附剂床或泵的入口放置一个滤尘器，滤去大部分尘埃，然后将火星空气加压到7巴左右。在火星的环境温度下将二氧化碳加压到这个值，它会凝结成液态。（我们在地球上没看见液态的二氧化碳是因为压强太低。）任何企图逃过滤尘器的尘埃都会溶解，或沉淀到二氧化碳箱底；而空气中的氮气和氩气会保持气态，因此可以分离出来排掉，或者作为维生系统的缓冲气体储存起来，这样更好。接下来二氧化碳再从储存箱中蒸发出来，就蒸馏成了100%的纯净气体，所有尘埃都留在了溶液里。从18世纪中期，本杰明·富兰克林（Benjamin Franklin）为英国海军引入一种脱盐装置以来，相同原理的蒸馏净化法就在地球上大规模使用了。

只要获得了纯二氧化碳，火星就不会带来任何未知因素，整个过程变得完全可控、可预测。获取二氧化碳的过程有了合适的质量控制手段，化学生产过程的其余部分就可以在地球上进行模拟实验，我们可以精确模拟火星环境，并通过大量地面试验确保它的可靠性。载人火星任务中，几乎其他任何关键元素（发动机、大气制动、降落伞、维生系统、轨道集合或轨道组装技术，如此等等）都不能提前做这种程度的测试。这就意味着，就地生产推进剂绝不会成为火星任务的薄弱环节，反而可以成为最可靠的一环。

获得的二氧化碳可以马上和地球上带来的氢发生甲烷化反应。甲烷化反应又称萨巴蒂尔反应（Sabatier reaction），这个名字来源于同名化学家，他在19世纪晚期对这个反应做了大量研究。

通过萨巴蒂尔反应，二氧化碳和氢反应生成甲烷和水，反应式如下：

$$CO_2 + 4H_2 \longrightarrow CH_4 + 2H_2O \tag{1}$$

这是个放热（exothermic）反应，它放出热量，有镍或钌作为催化剂，它会自发进行（镍便宜，钌效果好）。平衡常数（equilibrium constant）决定反应的完成度，它有力地驱动该反应向右进行，气体只要在反应器中通过一次，通常就能达到99%的利用率。差不多一百年来，萨巴蒂尔反应广泛应用于工业领域，此外，NASA、美国空军和他们的供应商都研究过该反应在空间站和载人轨道实验室维生系统中可能的用途。例如，20世纪80年代，汉密尔顿标准（Hamilton Standard）公司就研发过用于空间站的萨巴蒂尔装置，并对它进行了4200小时的合格性测试。

萨巴蒂尔反应是放热反应，这意味着不需要任何能量来驱动它。此外，反应器也只是内有催化剂床的简单钢管，又结实又紧凑。事实上，根据我们在马丁·玛丽埃塔和先锋航天（Pioneer Astronautics）得到的实验结果，我相信，要生产出火星直击计划所需的全部甲烷，我们的萨巴蒂尔反应装置最多只需要3个反应器，每个长1米，直径12厘米。

在反应（1）进行时，我们可以利用温度极低的液氢输入流，或（在液氢耗尽后）采用机械制冷器，将生成的甲烷液化。（甲烷的液化温度和氧差不多，都是"软超低温"。）生成的水是凝结态的，可以将它转运到储存箱中，然后泵入电解（electrolysis）槽，使之发生我们熟悉的电解反应，离解成其组分——氢和氧：

$$2H_2O \longrightarrow 2H_2 + O_2 \tag{2}$$

生成的氧冷却储藏起来，而氢可以在萨巴蒂尔反应（1）中循环利用。

电解对很多人来讲并不陌生，高中化学中，这是最受欢迎的演示实验。不过，这样的普遍经验让大家误以为，电解槽就是桌面上一字排开的Pyrex牌烧杯和其他玻璃器具。事实上，现代的电解装置非常紧凑而坚固，它的结构像三明治，两边是饱和电解质的塑料层，中间由金属网隔开，两端都有坚固的金属端盖压紧，还有和装置等长的金属肋板，肋板和端盖用螺栓旋紧。这种用于核潜艇的固体聚合物电解质（solid polymer electrolyte, SPE）电解器已经发展到了非常先进的程度，迄今为止，它的运转时间超过2000万小时。对它的测试包括在深海中充填材料，在高达200倍重力的负载下工作。汉密尔顿标准公司和生命科学（Life Sciences）公司都曾研发过用于太空站的轻型电解装置。这些装置可以完成火星取样返回中就地生产推进剂的任务。汉密尔顿标准公司为英国皇家海军提供的SPE装置，其输出水平可以满足载人火星直击任务中推进剂生产的需求。这些装置已经运转了28 000小时，没有任何维护，是火星直击所需运行时间的4倍左右。出于压舱需要，潜艇用的SPE电解装置设计得很沉。为航天任务设计的SPE电解装置会轻得多。

如果所有氢都能通过反应（1）和（2）循环生产推进剂而消耗掉，那么送去火星的每千克氢会转化成12千克甲烷/氧双组元推进剂，氧和甲烷的质量比为2∶1。这样的双组元推进剂能提供的比冲量约为340秒。还不错，不过氧和甲烷最佳的燃烧质量比约为3.5∶1，这能提供380秒比冲量，氢与制造出的双组元推进剂质量比为1∶18。为了使载人火星直击任务更优化，我们应该达到这个水准。

为了达到这样的最优效果，反应（1）和（2）的组合还不够，我们需要更多氧。可能的答案之一是直接还原二氧化碳。

$$2CO_2 \longrightarrow 2CO + O_2 \tag{3}$$

把二氧化碳加热到1100摄氏度左右，这一反应就会发生，气体部分分解。然后对一片氧化锆陶瓷膜通电，就可以用电化学的方法将产出的自由氧析出，从而将氧和其他气体产物分离。20世纪70年代，JPL的罗伯特·埃希博士首次提出在火星上利用这个反应生产氧。从那以后，埃希（他现在在在欧道明大学）、Kumar Ramohalli和K. R. Sridhar（亚利桑那大学）就不断推进这一研究。这一反应的优势在于，它完全独立于其他化学过程，不需要增加任何原料就能生产出无限多的氧。劣势在于氧化锆管很易碎，产出氧的比率也很低，所以要用于载人火星直击，需要的氧化锆管数量很大。而且，每产出1单位氧，这个反应需要的能量是电解水的5倍。最近，亚利桑那大学报告说产量有所提高，所以这个反应可能还有点希望，不过仍是实验性的。

要在煤气灯时代的工业化学方法中挑选一种够坚固的反应装置，我们还有一种选择是采用众所周知的（对化学工程师而言）

逆向水气转移反应（reverse water gas shift, RWGS）。具体方法是，将电解装置生成的部分氢引入第三个容器，采用铁铬合金或铜作为催化剂，容器中氢和二氧化碳反应生成一氧化碳和水，反应式如下：

$$CO_2 + H_2 \longrightarrow CO + H_2O \tag{4}$$

这是个轻度吸热（endothermic）反应，不过要求的温度只有400摄氏度，完全在萨巴蒂尔反应的温度范围以内。如果反应（4）与反应（1）、（2）一起循环，萨巴蒂尔反应器放出的热量就足够供应给反应（4），从而得到理想的甲烷/氧混合比。反应（4）需要的容器只是简单的钢管，所以反应器的结构非常结实。不过该反应的缺点是，在我们能提供的温度范围内，它的平衡常数只有0.1左右。这意味着要让反应一直进行下去，就得在反应进行过程中用冷凝器和膜分离器除去反应器中的水和一氧化碳，然后将未反应的氢和二氧化碳循环泵入反应器中。（水和一氧化碳是反应式（4）右边的反应产物；只要持续地除去它们，为了保持反应器中适当的平衡浓度，化学原理就会驱动反应一直向右进行，生成水和一氧化碳。）1997年，我和Brian Frankie在先锋航天首次试制了这样的系统，经过改良后，几乎全部二氧化碳和氢都能转化成一氧化碳和水。在萨巴蒂尔/电解反应循环进行的同时，运行这样的逆向水气转移反应装置，可以轻松达到火星直击任务理想的甲烷/氧推进剂配比。

更简洁的方案是在单个反应器中直接将反应（1）和（4）结合起来，反应式如下：

$$3CO_2 + 6H_2 \longrightarrow CH_4 + 2CO + 4H_2O \tag{5}$$

这个反应轻微放热，如果和反应（2）一起循环，可以生产出质量比4∶1的氧和甲烷，推进剂质量转化比将达到最佳的1∶18，同时还能产生大量额外的氧，为维生系统提供可观的后备资源。另外，生成的一氧化碳也可以回收，可以想象，它能用于各种燃烧式设备或燃料电池。算上所有生成的一氧化碳和氧，总的推进剂质量转化比将高达1∶34！

2005年至2007年，先锋航天为NASA做的一个项目中就有这样一个循环系统，它完整演示了整个过程。从一个容器中吸入压强8毫巴的模拟火星空气，加压到3巴，利用联合反应（5）生成甲烷、一氧化碳和水；然后电解水生成氢和氧，氧可以直接使用，氢进入循环；用蒸馏法将甲烷从一氧化碳中分离出来，液化得到最终的甲烷产品。这个系统最初由Tony Muscatello主持，后来他离开先锋公司去了NASA肯尼迪航天中心，就由Douwe Bruinsma接手完成，这套机器能生产出任意比例的甲烷和氧，自动控制下可以不停机运行长达5天时间。

不过，要得到额外需要的氧，还可以采用另一个简单的方法，将反应（1）生成的部分甲烷热裂解（pyrolyze），得到碳和氢。

$$CH_4 \longrightarrow C + 2H_2 \tag{6}$$

这个反应生成的氢可以通过反应（1）和其他火星上取得的二氧化碳反应。不久后，反应（6）的容器中就会堆起一堆石墨沉淀。（实际上，这个反应是今天工业界生产热解石墨的普遍方法。）这时候，停止向反应器中输入甲烷，而用热的二氧化碳气体冲刷容器，它将与石墨反应生成一氧化碳然后被排出，容器就清理干净了。

$$CO_2 + C \longrightarrow 2CO \tag{7}$$

这样一个方案需要两个容器，清理其中一个的时候，另一个继续完成热分解反应。Jim McElroy和他在汉密尔顿标准公司的研究小组曾向我建议，要解决额外需要氧的问题，这是最简单的方案。

现在，有时候事情是这样的，在纸上写几个化学式来设计一套化学合成系统很简单，可是要照着化学式做出一套实用的装置，就完全是另一回事了。不过，我们现在的情况不是这样。我对此很了解，因为我曾从零开始，主持过好几个设计火星ISPP装置的项目。其中第一个，从某种角度来说也是最戏剧性的一个，始于1993年秋天，大卫·卡普兰（David Kaplan）和大卫·韦弗代表NASA约翰逊航天中心找上了我，问我马丁·玛丽埃塔公司能不能做出一个火星ISPP系统的实用模型来，就是我曾在会议和论文中提出过的那种。不过还有点隐情。NASA能为这个项目提供的资金只有4.7万美元，要研发、演示一种新的航天技术，这实在太少了。而且必须在1994年1月之前完成。这是个不小的挑战——在马丁·玛丽埃塔公司，4.7万美元通常只够你买到一份报告，里面有两打示意图。不过我坚信，这种系统需要的技术十分简单，项目可行性极高，虽然预算这么低，时间这么紧，似乎很难成功。我和马丁·玛丽埃塔的管理层做了大量讨论，最终接受了挑战。1993年10月，马丁·玛丽埃塔公司签下合同，接了这个活儿，大卫·卡普兰是JSC方面的项目经理，史蒂夫·普赖斯是马丁·玛丽埃塔的项目经理，而我是项目负责人兼首席工程师。

1993年10月，系统设计工作就完成了，11月的大部分时间我们都在等待零件寄来。到11月底，需要的元件都到手了，我们开始紧锣密鼓地制造火星取样返回任务需要的全尺寸设备。

　　我们将一根长36厘米、直径5厘米的金属管填满从化学品供应公司买来的钌催化剂，做出了全新的萨巴蒂尔反应器。（不久后我们发现这个量是该系统需求量的10倍，不过我们的时间很紧，任何一步都没有第二次机会。所以，多留点余量似乎正是可行的方法。）电解器是从佩卡德仪器公司（Packard Instrument）实验室里的一台供氢装置上拆下来的，高仅25厘米，重仅3千克，包括水在内。用来把萨巴蒂尔反应器加热到反应所需温度（此后化学反应自身放出的热量就足够了，不需外部电力）的镍铬合金加热器也到手了，我们用它裹住萨巴蒂尔反应器。我们做了一个冷凝系统，用来分离生成的甲烷和水，整套系统正好形成一个循环，关键点安装了压力、温度传感器和气体流量计，并连接到一台电脑数据显示器上，好对系统进行监控。到12月的第二个周末，整套系统准备就绪，只等开机。（见插页）

　　12月15日，系统首次开机，我们让萨巴蒂尔反应器单独运行。第二个小时快要结束时，冷凝管中的水面明显升高了，这标志着系统运转正常。接下来我们对萨巴蒂尔反应器排出的气体进行了实验室分析，发现从氢和二氧化碳到甲烷和水的转化率是68%。

　　接下来的日子里，我们对系统进行调节优化，12月22日，转化率达到了85%，而且萨巴蒂尔反应器需要的氢由电解器供给。1月5日，系统第一次整体运行，我们达到了92%的转化率。最后，1994年1月6日，全套系统以整体模式运行了一整天，转化率达到94%。

　　根据1月6日的运行得到的结果，所有测试目标都已达成，我们兜里还有足够的钱来写报告。[24]

　　这次成功之后，项目又得到了额外的一些资金，开始是来自JSC的，后来是喷气推进实验所，马丁·玛丽埃塔（后来的洛克希德·马丁）系统得以进一步改进和细化。增加了吸附床，这样装置就可以在火星气压下从大气中弄到需要的二氧化碳。萨巴蒂尔反应器的效率提高到96%，体积也缩小到原来的1/10；增加了一个2千克重的斯特林循环制冷器，这样我们就能把生成的氧全部液化，装在一个超低温保温瓶里。增加的还有自动控制系统，无需人工干预，系统可以一次性运转10天。这套系统可以生产出400千克推进剂供火星取样返回任务使用，它的总质量约20千克，需要的总功率小于300瓦。[25]1996年，我离开洛克希德·马丁公司，创建了我自己的先锋航天公司，在这里我们又研发出了很多机器，实现了逆向水气转移反应，制出了甲醇、苯、乙烯、丙烯，还做出了萨巴蒂尔/电解/逆向水气转移组合反应系统。与此同时，洛克希德·马丁公司原来那个小组现在由拉里·克拉克（Larry Clark）主持，他们继续改进萨巴蒂尔/电解系统，达到了更高的效率，外形也更适合飞行使用。研究表明，如果将所有这些设备放大到火星直击任务需要的尺寸，那它们的质量产出比将更为惊人，因为系统中流量计、压力传感器等寄生元件所占的质量可以忽略不计了。

我们能在火星上生产火箭燃料和氧。

与基地保持联系

坐着燃烧式动力的地面火星车，最初的火星探索者们可以走到离基地很远的地方。可是如果他们真这么做，怎么保持联系？毕竟，火星的直径只有地球直径的一半多一点，所以地平线相对更近一些。如果火星上的地形和堪萨斯州一样平，地平线就只在40千米外——而火星和堪萨斯一点都不像。所以，如果外出的小队想去火星上的任何地方，都会越过地平线，那视线内无线电联系的方法就出局了。他们怎么和基地保持联系呢？

答案之一是在火星赤道上空17 065千米的轨道上放置一颗通讯中继卫星。卫星将在这个高度以1.45千米每秒的速度飞行，环绕火星一周需要24.6小时，这正是一个火星日的长度。所以当火星自转时，卫星将同步运行，对地面上的观察者而言，它一点都不会移动。这样的"太空同步卫星"是地球同步卫星在火星上的精确复制品。在地球上，我们正是广泛使用同步卫星来支持通讯的。如果我们的火星远征队在赤道上着陆，卫星将日日夜夜悬在他们头顶正上方，支持基地与方圆近5000千米区域内任何人、任何物体间的通讯，几乎能覆盖半个火星。

不过通讯卫星是要花钱的，而且更重要的是，它可能会失效。如果远征队正在基地400千米以外时，卫星出现了故障，那怎么办？

后备计划是使用业余无线电台。你看，火星上有电离层，大气上层中有一层带电粒子，可以用于反射无线电信号，实现全球范围内的地面点对点短波无线电通讯，就像地球上这样。水手9号、海盗号轨道器及登陆器、欧洲火星快车号探测器测得的数据让我们对火星电离层的性质很了解。它从120千米左右的高度开始向上延伸，离子构成为90%的O_2^+和10%的CO_2^+，以及光电离形成的相应数量的自由电子。白天电子密度（electron density）达到峰值，在135千米左右的高度电子密度约为20万每立方厘米；而在夜间，电子密度降到最低点，120千米左右的高度电子密度约为5000每立方厘米。这个数大约是地球电离层电子密度的1/25。不过，短波无线电可用的最大频率是电子密度的平方根，所以火星上可用的最大频率是地球上的1/5。地球上的无线电爱好者们可以用20兆赫的最大频率互相通话，那么火星上的最大频率白天可达4兆赫，夜间700千赫。如果你想传输图片或进行其他高数据速率传输，后面这个频率有点低，不过要进行遥感勘测或语音通讯还是绰绰有余。事实上，地球上的这个波段——调幅广播——是商业谈话电台的最爱，其他一些形式的（所谓的）通讯也偏爱这个波段。

此外，虽然火星上的短波通讯波段频率比地球上的略低，但火星电离层的无线电噪声更小，足以抵消掉这个劣势（高频率波段才能达到高数据速率）。地球上的无线电噪声推高了短波通讯需要的能量，噪声产生的原因包括远处的雷暴、大量其他业余电台、军方用户和商用电台，这些问题在火星上都不会存在。

现在使用的一些业余电台设备可能会唤起这样的想象：它们沉重而庞大，不适于移动通讯。不过，地球上已经发展出了用于军事的先进的短波技术，非常适合火星探索者使用。防御系统公司（Defense Systems Inc）研发的新微型高频系统（Advanced Miniature High Frequency System，AMHFS）就是其中之一。AMHFS是一个双向的发射器/接收器系统，每个装置重0.8千克，体积为0.7升（比1夸脱①的容器还小）——不但能装在火星车里，宇航员单独进行舱外活动时也能带着。根据它在地球上的表现推算，在火星向阳面它能以2.4千比特每秒的速率进行全球范围的

---

① 英制体积单位，1夸脱约合1.136升。

数据传输，消耗10瓦辐射能量，或30瓦电能。这个传输速度足以进行遥感勘测，发送电子邮件，实现实时低质量语音通讯或高质量语音包通讯。要实现高质量的实时语音通讯（就像地球上的电话），需要的数据传输速率是这个值的20倍，因此需要600瓦能量，火星车能轻松提供这个值的能量。不过，要是火星电离层真如理论预测的那样安静，通讯能量需求可能会大幅降低。无论如何，AMHFS采用了一种适应式搜索技术，可以自动搜索无线电波段，找到实时可用的最大频率，然后在通讯中的两个装置之间建立握手协议，确认数据已正确传输。因此，就算电离层的情况不可预测或者在通讯过程中发生变化，AMHFS也能适应这样的变化，找到并保持最佳信道。AMHFS可以根据所选信道的波长，对天线尺寸作出电路补偿，所以，同一条6米长的鞭状天线既能在0.5兆赫的频率下实现通讯，也能使用5兆赫的频率。选用的天线很轻，外形通常是简单的螺旋弹簧状，或"弹性自释放天线"（stacers），需要调度的时候，放开它，就能弹到指定位置。

　　短波无线电通讯还能为火星探索者们带来额外的好处。同样的系统可以作为深探地雷达用于勘探工作。3兆赫的无线电信号波长为100米。在火星干燥的环境中，如果将这样的信号直接向下发射，理论上可以探测到地下约10倍波长的深度，也就是1000米。现在火星上的地下液态水位可能在地底500米或1000米以内。就算不是全球每个地方都有，至少在某些地点很可能真是这样。证据就是火星全球探勘者号飞船曾观察到2001年至2005年间，一座环形山山壁上出现过水侵蚀地貌，它形成的原因只可能是在火星全球探勘者号停留在轨道上时，一条源于地下的水流曾短暂出现过。甚至可以说，这样的地下液态水库可能还不少，因为地热必然导致不少地下冰融化，形成地下热水库。（火星地质很活跃。我们估计塔尔西斯区某些火山地貌的年龄可能不到2亿年。考虑到火星的年纪有45亿年了，这些火山像是昨天才爆发过。）携带短波无线电的火星车小组可以用雷达探测地底。水的电导率比周围的干土或冰要高得多，如果液态水位于地下约1千米以内，反射到火星车接收器里的无线电信号会很强，发射和接收之间的时间差会告诉考察组水库有多深。如果他们能发现离地面比较近的热水池，出动钻头的时候就到了。毕竟，水是生命之源。

火星上的导航技术

火星探索者除了要和基地保持联系，还需要导航系统。既然我们已经通过轨道测量拿到了不错的火星地图，火星车小队的首要问题是弄清他们自己的位置。这很关键，不但为了记录各种科学发现的地点，更重要的是要避免迷路。火星上的沙漠和第二次世界大战中的北非沙漠一样，在这里迷路就意味着死亡。基地中的无线电信号站可以帮助小队找到回家的路，不过它的有效范围最大只能到附近的地平线（记住，只有40千米）。到达基地信号站的范围极限时，火星车小队可以找个山顶放置第二个信号站，然后是下一个，再下一个，指明返回的道路。可是这样的技术局限性太大，就像故事里指路的面包屑会被鸟儿吃掉一样，这一系列的信号站中如果有一个停止工作，整套系统都会出现灾难性的故障。火星车小队还有哪些导航技术可以选择？

好吧，对一个航天工程师来说，脑子里首先出现的是导航卫星。如果在火星的低极轨道上放置一颗卫星，它在任一时刻的纬度都是已知的。如果在卫星上放一个无线电信号站（事实上，从1996年的火星全球探勘者号开始，所有火星轨道探测器都有这样的信号站），火星车小队可以注意它发出的信号，记下卫星到达最近点的时间，与火星车计算机里储存的卫星行程对照，就能知道他们自己的纬度。另外，如果火星车正好处在卫星轨道的地面投影上，那卫星靠近火星车小队的速率最高；要是他们偏离轨道很远，速率就低得多了。测量卫星靠近和远离引起的导航台信号多普勒频移，火星车小队就能知道他们与卫星轨道的南北向地面投影相比，偏东或偏西多远。还是对照计算机里储存的卫星实时经度，就能知道他们自己的经度。

这样的高科技方法非常精确。地球上有一个类似的应用，利用阿戈斯卫星系统追踪猎鹰和麋鹿的行动（不过在这个案例中，信号站在麋鹿身上，接收器和所需的计算都在卫星上完成），精度约为1千米。可是这个方案有不少问题。卫星的轨道周期约为2小时，火星在它下方旋转，因此，地面上的观察者只能在白天和晚上各碰见卫星一次。如果只有一颗卫星，那你每隔12小时才能确认一次位置。补救方案是发射更多卫星，分别放置在多个间错开的南北向绕行星轨道上，不过这样的话你就真得花不少钱了。而且，万一卫星信号站、火星车接收器或是火星车计算机出了问题呢？那怎么办？有什么更靠得住的低技术含量导航技术作为备份吗？

在地球上，很长一段时间里磁罗盘是水手的重要导航工具。不幸的是，罗盘在火星上没法用，因为那里几乎没有磁场。不过，久经考验的天体导航技术能在红色星球派上用场，事实上，和地球上相比简直是大显身手。

如果你曾尝试过天体导航，那你就会知道，确定纬度很容易，确定经度却很难。要确定纬度，你只需要一个六分仪来测量天极与地平线之间的夹角，这个角的度数就是你的纬度，搞定。在地球上的北半球，这样的测量很容易，因为天极的位置由极星——北极星标出来了，精度达到1度。北极星的方向也会告诉你哪边是北——比任何罗盘都准。那火星上也有明显的极星吗？没有，不过火星的天极（位于赤经21.18小时，赤纬偏北52.89度）还是很容易找到，因为它差不多在天津四（Deneb）和仙王座阿尔法（Alpha Cephei）两颗亮星的正中间。所以，在晴朗的夜晚（比起多雨多雾的老地球来，火星上这样的夜晚更常见），有一个六分仪，就能轻而易举地确定你在火星上的纬度。

那经度呢？在地球上，只要有一个照某个标准时间（如格林尼治标准时间）走得够准的计时器，你就能记录日出的时间，然后与天文年历中给出的当天格林尼治线（本初子午线，经度0度）上你所在纬度的日出时间对照，得出你的经度。举个例子，如果天文年历上说，3月21日本初子午线上你所在纬度的日出时间是早上6点，而当你看到太阳升起的时候，你的格林尼治标准计时器显示7点，那你就会知道，自己的经度是西经15度。因为地球每24小时旋转360度，或者说每小时旋转15度。

这个法子在地球上很管用，不过在火星上会更管用，因为在火星上，不但有太阳，还有两颗像小行星一样运行速度很快的卫星福波斯和得摩斯，也能用来确定经度。从火星地面上观察，较近的卫星福波斯目视星等[1]为﹣10，也就是说，它比你在地球上

---

① 目视星等是衡量天体目视亮度的物理量，目视星等越小，天体看起来越亮。每级目视星等亮度相差2.512倍。从地球上观察，金星最亮时目视星等为﹣4.6。

看到金星最亮的时候还要亮300倍；而得摩斯的星等是－7，比金星亮20倍左右。只要没有尘暴，无论日夜，从火星地面上都能清楚地看到这两颗卫星。这两颗卫星都差不多正好处在赤道轨道上，所以当它们在天空中运行到最高点时，测量它们与天顶之间的角距离，就能得出你的纬度，哪怕是大中午也行。福波斯绕火星的公转周期是7小时39分，得摩斯是30小时18分。有了太阳、福波斯和得摩斯，火星上的导航员就有很多日出或月出时刻可以选择，用来与手里的天文年历和计时器对照；每一次太阳或月亮升起，就能确定一次经度。事实上，配备一个六分仪、一个计时器、一本天文年历，再运用一点点对受过训练的导航员来讲最基础的数学方法，那么无论何时，只要天空中能看到三颗天体（太阳、福波斯和得摩斯）中的两颗，地面上的观察者就能同时确定自己的经度和纬度。

顺便提一句，在地球上我们定义1分（1度的1/60）纬度的距离是1海里，也就是约1.82千米①。不过，要是我们也将火星上1分纬度的距离定义为1火星海里，那么1火星海里和地球上的1千米几乎完全相等（好吧，是983米）。所以，在火星上，导航员和用公制单位的家伙们终于可以和谐共处了！

在火星上计时

在火星上用哪种系统计时，有关的文献中已经有了很多讨论。既然我们刚刚讨论了地面导航，现在正是讨论这个问题的

---

① 1海里实际上约合1.852千米，这里可能取整略有误差。

好机会。

正如我们已经看到的，照地球时间计，1个火星日是24小时39.6分钟。目前提出的计时系统通常会保留地球时间单位，然后在午夜之后加入一个不完整的小时。[26]而与此相对，偶尔也有人提出全新的系统，通常是说采用十进制计时器，整套时间单位也完全不同。[27]

前面的章节中，这一点应该已经很明确了：如果在火星上采用非等分的计时系统，对那些试图进行导航或天文研究的人而言将是场噩梦。从另一个角度来说，十进制或其他新颖的计时器很可能会让人迷惑，而且无论如何，火星现有的地面地理坐标系统（它原本采用的是和地球地图相同的系统：六十进制的度、分、秒）得来一次彻底的修整。

实用的答案很简单——只要把1个火星日等分成24个火星时，1个火星时等于60火星分，1火星分等于60火星秒。那么，火星上的日、小时、分、秒与地球上的相应单位之间的换算因数就是1.0275。在火星上，从行星的哪个位置朝向太阳这一角度来说，一天中某个时刻（比如说早上6点）的物理意义和地球上完全相同。这样，所有地球上使用的天体导航等式都将完全适用于火星。也就是说，不管你是在火星上还是地球上，1小时时间等于15度经度，1分钟时间等于15分经度，1秒钟时间等于15秒经度。

这样的计时器能解决火星上与日常计时有关的所有实际问题。事实上，今天喷气推进实验所里的任务设计者们早就用它作为默认系统了。比如说，描述未来某颗火星轨道器的路径是早6点至晚6点轨道，意思就是说，这颗卫星照火星上的晨昏线运行。他们使用的"早6点"的确是我们前面所说的火星当地时间，这个时刻与"晚6点"之间的12个小时也是火星时。一些物理学家把地球秒看成神圣不可侵犯的物理时间单位，这样的计时器令他们感到困扰，这就很不幸了。他们真不用担心——火星上的晶体学家和其他需要高精度单位来表述测得频率的人还可以继续使用地球秒。国际标准单位制可以保持稳固的地位。不过，出于实用的考虑，作为计时单位，火星上的地球秒和地球日一样没用，得让位给它的火星对应单位。

遥控机器人：扩展考察的范围

出于安全考虑，考察组的两位成员（一位科学家，一位机修工）乘火星车外出探索时，另外两个人通常得留在蜗居基地里。这样如果火星车小队出了问题，留守小队可以开着备用的交通工具（比如一辆开放式火星车）前去救援。一般而言基地里至少会有两个人值守，而在火星车探索的间隔期（通常每次1至10天），考察组全部四个人都将留在基地里。的确，考察组在基地里也可以进行很多有用的活动——分析样本，进行各种科学实验和工程实验，忙着建造基地，对设备进行必要的维护。不过，既然初期的火星任务首要目的是探索，那么，如果留在基地里的人员也能花一部分时间去探索就再好不过了。如果给他们配备一支遥控机器人分遣队，这就不成问题。

火星遥控机器人应该是轮式或行走式的小车，配备摄像机、显微镜、其他科学设备、机械臂和无线电台。火星基地通过短波无线电或太空同步中继卫星控制这些遥控机器人，它们的响应速度会很快，因为无线通讯延迟很小（地球和火星间的往返无线通讯延迟高达40分钟，因此从地球上遥控机器人很不方便）。火星车小队外出时可以把遥控机器人部署就位，这样基地里的组员就能更细致地调查那些火星车小队有兴趣却没有时间充分研究的各种地点了。遥控机器人也能用来探查对人类来说太小或太危险的地方，例如洞穴或狭窄的裂隙。

不过，基地里的组员也能自己部署一些遥控机器人，用气球带着机器人升空，然后降落到数千千米以外的地方。（理想情况下，火星上的气球一天最远能飞2000千米。）当然，气球的飞行路线没法控制。不过，假如MAP这一类的任务能提前绘制出火星上的风带图，那么由气球运送的遥控机器人会走什么路线就能很好地预测出来。遥控机器人飞翔的时候，可以用摄像机拍摄空中图像，实时发回基地。通过遥控机器人的眼睛，基地里的组员就能选择降落的最佳时机和地点。着陆后，遥控机器人可以把气球放走，这样就把一生都交托给选定的着陆区了；要是风很小的话，它也能试着把气球的锚索系在岩层上。如果是后一种情况的话，接下来遥控机器人可以把气球留在那，然后在这个地区探索几个小时，再回到气球上，起锚飞向下一个遥远的地方。

还有一个更诱人的选项，遥控机器人自己就能飞到需要去的任何地方。方法之一是采用一种名叫"气斗"（gashopper）的设想。气斗中，一套太阳能电池板驱动一个小泵，泵从火星大气中抽取二氧化碳并将之压缩液化，然后以10巴左右的压强储存在箱子里。这一步完成后，太阳能转而驱动一套电阻加热器，将储热床加热到约800摄氏度。储热床安放在一根钢管中，由能大量储存热量的材料制成。然后让压缩的二氧化碳流过高温储热管，二氧化碳将气化并从喷嘴中喷出，产生火箭推力，飞行器就可以起飞了。在先锋航天公司，我们制造并试飞过这样的气斗，外形有做成有翼火箭飞机的，也有做成能垂直起降的弹道火箭式的，采用的储热媒是氧化镁丸。如果采用性能更好的储热媒，如铍丸或液态锂，火星上运转的弹道式气斗能喷出20千米；如果是有翼的，单次飞行距离可达150千米。最佳设计应该类似英国鹞式战斗机，能够垂直起降，又有机翼可以实现远距离飞行。每次着陆后，气斗都能释放出一个小型遥控火星车，在当地进行几周的探索，与此同时飞行器从火星大气中补充二氧化碳推进剂。然后，等燃料箱重新装满，发动机预热完毕，就可以召回火星车，飞向新的地点进行下一步的探索。

图6.1　2005年7月，气斗原型机在先锋航天接受飞行测试。（图片来源：先锋航天）

　　不管悬崖还是峡谷，甚至小山都不能阻挡飞翔的遥控机器人。在火星上的第一个有人的基地里对它们进行部署和控制，没有延时，那颗行星的广阔区域将变得触手可及，方便科学考察。

在遥远的地方部署遥控机器人是次佳的方案。不过在这种情况下，次佳方案比最佳的差很多。要真正探索火星，我们得让真正的人类探索者遍布全球。怎么实现？某种程度上说，如果每次火星直击任务都把考察组送到一个新的着陆点，开启一片新的探索区域，就可以实现这个目标。不过，虽然这样可以在短期内探索火星上的大片区域，可是长期来看，这个策略效率很低，因为后来的任务没法利用前面的任务留下的设施。那么，从某个角度来说，最初的探索任务留下一些设施以后，后来的任务应该集中在这个地方着陆，这样可以建立一个主基地。好处之一是，这样的基地将会有足够的资源，可供人数更多的考察组登上火星；还能支持载人火箭驱动飞行器，在对红色星球的考察中，这将让探索者们真正到达全球每一个角落。发展并利用这样的基地，我们就将进入下一章讨论的主题了。

拓展阅读

火星日历

火星殖民者需要一份契合红色星球自然和季节情况的日历——用地球日期可不行。如果我告诉你今天是2月1日，你会知道明尼阿波利斯冰天雪地，而悉尼正当盛夏，可这个日期能告诉你火星上的什么情况？事实上，因为现有及计划中的无人探索任务，对火星日历和计时系统的需求已经迫在眉睫。你知道地球上现在的季节，也能轻而易举地推测未来某天属于哪个季节；不过没有火星日历，你要在火星上做同样的事情就很难了。所以，现在我们大概就得做点补救。

问题是：火星上的一年有669个火星日，或者说"sol"。正如我们已经看到的，度量一天内的时间，正确的方法是采用地球时间1.0275倍的火星时间单位。不过火星上不能用等分的月份，因为它的轨道是椭圆形的，这导致火星上的季节长度不等。

为了标示季节，火星日历不能等分天数，而是要等分公转轨道绕太阳的角度。如果我们希望月份是有用的单位并选择保留地球上的月份定义，也就是一年的1/12，那么一个月事实上就是绕太阳转30度。可是怎么给它们命名呢？要是用地球上的月份名字，很容易混淆，而采用全新的系统又太随意了。不过，有一套现成的名字，很长时间内人类对它耳熟能详，而且它在火星和太阳系里其他任何一颗行星上都有真正的物理含义：黄道十二宫。黄道十二宫的所有星座都落在太阳系所有行星共同的运动平面上。古占星家的世界观以地球为中心，从地球上观察，太阳落在哪个黄道星座内，他们就以这个星座的名字为当时的月份命名。不过，行星际文化必须采用以太阳为中心的世界观。因此，我选择这样为火星月份命名：从太阳上观察，火星落在哪个星座内，该星座的名字就是这个月份的名字。这样，火星殖民者就能在午夜看见当月的标志星座高悬在空中。现在，行星学家们习惯以春分（春天的开始，在地球的北半球是3月21日）作为一个行星年的开始，所以为了保持传统，火星年从双子月开始，到金牛月结束。完整的火星年见表6.3。

表6.3　火星年

月份	天数（火星日）	开始日期（火星日）	重要节点
双子	61	1	双子月1日，春分
巨蟹	65	62	
狮子	66	127	狮子月24日，火星到达远日点
室女	65	193	室女月1日，夏至
天秤	60	258	
天蝎	54	318	
人马	50	372	人马月1日，秋分
魔羯	47	422	尘暴季开始
宝瓶	46	469	宝瓶月16日，火星到达近日点
双鱼	48	515	双鱼月1日，冬至
白羊	51	563	尘暴季结束
金牛	56	614	金牛月56日，火星除夕

　　为了换算地球日期和火星日期，我发明了一个工具，我叫它"火星领航员"（Areogator），见图6.2。你能用它查出地球上任意一个月对应的火星月份（因此也确定了季节），反之亦然；还能查到地球与火星的相对位置、它们以太阳为中心彼此的夹角；也能确定过去或未来任意时刻，从地球上观察，火星出现在天空中哪个位置，反之亦然。

　　要是你想知道某年火星处于什么位置，就说2012年吧。用一个1毛硬币代表火星，放在火星轨道上标着"12"的菱形上，然后用5分硬币代表地球，放在地球轨道上代表1月开始的菱形上。这就是2012年1月1日左右，火星与地球的相对位置。你能看到在火星上，这是狮子月初，北半球正是暮春。现在，时间向前，只要把你的火星标记物（1毛硬币）挪到下一个菱形，地球标记物（5分硬币）也挪到下一个菱形。每个再向前跳过3个菱形，直到地球进入8月中旬，好奇号抵达火星的时间到了。你能看见好奇号抵达时，天蝎月正进入尾声，或者说，火星北半球的夏天快要结束了。继续向前，你能看到还要再过两个菱形，火星才会进入魔羯月，也就是尘暴季的开始。这相当于地球上的2012年11月，所以，在所有东西开始被尘暴变得模糊不清之前，好奇号有三个地球月的好天气。

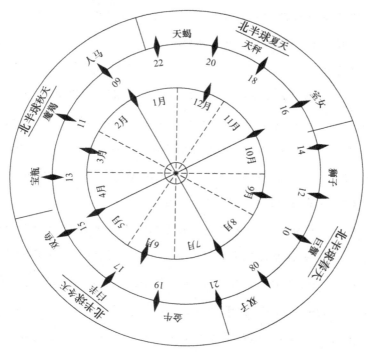

图6.2　火星领航员。

这张火星领航员上我标出了2008年至2022年之间的所有年份。如果你想知道此前或之后某年地球与火星的相对位置，把标出来的年份加或减15的倍数就行（换句话说，1975年和1990年相同，还有2005年、2020年、2035年等）。因为地球和火星的相对位置以15年为周期循环重复。

如果你想知道该在天空中哪个星座的方向寻找火星，就在图中的火星和地球之间放一把直尺，然后从太阳出发作一条和它平行的直线。这样，在2008年2月，火星上是巨蟹月，不过，过太阳作一条地球-火星连线的平行线，这条线将通过双子座；而相对于太阳系的尺度来说，星座的距离无限远，所以，在这个时刻，地球上的观察者们会看见火星出现在双子座。与此同时，位于火星上的天文学家会在人马座看见地球。

你会注意到，火星轨道上的菱形标记并不是等距的。这是因为火星绕椭圆轨道运行时会有加速和减速。要是谁有兴趣自己画一幅火星领航员，正确的菱形标记位置是0度，以及从近日点（火星离太阳最近的点）开始加或减28.8度、56.5度、82.4度、106.2度、129.0度、149.6度、170.2度。近日点出现在宝瓶月中间，和9月1日太阳到地球的方向相同。

现在，要建立一个完整的日期系统，除了知道这是一年中的哪个月，还得知道到底是哪年。你能看到，在2021年及其同等年份（1946、1961、1976、1991、2006、2021、2036，等等），火星上双子月的开始正好在1月1日附近。

在第一颗太空探测器飞向火星之前，最近的这样的年份是1961年。所以我选择这一年作为火星日历的开始。基于这个系统，我算出了火星历史上一些伟大的日期，详见表6.4。

表6.4　火星历史上的伟大日期

事件	地球日期	火星日期
日历起点	1961年1月1日	元年，双子月1日
水手4号飞越	1965年7月15日	3年，天秤月25日
水手6号飞越	1969年7月31日	5年，人马月16日
水手7号飞越	1969年8月5日	5年，人马月20日
水手9号到达轨道	1971年11月14日	6年，双鱼月20日
火星2号、3号着陆	1971年12月2日	6年，双鱼月38日

事件	地球日期	火星日期
海盗1号到达轨道	1976年6月19日	9年，狮子月41日
海盗1号着陆	1976年7月20日	9年，室女月6日
海盗2号着陆	1976年9月3日	9年，室女月49日
火星观察者号失踪	1993年8月21日	17年，天秤月16日
火星探路者号着陆	1997年7月4日	20年，天秤月59日
火星全球探勘者号到达轨道	1997年9月12日	20年，人马月12日
火星极地着陆者号坠毁	1999年12月3日	21年，宝瓶月40日
火星奥德赛号到达轨道	2001年10月24日	22年，宝瓶月46日
火星快车号到达轨道	2003年12月24日	23年，金牛月5日
勇气号在火星上着陆	2004年1月3日	23年，金牛月14日
机遇号在火星上着陆	2004年1月24日	23年，金牛月34日
火星勘测轨道飞行器到达轨道	2006年3月10日	25年，巨蟹月8日
凤凰号在火星北极着陆	2008年5月25日	26年，狮子月61日
好奇号着陆	2012年8月23日　？	28年，天蝎月47日

如果谁有兴趣计算确切日期，可以用这个等式：

火星年 = 1 + 8/15（地球年 − 1961）

要用这个等式，首先你得把地球日期换算成小数形式。例如，1973年7月1日是1973.5。经过计算你将得出小数形式的火星年份。还是说1973年7月1日，得出的答案是火星年7.667，意思是说，这是火星7年，然后将小数点后的0.667乘以669（一个火星年的天数）就能得出这是446火星日。利用表6.3，你能看到这相当于魔羯月25日。

我坚信，任何时候，一旦我们决定启动项目，手里已有的技术足以在10年内把人类送上火星。我写下这些的时候是2011年，如果我们在2022年10月出发，第一个人类考察组将在2023年4月9日到达火星。当地日期34年狮子月15日，火星北部春意正浓。那是天气最好的时节，天空澄净，和风习习，它们在呼唤我们的降临。是时候了。

7 在火星上建基地

最早几次载人火星飞行任务的目的是探索、调查，并解答关于这个红色星球是否曾经承载过生命这一重要问题。随着开发的进程，这个问题一旦以某种方式得到解答，另一个问题便会随之浮现，成为首要任务：不是关于火星上曾经的生命，而是关于火星上将来能不能有生命存在。正如我们所见，火星在太阳系中是独一无二的，本章和下一章都将探讨，它不仅比其他任何行星邻居更丰富多变，也是除地球以外唯一拥有大量物资和能源的星球，这些物资和能源足以支持生命。不仅如此，还可能支持人类文明的另一分支。

火星不只是探险或科学研究的对象，与其他已知的地外星体相比，它是一个世界，与它相比其他星体都只是全然无味的贫瘠之地。火星上的资源能允许旅行者种植食物，生产塑料和金属，产生大量能量。如今人类社会大量使用的一切元素，在火星上都可以找到充足的储备；它的环境条件，从辐射情况、可用的阳光、日夜温差几方面来评估，也都在人类地表定居不同阶段的可耐受范围内。火星的能源终有一天会令这颗红色星球从探险乐园跃身变为百万居民可以建立新生活的活力社区，它将被打造为一个新世界。

　　不过，只有发展出开采利用这些有用原材料的技术，它们才能成为真正的资源。如果人类需要定居到火星，哪怕仅仅是要建立一个永久性的任意大小的科学设施，都需要开发一套新的能源利用技术，并在火星上加以演示。为了完成这一目标，我们需要在火星上建立大型基地，从而进行农业、土木、化工和工业方面的各种工程学研究。基地还使我们能够进行火箭推进的飞行器活动，去往全火星，这会大大增强我们在这颗红色星球上寻找矿物资源和科学财富的能力。

　　因此，进行了一定数量的探测任务后，就可以在火星上选择最佳发展位置，届时火星任务就可以从探测升级到第二阶段，即基地建设。初始的火星直击探索任务中，火星空气被用来提供燃料和氧气；而在基地建设阶段，这一初级水平的当地资源利用将会被超越，永久性的火星基地将主导一系列可以把火星原料转化为有用能源的新技术，而且技术会越来越丰富。要建立一个庞大的火星基地，我们需要学习如何在火星上提取原生水，并种植温室作物；如何生产陶瓷、玻璃、金属和塑料；如何构建居住舱和充气性结构；以及如何制造各种有用的材料、工具和建筑。探险期的初期任务可以用4名成员这样的小队人马来完成，利用斯巴达时期的简陋基地帐篷在火星表面的广袤领域中活动；但建立基地需要很多人员进行劳动分工，也许需要50人，他们会携带各种设备并耗费大量能源。简而言之，基地建设阶段的目标是开发大量有用的技术，在火星上生产食物、衣服、住房，以及其他一切需要的东西，使移民到这颗红色星球上的可能性越来越大。

建立基地

火星直击任务中，队员们每隔一年都会打开火星上一片新的疆域，以供探索和可能的定居。最终，会有一个前哨基地被认为是第一个火星永久基地的最佳选择。一旦确定了这一位点，此后所有的新队员都将在这一选定位点降落飞船。在火星直击任务中，队员离开后，他们使用的居住舱会留在火星上。因此，随着任务进程的发展，各次任务都将在基地结构中增加一个居住舱。降落在基地位点（根据便利程度选定）的居住舱起落架上有轮子，在电缆和绞盘的帮助下，各居住舱可以移动到一起，直接连接或用充气隧道进行连接。另一种方法是，第二代蜗居的起落架不仅能上下连接（所有起落架都可以），还能左右连接，这令六条腿的蜗居可以像威尔斯（H. G. Wells）的《世界大战》[①]中描写的那样，在火星表面到处行走！这两种方法中的任何一种，都可以令火星直击任务中"鱼罐头"式的居住舱成为互相连接的网络，迅速建立起某种规模的火星初级基地。

住在鱼罐头里，虽然对拥有钢铁般意志的首次火星探索队员中的男女来说可能够了，可这样的前景对于支持永久火星基地中的大量科研人员来说就不太令人满意了，作为移民火星计划的基础则更接近无望。因此，早期任务中包括基地的自我发展和大型居住结构的后续发展。这就需要使用我们在登陆火星时采用过的"远离家园生存"策略，采集当地材料组装新结构。

---

① *War of the World*，知名科幻小说，2005年有同名电影，由史蒂文·斯皮尔伯格导演，汤姆·克鲁斯主演。

砖制拱顶

在20世纪80年代末发表的一系列论文中，工程师布鲁斯·麦肯齐（Bruce MacKenzie）根据一些细节进行分析后，得出结论认为，在火星上最初进行大型建筑的最理想当地材料是砖。[28]这一缺乏技术含量的概念乍听之下可能非常令人吃惊，但此提议也有很多优点。砖的制作相当简单，地球上很多最早的城市也是由砖块建造起来的。基于同样理由，砖块也可能成为火星首次人类定居的理想建筑材料。要想进行砖块的大规模生产，你只需要采集好的细土，把它弄湿，放入模具轻度压型，干燥，然后烘烤。甚至不需要太高的温度——世界上很多地方依然在使用太阳下晒干的砖块——300摄氏度的烤箱温度就能得到不错的砖了。如果掺入一些废料，如扯碎的降落伞布，还能进一步增加黏合力。（你也许会回想起圣经中对埃及人的描述，他们用稻草混合泥土来制作砖块。这是很好的工程学方法，复合材料制作的早期案例。）现代一流的砖块需要900摄氏度的窑温，但这在火星上也是可以实现的，使用太阳反射镜熔炉或基地核反应堆的余热。当然了，这个过程是需要用到水的，但如果能正确建造烤炉，只要砖块烘烤前在200摄氏度进行干燥，几乎所有的水都能从蒸气中回收。火星上几乎到处都是可用于砖块制造的完美原材料。火星表面大部分都覆盖着颗粒细腻、富含铁质的黏土状灰尘，至少有几十厘米深。加水混合后，同样的红土也能被用于生产灰浆，令砖块黏合在一起。事实上，在20世纪80年代末，马丁·玛丽埃塔公司用火星土壤模拟物进行过实验，化学家罗伯特·博伊德（Robert Boyd）证实，仅仅将火星土壤弄湿后干燥，就可以得到超过地球水泥一半硬度的"硬泥"。[29]海盗号得到的结果显示，火星土壤含有大量钙（约5%）和硫（2.9%）；针对已知来自火星的SNC陨石的分析发现，这些物质在红色星球上以石膏（$CaSO_4 \cdot 2H_2O$）的形式存在。在地球上，石膏是用于制作灰泥的原材料，经过烘烤还可以制作石灰。加入灰浆就可以制作传统的硅酸盐水泥，它的抗张强度会有很大的改善。

结构材料的抗张强度和抗压强度各不相同，分别反映了它们抵抗拉伸和撞击的能力。绳子或缆线的抗张强度很大，但没有抗压能力。钢梁则兼具这两方面的能力。另一方面来说，砖砌的墙和柱子有足够的抗压性，但抗张方面比较弱。它们很难击碎，但也没有能力把大件物品维系在一起。然而，三千年前古埃及人用砖块和灰浆建造的建筑，如今依然屹立在大地上。用砖块搭建的结构在火星上也能有同样的稳定性，只要火星建筑符合统领几乎所有古建筑的中心法则：让砖结构处于受压环境下。

要在火星上建造一个加压的砖结构，你需要挖掘沟槽，然后在其中建立一个罗马式的拱顶，如果能像图7.1所示那样，建立一系列的罗马式拱顶甚至是罗马风格的中庭就更好了。拱顶上覆盖着泥土，因此有一个很大的向下负荷，只有这样才能用所呼吸的空气（用第6章中描述的化学制氧装置生产，或本章稍后描述的温室气体）给它加压。需要多少覆土，取决于所使用的空气压强是多少。如果坚持我们建议的火星标准——5 psi（与天空实验室一样，相当于3.5 psi的氧气和1.5 psi氮气），则拱顶受到的压强大约为3.5吨每平方米。假设火星土壤的平均密度是水的4倍，则拱顶上需要一层2.5米深的灰土，就足以为整个结构提供压强。（要记得火星上的重力只有地球上的0.38倍。如果能达到地球上的重力，我们只需要1米深的土。）如此之深的灰土层也能提供很强的辐射屏蔽，减少居住在这一地下结构中的人们所要遭遇的宇宙射线暴露，使其几乎相当于地球水平。另外，土壤还能提供完美的热量隔绝，使火星表面显著的昼夜温差降低到几乎可以忽略的水平，极大地减少用于给居住舱升温的总能量。砖块和土壤的结构可能会漏气，虽然速度会很慢。这一点是可以进行补救的，只要将一层薄薄的塑料密封胶喷在墙壁上，或以壁纸的形式粘在墙上。随着时间的流逝，缓慢的泄漏有自我修复的趋势，因为结构中泄漏的相对潮湿的空气会在周围土壤中形成可封闭漏缝的永冻层或冰。正如图7.1所示，采用这些相对简单、从根本上说很古老的方式，火星上就可以建造像购物中心那么大的加压建筑。

圆顶中的家园

住在一个地下购物中心，已经比火星直击时住在鱼罐头里好多了（我十几岁的女儿蕾切儿听到有机会住在购物中心一定会开心地跳起来），但在火星上我们还能做得更好。我们不需要用穴居的方式来保护自己远离辐射（像在月球上那样），因为火星大气层厚度足以保护居住在地表的人们抵抗太阳耀斑。火星的地表对我们敞开了欢迎的怀抱，即使是在基地的建设联合阶段，也可以使用透明塑料制成的大型充气结构，外覆薄层硬塑料抗紫外线耐磨网格状拱顶。它们可以迅速大规模建造，既可以用于人类居住，也可以用于作物种植。需要顺便一提的是，即使没有太阳耀斑和长达一月的昼夜周期的问题，在月球上使用这种简单的透明地表结构依然是不实际的，因为它们内部将产生无法忍受的高温。而在火星上，相反，这种拱顶产生的强烈温室效应正好可以被用于必要的内部气候温度打造。

在基地建设阶段，可以安置这种直径50米、内含5 psi气压的

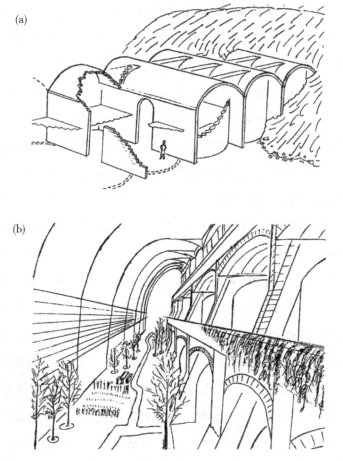

图7.1 单独或成系列的罗马式拱顶（a）可以用于在火星上建造大型地下加压居住舱，甚至包括宽敞的门厅（b）。（设计：麦肯齐，1987）

圆顶以支持人类活动。如果用高强度塑料，如凯夫拉尔[①]（其织物屈服应力高达200 000 psi，是钢的两倍）来制造这样一个1毫米厚的圆顶，其强度会达到抵抗爆破力所需强度的3倍，仅重8吨（含地下半球），另有4吨的非承压树脂玻璃（Plexiglas）屏蔽层。（用于居住的圆顶用防爆凯夫拉尔纤维制造，在灾难中不会倒塌。即使有大口径子弹横穿50米直径的圆顶，内里的空气也要两周左右才会泄漏光，有足够的时间用来修复。）在定居的早期几年，这种圆顶需要在地球预制。之后，它们可以在火星上制造，拱顶也可以更大。（加压拱顶的质量与它半径的立方成正比，不加压屏蔽拱顶的质量与半径的平方成正比：100米的拱顶约为64吨，需要16吨的树脂玻璃屏蔽，依此类推。）

　　最大的问题是圆顶的竖立。加压可弯曲容器形成的天然形状是球形，这种情况下，负载在各个方向是相等的。球形简单又可靠，但用作拱顶形居住所的基础却的确是个问题，因为你需要进行大量挖掘工作来将其竖立。想象你要在沙滩上埋个沙滩球，让它下半部埋进沙子，上半部露在外面。要完成这个工作，得挖个跟下半球尺寸一样的洞。虽然这在沙滩上可能还算轻而易举，但要在火星上竖起一个50米的圆顶可绝非易事。因为你得先挖个洞，把你的球放进去，其后再把挖出来的东西填回到下半球的内部。你最终要得到的是一个方圆50米的巨大空间，而地板到圆顶顶部是25米（图7.2a）。很漂亮，但工程量可不小，因为它需要你挖出并回填260 000吨的物质。如果能找到一个尺寸合适的环形山，那这开头可给你省了不少事，但指望大自然给你留两三个你想要的基地位点，可能不会有正好这么合适的事。

---

① Kevlar，杜邦公司注册的高性能纤维。

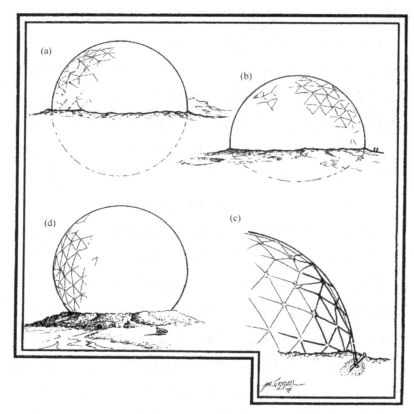

图7.2 在火星表面建造圆顶的几种方法：（a）埋下半个球形；（b）埋一个下半球曲率半径为上半球2倍的圆顶；（c）将一个"帐篷"式的圆顶用打锚的方式固定在地面；（d）将一个球形居住复合体整个放置在地表，用凯夫拉尔纤维垂吊固定舱板。[绘图：迈克尔·卡罗尔（Michael Carroll）]

这个问题有一个解决方法，但需要上下半球有不同的曲率半径。把一枚小硬币放在一枚大硬币上，你就会明白我的意思。半径大的硬币，曲率半径也大。大硬币形成的拱形比小硬币的更偏平坦。为了解决我们的挖掘难题，与其在地下部分使用真正的半球，不如用一个局部的球体，它的曲率半径比上半球要大（图7.2b），这样能大大减少我们的挖掘工作。比如，如果上半部分的拱形是直径50米的真正半球（曲率半径25米），则地下部分的球体曲率半径可为50米。这样一来，我们不再需要挖掘一个25米深的半球形洞来放置我们的居住舱，只需要浅浅的3.35米的坑就够了；需要搬运的土壤量也从260 000吨减少到了约6500吨。这个数字使整个提议听起来靠谱多了。如果采用每小时能装满一台标准自卸式卡车（20立方米）的挖掘和搬运设备，整个挖掘工作需要40个班次（每班次8小时）来完成。

另一个办法是用一个半球形的圆顶帐篷。当我们用球形圆顶时，需要把球形的下半部分埋起来；但用帐篷时，只需要将帐篷的圆边或者叫"裙边"在地表深处做好密闭（图7.2c）。然而，这还是需要较大量的挖掘工作，因为直径50米含有5 psi的圆顶会经受到总的6926吨向上的力，将它从火星地表刮跑。这相当于在周长上每米承受44吨的力。因此，如果可以为整个圆顶的"裙边"铺设3米宽的锚定带，假设尘土的密度是水的4倍，则裙边需要被锚定在地下10米深，这样锚定带上的裙边底才能固定圆顶。为了固定这样的一个圆顶，需要挖一条3米宽、10米深、周长157米的沟，把裙边埋下去，然后再给裙边锚定带重新填土。挖沟的过程需要搬走18 800吨的土。另一个工作量更少的办法可能也能达到效果，挖一个浅得多、狭得多的圆形沟（比如1米宽、3米深，只需要挖1900吨的土），把裙边放进去，然后用长而深的带倒钩固定桩把裙边插入地下。固定桩带有导管，可以把热水注入地下，这些水最终会与土壤冻在一起，成为固定桩牢固的永冻圈，从而令圆顶在原地非常牢靠。

还有第四个选择，仍使用球体，但不把它埋起来。取而代之的是，我们用一系列凯夫拉尔纤维缆绳围绕球体，按不同纬度平行悬挂，将球体内部的每一层舱板吊起来，如图7.2d所示。比如，如果使用的是直径50米的球体，第一层应该离球体底部4米，上一层7米，再上一层10米，依此类推。每隔3米一层，一共15层舱板，达到底面以上46米高。这种结构组成的居住地总面积可以达到21 000平方米。鉴于结构的自然特点，它无法承担很重的负载，所以内部需要使用某些轻量的材料（如隔音塑料泡沫）进行分隔，把每层分隔为公寓、实验室、食堂、健身房、礼堂，或其他任何需要的空间。人可以在球体的"南极"通过带空气锁的隧道进入该结构。在球体基底打桩的泥土将有助于分散球体质量产生的对火星的压力。竖立一个中央砖柱还可以加强每层的负荷能力，并有助于在结构内引入电梯。由于这一自由竖立的球体高高突出于火星地表，所以用于屏蔽的非承压网格状树脂玻璃拱顶也要比其他几个方案的大得多，但它的质量依然只是在16吨左右。

我们可以看到，在火星地表设立大型居住圆顶，需要在一个新环境中应用大量新型非比寻常的土木工程技术。因此，早期火星建筑可能会模仿罗马式建筑，采用带有简单的地下结构的圆顶。然而，一旦掌握了所需的生产和土木工程技术，50~100米的拱顶网络就可以快速生产和应用，为人类居住和农业生产都开拓大片疆域。在根植于地表的圆顶中（图7.2a，b，c），人们可以住在相对传统的砖块造成的房屋中（只是没那样的屋顶）。如果只需要农业生产区域，圆顶还可以做得再轻些，因为植物最多只需要0.7 psi的大气压。事实上，由于对气压和稳定性的要求较低，火星圆顶很有可能最初仅用于支持温室农业，然后再逐渐发展为大型室外地表定居点。

制造塑料

正如著名电影《毕业生》中，达斯汀·霍夫曼的一位家庭友人所指出，现代生活的关键物质都是由塑料制成的。进入塑料世界，你的未来就有保证了，我的孩子。既然火星和地球一样，拥有大量天然碳和氢，进入塑料产业的机会在那儿也比比皆是，我们在这个领域大有可为。

在火星上制造塑料的关键是生产合成乙烯，这是第6章讨论过的逆向水气转移反应（RWGS）的一种延伸，RWGS可以用于生产氧气。我们可以在这里回忆一下RWGS：

$$H_2 + CO_2 \longrightarrow H_2O + CO \tag{1}$$

我们用这个反应在火星上生产我们需要的氧气：令火星大气的二氧化碳与氢气撞击，去除一氧化碳，电解得到的水，将释放的氧气储存起来，循环使用得到的氢气生产更多的水，从而得到更多的氧气，周而复始。但是，我们可以做些小小的变动。如果不像等式（1）那样用1∶1的氢气和二氧化碳，而是3∶1，于是：

$$6H_2 + 2CO_2 \longrightarrow 2H_2O + 2CO + 4H_2 \tag{2}$$

（是的，我知道我可以去掉等式（2）两边的公约数2，它依然是成立的，但你们就听我的吧。）现在，我们从等式（2）得到了水，把它冷凝出来，也许电解也许不电解，这取决于我们是想要水还是氢和氧。然后，重要的一点是，拿走水之后我们把剩下的东西怎么处理。如果我们把剩下的一氧化碳和氢气混合物拿到另外一个反应器中，在铁基催化剂的催化下，它们可以这样反应：

$$2CO + 4H_2 \longrightarrow C_2H_4 + 2H_2O \tag{3}$$

哦耶！C_2H_4就是乙烯，重要的燃料，石油化学和塑料工业的关键。反应（3）是强烈的放热反应，所以与第6章中讨论过的产生甲烷的萨巴蒂尔反应一样，可以作为热源，为驱动吸热的RWGS提供能量。它的平衡常数很高，因此可以得到高产量的乙烯。通常会发生副反应，产生丙烯（C_3H_6）。这是好事，因为丙烯也是一种出色的燃料和宝贵的塑料生产储备物。反应还可能产生蜡质高级烃，它们不那么好，如果不及时从产物中蒸馏出去，可能会产生问题。然而，虽然问题更复杂了，这还是比简单的萨巴蒂尔反应堆有优势。首先，乙烯每个碳上只有两个氢原子，而甲烷有四个。因此，使用乙烯代替甲烷作为燃料，会将制造燃料过程中需要的氢或水减少一半。其次，乙烯的沸点（在1个大气压下）是-104摄氏度，比甲烷的-183摄氏度高得多。事实上，在几个大气压下，乙烯可以在火星平均环境温度中存放，不需要冷藏，而甲烷的临界温度低于火星标准夜间温度。因此，乙烯在火星上不需要使用超低温冰箱就可以液化，而甲烷不行。这能把乙烯/氧气推进剂生产系统所需的冷藏能量减少为甲烷/氧气生产系统的一半。这也会大大降低隔离乙烯燃料舱的费用，对所得燃料的处理也简单得多。第三，液化乙烯的密度比液化甲烷高50%，因此在火星上升飞行器或者地面火星车中如果使用乙烯代替甲烷燃料，可以用较小并较轻的燃料舱。第四，乙烯除了作为火箭、火星车或焊接用的燃料，还有别的作用。它可以用作麻醉剂、水果的催熟剂，还可以用作减少种子休眠时间的一种手段。所有这些功能对于发展火星基地都是非常有用的。

虽然它已经表现如此出色，但以上这些与乙烯和丙烯的主要使命相比简直不值一晒。它们作为基本原料，可以用于制造聚乙烯、聚丙烯和许多其他种类的塑料。这些塑料可以塑形成薄膜或织物，创建大型充气结构（包括居住的圆顶），并生产服装、箱包、绝缘体和轮胎等。它们还可以做成高密度的坚硬形式，生产瓶子及其他大大小小的水密封性容器、餐具、简单工具、农具、医疗设备，以及数不清的其他小而必要的物件、盒子和各种尺寸形状的刚性结构，可以做成透明或不透明的。润滑剂、密封剂、黏合剂、胶带也都可以被制造出来——这是个长得几乎没有尽头的名单。因此，在火星上开发基于乙烯的塑料制造能力，将为我们提供无穷多的好处，为人类在红色星球上定居打开所有可能性和能力。

塑料制品当然是现代社会最核心的材料。它们可以在火星上制造，因为碳和氢在那儿无处不在。那些认为在月球上定居比在火星上好的人可以暂时闭嘴了。月球上并没有大量可用的碳和氢；在极地环形山永恒的阴影下，在超冷空气之外，它们的含量是百万分之一级别的，就好像海中淘金。在月球上永远不可能制造便宜的塑料。事实上，对月球来说，很长一段时间里，塑料的价值会和同重量的黄金一样宝贵。

制造陶瓷和玻璃

黏土型的矿物在火星表面土壤中也是无处不见的。因此，将制陶工艺用于陶器生产和其他用途也是件简单的事。海盗号登陆器在火星上测量到的最常见材料是二氧化硅（SiO_2），其占海盗

1号和海盗2号土壤样品重量的约40%。二氧化硅是玻璃的基本组成部分，因而可以很容易地在火星上用熔沙技术生产玻璃，而这种技术已经在地球上用了数千年了。然而，对于火星玻璃行业来说不幸的是，那里第二常见的化合物（约占海盗样品的17%）是氧化铁，Fe_2O_3。这就带来了问题。如果你想得到光学品质的玻璃，用作原料的沙必须是几乎不含铁的，而这种沙在火星上可不太容易找到。所以，如果想在火星上制造光学玻璃，首先需要去除氧化铁。我们可以用RWGS反应堆中热的一氧化碳"废物"把氧化铁敲掉，生成金属铁和二氧化碳，然后用磁铁把金属铁产物吸走。我承认这会很烦人，但你可以把取出来的铁用在其他方面，比如炼钢，这一点稍后将作讨论。事实上，基地需要的钢一定比光学玻璃多，基地运行一段时间后，就不缺已经去除铁的材料了，玻璃制造商们有得忙了。然而需要提出的是，很多重要的玻璃制品并不需要使用光学玻璃，包括用于建造各种结构的优良材料——玻璃纤维。

取水

在火星人脑海中，有一个问题永远是最重要的，比当地劳工、妇女的参政权和东方问题加在一起还重要——水的问题。如何取得足以支撑生命的水，是每天最大的公共问题。

——帕西瓦尔·洛威尔，《火星》，1895

帕西瓦尔·洛威尔可能在很多事情上都错了，但他关于火星之水的看法却颇有先见之明。从制造火箭燃料、火星车燃料和氧气，到生产塑料、砖块、灰浆和陶器，从农作物种植，到密封泄漏和用人工冻土层硬化土壤，我们目前讨论的通过人类探索和定居打开火星的一切机会，都建立在水的基础上。把水运输到火星上显然是个毫无希望和吸引力的主意，不过最初几次任务的时候，我们还是可以负担水的制造的，只需要把它11%的氢从地球上带过去，与火星二氧化碳大气中的氧相结合即可得到水。一旦火星基地开始建造，我们就必须进步。人类活动的开展、更多土木和化学工程的使用，尤其是在基地建造阶段不断发展的农业，都会使得对推进剂的要求水涨船高，对火星上用水的需求也会相当高，届时从地球运输氢气去火星不再具有可行性。如果人类想在火星上繁衍，我们就必须找到办法，在当地获得水。

所以，我们够聪明的话，就得把基地建设在水源附近。这是很可能实现的。如果你看看今天的火星，会看到火星北极地区的大片凹陷地形，其中点缀着几个环形山。我们相信在火星的早期历史上，这一巨大盆地曾经灌满了水，因此在这颗星球第一个10亿年左右的流星撞击事件中保护了它。这片古老海洋的最后残余，是北部的极冠，它由水冰组成（目前估计约200万立方千米[30]）。欧洲的"火星快车号"轨道探测器也发现火星北部有充满水冰的环形山[31]。但这些都只是纯水的已知来源。在轨道上用伽马射线和中子谱仪对火星进行测绘，NASA的"火星奥德赛号"飞船发现，火星的两个半球都有面积与大洲相当的大片区域，其地表土壤中40%～60%的质量是水分。然而，我们从轨道照片上看，会发现北部的干涸河床和流出河道比南方的多。这些河道的最后岁月中，它们可能把冰或永冻层留在了河道口。这些沉积也许今天还在，覆盖在尘土下而远离我们的视线。从轨道进行的大气湿度测量也毫无疑问地发现北半球比南方潮湿，全年最湿润的就是北方的春天。北半球过去曾存在更大量的水分，这一事实对未来的火星定居非常重要，还有另一个原因：水文学活动对于形成大量的各类矿石也非常关键。如果霍勒斯•格里利[1]曾住在火星上，他给予年轻的火星人关于寻找财富的忠告会非常简单：去北方。

在火星上取水有许多可能成功的办法。首先，最有吸引力但最成问题的方法很简单：找到它。如第6章中讨论的，火星上有可能存在地下的液态地热水池。火星车上的队员们携带探地雷达，可以探测距地表深1千米的地下水。火星车队员不需要进行随机搜索。轨道、飞船或气球上的探测器可以用低分辨率雷达先进行检测，确定哪儿最有可能成功。还有些其他的线索来源，比如可能会发现甲烷喷发口，这标志着地下有水热活动（甚至是可能的生命！）。类似火星全球探勘者号所提供的那种图像能够揭示悬崖边或环形山在最近临时流出的水。如果我们能发现这样的水池，并向下钻取，热的加压水会像得克萨斯油田井的油那样直接喷出地面。一旦它与火星的低压寒冷空气相遇，水温就无法保持太久。根据其弹射速度，它可能会在100米距离内冻结成冰晶，落回到地面。一个雪火山会迅速形成，可能体积还不小。以如此壮观的方式提取水有点浪费，因为这种热水井代表了可观的能源。但是，仅考虑水源的问题，把基地设在热水自流井旁边也许再好不过了。

当然了，不能指望事情总这么顺利。在可钻取范围内可能无

---

① Horace Greeley，1811~1872，著名的记者和政治家，主办美国南北战争时期最有影响力的报纸《纽约论坛报》。

法得到地下液态水。那怎么办？次好的选择是找到盐水。饱和的盐溶液在-55摄氏度的低温中依然可以是液态的，也就是说即使没有地热，这种盐水依然可能在如今的火星上，在中层土壤或冰层中未蒸发掉，也许十分接近地表。盐水除了是好的水源，其中还可能蕴藏着现在的火星生命。目前火星上还未确定过盐水的存在，但勇气号和机遇号火星车都在古老的湖边发现过大量的盐。部分科学家相信，这些从轨道上拍摄的火星盆地照片周围的浅色部分，可能代表了大量的盐沉积，它们在火星上消失的海岸线处遗留下来。

排在盐水之后，下一个引人注意的火星水源是冰。火星北极冠有大量水冰的沉积，但我们不想在那儿建立基地。在北纬70度以南区域，我们没有看到大量永久性的冰沉积，但理论显示，北纬40度以北的地下1米左右可能有稳定的冰层。这可能只是局部区域的异常。在我所居住的科罗拉多州，房子南侧是夏季时，房子北侧可能是冬季。甚至在酷热的8月中旬的某天，也可能看到山的北坡阴影凹陷处有个雪窝，这种情况并不少见。建立在这种经验的基础上，我们有理由怀疑火星上有些冷的缝隙、熔岩、洞穴或山坡北面背阴处都可能找到冰，即使行星尺度的气候模型认为这不可能。这种情况是已被证实了的。火星勘测轨道飞行器2009年的观测报告显示，在北纬43度和56度之间相对较新的五个环形山中数英尺深的地方找到了纯水冰。（三个位置在Cebrenia方区，分别是55.57°N，150.62°E；43.28°N，176.9°E；和45°N，164.5°E。其他两处位于Diacria方区，分别是46.7°N，176.8°E和46.33°N，176.9°E。）这一发现证实了火星的中纬度地区也有纯水存在。

不过，这种纯水的储备在非极地区域依然不是随处可见。火星探测者们更容易找到的是永冻层，或冷冻泥。它们当中会含有大量的水，但需要带着炸药才能采取。永冻层在火星温度下是相当坚硬的。事实上，在某些应用方面，它是火星建筑的完美材料。永冻砖比火烤出来的红色黏土砖强度大得多，而且不需要用烤箱来制作，也不需要用灰浆来黏合。立刻成型，只需加水。立刻取水，只需融岩。

　　聊了这么多关于火星水勘探和开采的英雄式故事，下面看看更世俗更工业式的做法。

　　火星土壤中含有一些水。我们知道这是事实，因为在两次海盗号的登陆位点，从最表浅的10厘米地表随机取样的土壤加热到500摄氏度时，都发现了占质量1%的水。这个结果不坏，但这个测试不太公平。因为地表土壤是最干的，样品也只被加热了30秒，而且测试前，在15摄氏度的环境下，样品已经在非密闭容器中放置了好几天。15摄氏度远远超过了火星的平均温度，很有可能已有大量水分在测试前就从样品中排出了。根据海盗号的结果，可以认为火星土壤中平均水含量至少有4%。这一点已经由火星奥德赛号证实。但肯定有某些土壤比平均水平更潮湿。比如，火星上的盐会与10%的水分发生化学结合，在适当的温度下加热就可以将水释放。火星上常见的黏土也具有出色的吸水能力，比如在SNC陨石中已经发现的蒙脱石土。蒙脱石黏土，又称皂土、膨润土，它能吸收占自身质量百分之几十的水，在这个过程中体积膨胀。SNC陨石中也发现了许多矿物石膏。石膏在火星上似乎也很常见，因为海盗号两次登陆位点测量到的硫和钙都比它们在地球土壤中的平均含量高得多（分别为后者的40倍和3倍）。石膏可含有占质量20%以上的水。

　　无论是4%还是20%，要从土壤中得到水，所需要的就是加热。这可以用两种方式做到：把土壤放进加热器，或者把加热器放进土壤。图7.3显示了第一种方法。一辆满载着相对潮湿土壤的卡车把负载都倒进传送带送入烤箱。烤箱能把土壤加热到500摄氏度左右，令吸附的水以气体形式排出。这种方式产生的蒸汽通过冷凝器收集，脱水后的尘土倾倒掉。得到的"渣堆"会带来不便，但这一系统的效能还不错。如果用含水4%的土壤作为给料，运行系统所需的能量大约为每千克水3千瓦小时（kWh）。[32]依此计算，用100千瓦电力（kWe）的反应堆驱动烤箱，水产量可以达到每天900千克；如果用反应堆的余热烘烤尘土，则水产量能达到每天18 000千克。（目前太空核动力源使用的温差电池在热力转化为电力方面只有5%的效率，其他95%都是"余热"。）

图7.3　用于在火星土壤中提取水的卡车、烤箱和渣堆系统。（绘图：迈克尔·卡罗尔）

　　呃，那堆恼人的干废渣怎么办呢？我们能以每天18 000千克的速度生产水，但将会以每天462 000千克的速度堆起脱水渣。这大概也在能忍耐的范围内吧：不过是120立方米，6卡车的东西。也许我们也能把废渣利用起来，也许干脆倒进附近的环形山里。

但是，如果你不想身陷尘土中，另一个办法就是把加热器放进土里。有个提议是用一个带轮子的烤箱，沿着车辙采集土壤，烘烤，冷凝蒸汽，然后弹出干渣，边走边干。[33]也许我们不能在这样的系统上使用核反应堆，但旅行者号、海盗号、伽利略号[①]和其他外太阳系飞船上使用的那种放射性同位素温差电池（radioisotope thermoelectric generator, RTG）是个不错的替代。标准RTG能生产出300瓦电力，足以移动其本身，还能产生6000瓦余热，足以从4%级别的原料中每天生产56千克的水。这种装置可以让小队人马在野外随身携带，或者作为早期探索任务的附加工具（单次500天地表停留的火星直击任务中，每天生产42[②]千克水，加起来就有多达28 000千克水），但它的产量对于发展中的大型火星基地的需求来说太小了。当然，要满足我们的全部需要，可以生产大量这种设备，但这些RTG可不便宜，而且我们还是需要搬运许多周围的泥土、卵石和岩石，以免对设备造成磨损和伤害。这可不能算是种优雅的方式吧？

有个办法可能是让流动车使用微波设备给下面的土壤加热。这会令土壤中的水分蒸发上升。车上携带某种冠状天篷，周围有柔韧的"裙边"刷扫周围地面。这种裙边是有效的密封结构，能保持水蒸气，让它们大部分都冻在天篷的顶上，留作稍后收集使用。这个方案的优点是不需要挖土，另外微波可以调节，所以大多数能量被合理用于加热水分子，而不是浪费在对水和土的无差别加热中。不幸的是，上升的水蒸气也会把热量传递给土壤，所

---

① 1989年NASA发射的木星探测器。
② 疑为作者笔误，应为56。

以最终依然有大部分热量被浪费了（但比纯热力加热系统浪费的要少）。然而，问题是微波能量来源必须是电力而不能是热能。RTG产生的6000瓦余热不能用于该系统的驱动，仅能得到相当于300瓦的电力输出。由于热能高出20倍，因此，即使每瓦微波能量从土壤中取水的效率是热力的2倍，我们还是只得到1/10的产能。如果水含量很高，而且地面坚硬难以打碎（永冻层就是这样），这个系统也许比移动挖掘机干得好，但它的产量依然较低。比如，我们假设在沉积有30%水（质量比）的永冻层操作这样的系统，估计提取每千克水需要1 kWe-hr的能量。在一个火星日（24.6地球时）中，用300瓦RTG驱动的微波车能提取大约7.4千克的水。想提高性能只能通过提供更多能量，或许能把设备车用长电缆连接到基地的核反应堆，将能量提高到100 千瓦电力。这样一来，每天能生产2200千克水，但失去了机动性。

我认为更好的办法是在火星上的选定区域放置透明帐篷，通过温室效应使内部自然升温。在帐篷周围放置大型轻质反射镜可以提高温室升温的效率，根据太阳角度移动它们的位置，可以使封闭区域利用的太阳能最大化。帐篷内，土壤将被加热，当然不可能达到500摄氏度，但能远远高于它的平均温度。这会使土壤吸收的一部分水分开始排出，帐篷一角可以放置一个保持冷冻状态的冰盘，把释放的湿气以霜的形式收集起来，就像你家冰箱起霜的情况。为了计算这个系统的有效性，可以认为火星上太阳能的平均利用率为500瓦每平方米（W/m^2）。如果帐篷为一个直径25米的半球，帐篷温室效应加上反射镜的作用，相当于向帐篷中额外加了200 瓦每平方米的热量，则系统的总有效能量为98千瓦。这足以让含水4%的土壤每天（8小时）释放300千克的水。

帐篷中最浅的半厘米土壤内就应该有这个量的水。如果帐篷用0.1毫米厚的聚乙烯制成，质量将仅有100千克（在火星上相当于38千克），因此火星车队员可以每天都把它带到一个新的位置。随着帐篷的移动，已经开采过的地表土壤会自然地重新补充水分，所以同一区域可以反复取水。

图7.4 从火星土壤中提取水的移动方法：（左上）轮上集土器；（中间）带裙边的移动微波系统；（下）带冷凝器的可移动温室帐篷。（绘图：迈克尔·卡罗尔）

另一个完全不同的方法就是从火星大气中提取水。这里的问题是火星上的空气非常干燥，通常情况下你需要处理100万立方米火星空气才能采集到1千克水。在一篇经典论文中，工程师汤姆·迈耶和火星科学家克里斯·麦凯提出，一种机械压缩系统能够完成这个任务。[33]他们发现，生产每千克水大约需要103千瓦时的电能。将这个结果与上面描述的土壤取水系统比较（耗费的热能大约为每千克3千瓦时），它看起来毫无吸引力。但需要指出的是，压缩系统同时也会从大气中提取大量有用的氩气和氮气，用于基地的生命支持。然而，最近，华盛顿大学的Adam Bruckner、Steven Coons和John Williams进行了一项新研究，摒弃空气压缩，简单地用风扇把沸石吸附床中的空气吹起来。[34]沸石是一种极致的干燥剂，可以在十亿分之几级别的大气环境中降低水气浓度，这比火星湿度还要低。在火星温度下，沸石能吸附自身质量20%的水。一旦沸石饱和了，你可以把水烤出来，所耗能量大约是每千克水2千瓦时热能，而干燥后的沸石还可以再次使用。由于你所要做的仅仅是去除空气而不必压缩，机械风扇的功率远远低于迈耶和麦凯系统的压缩功率，后者处理每千克水可能还需要2千瓦时的额外电能。因此，这里的能源成本完全能与土壤取水系统相媲美。然而，任何火星大气取水系统都会遇到一个主要问题：要达到有用的输出量，系统的尺寸会相当大。比如，如果系统配备的输入管道横截面达到10平方米，风扇进气速度达到100米每秒，每天还是只能生产90千克左右的水。然而，因为这一机器无需挪动，基地仅需提供8千瓦电力能源来运转风扇。考虑到也不需要挖掘或勘探工作，综合起来，系统几乎可以完全自动化。而它使用的原料，空气，是无限再生的，最终令这种大气取水系统具有相当的吸引力。

综上所述，也许火星上可用的水还无法支持洛威尔眼中纵横交错的渠道，但对于在火星建立前哨来说无疑是足够了。毫无疑问，从火星干旱的环境中取到的水，将为这个红色星球增加一抹绿色。

红色星球的园艺高手

鉴于星际运输的成本，显而易见，如果有大量人群需要在另一个世界定居，他们最终需要自己种出口粮来。在这方面，火星与月球或所有其他已知地外星体相比，有一个巨大的优势。形成有机体的四大主要元素是氢、碳、氮、氧，它们在火星上都是大量存在的。有人认为小行星可能含有碳物质，并提出一些证据说明近期的月球探测器显示月球南极的永久暗面也有一些冰的沉积。但是，这些讨论都偏离了重点，因为月球和其他无空气星体[如杰拉德·欧尼尔（Gerard O'Neill）的提议[35]]在规划人造自由太空殖民地时遇到的最大问题是，阳光不能有效用于作物种植。这一点至关重要，但还没有被很好地理解。植物生长需要的巨大能量只能来自阳光。比如，地球上一块1平方千米的农田午间得到的阳光照射是1000兆瓦，这相当于美国一个百万人口城市的能源负荷。换个说法，小国萨尔瓦多[①]作物生产用掉的阳光如果转化为能源，超过地球上所有电厂加起来的发电量。与地球常态相比，植物大概可以把它们吸收的阳光减少为原来的1/5并依然正常生长。但问题仍然存在：植物生长所需的能量使我们无法用任何人造光来推广大规模种植。而且，在月球或太空中有自然太阳光的地方进行种植，也没有任何大气屏蔽。（月球的问题更多，因为它的昼夜周期是28天一循环，对植物来说完全不可能接受。）因此，如果植物在月球或小行星上仅仅靠一层薄薄的温室生活，

①　中美洲面积最小的国家。

会被太阳耀斑杀死的。为了在这样的环境中让植物安全生长，温室壁需要是10厘米厚的玻璃，这种施工要求会令发展农业区域的费用大大提高。使用反射镜和其他导光设备也不能解决问题，因为反射区域必须非常大，至少和作物面积一样大，这在大片面积需要照明的时候是非常荒谬的工程问题。

另一方面，火星的大气密度足以保护作物在地表生存免受太阳耀斑的伤害。在火星上，正如我们所见，可以使用网格状拱顶保护下的大片充气温室，这能迅速营造大片适合作物生长的温暖环境。火星的日照水平是地球的43%，完全能满足光合作用的需要，而且还可以向圆顶中充入比地球浓度高的二氧化碳来令光合作用加速。我们已经知道，1毫米厚的凯夫拉尔强化圆顶纤维可以用于支持直径50米的居住舱，令它内部压强达到5 psi。然而，植物只需要0.7 psi，或者由20毫巴的氮气、20毫巴的氧气、6毫巴的水蒸气和低于1毫巴的二氧化碳组成的大气产生的50毫巴大气压强。仅厚0.2毫米的纤维便足以让50米的圆顶成为温室。这样的圆顶大约能提供2000平方米的农田，而纤维质量大约1吨，另加4吨的树脂玻璃。（树脂玻璃制成的网格状拱顶屏蔽罩不需要是传统的半球，而可以仅是半球的一半，像圆顶顶部的透镜。透镜的形状模仿上半球面，这会令屏蔽罩的制作更容易，因为所需要制作的高度降低了。这也能大幅削减植物用于向圆顶大气中充氧的时间。）然而，0.7 psi对植物来说够用，对人来说却是不够用的，圆顶内部如此之低的气压会要求在内部工作的人穿戴宇航服。如果将圆顶内部的气压升高到2.5 psi，宇航服就不需要了。然而，除非基地的农田严重短缺，否则还是把温室圆顶的气压也升高到与居住圆顶一样的5 psi更有意义。这样我们就可以建造隧道，令人们可以身着便服在两种圆顶之间自由穿行，而不需要进行加压/减压操作。另外，同样的建筑结构能让大规模生产更简便，也能让人们在面临人口增加的压力时能搬进温室圆顶。两种圆顶的主要不同是二氧化碳分压。在居住圆顶中，二氧化碳分压被限制为地球水平，也就是大约0.4毫巴。但温室中使用的是火星环境中的7毫巴，要比地球高得多，这能大大增加作物的产量。（作物在地球上时，二氧化碳是不足的。）正如我们所知，有多种可能的技术可以为温室提供充足的水。因此，种植的基本先决条件——阳光充足的灌溉土地——是可以在火星上实现的。

火星是块肥沃的土地吗？不太好说。但根据我们已知的基础，火星土壤似乎是作物生长的优良介质，事实上比地球上的大部分土地好得多。在表7.1中，我们列出了地球和火星土壤中植物营养元素的比较。火星土壤的数据是根据海盗号的结果和SNC陨石的分析完成的。[36]

表7.1 地球和火星土壤中植物营养元素的比较

元素	地球土壤（平均）	火星土壤（平均估计）
氮	0.14%	未知
磷	0.06%	0.30%
钾	0.83%	0.08%
钙	1.37%	4.10%
镁	0.50%	3.60%
硫	0.07%	2.90%
铁	3.80%	15.00%
锰	0.06%	0.40%
锌	50 ppm	72 ppm
铜	30 ppm	40 ppm
硼	10 ppm	未知
钼	2 ppm	0.4 ppm

　　查看表7.1，我们可以发现，火星土壤中的大部分植物土壤营养比地球更丰富。最大的问题是氮，由于其设计的限制，海盗号上用于分析土壤元素组成的X射线荧光光谱仪无法对氮进行评估。不过，氮在火星大气层中是已知存在的，如果土壤中硝酸盐贫瘠，氨和其他硝酸盐化肥也是可以合成的。事实上，用于生产甲烷燃料的萨巴蒂尔反应器也可以用来产生氨，只要将氮和氢作为原料。这种反应器在地球上是化肥生产的主要来源。然而，根据我们目前对行星形成的了解，从起源上来说，火星氮的比例应该与地球相同，而且大部分应该依然存在，无疑还以硝酸盐成分固定在土壤里。火星上应该能探测到天然硝酸盐床，开采后只需以货车装卸就能为基地提供肥料。另一种在典型火星土壤中较为贫瘠的植物营养元素为钾。这种元素大概以高浓度存在于火星古老水体干涸岸边沉积的盐床中。

　　火星土壤的物理性质似乎非常适宜植物生长，分布在全球各地的土壤层呈现松散和多孔的性质，很容易通过机械方法使其支持植物生长。如前所述，火星土壤中已知含有蒙脱石黏土。这对未来的火星农民来说是个好消息，因为蒙脱石能够非常有效地缓冲和稳定土壤pH，使其保持在微酸性范围内，它们的高交换性质也确保土壤中储存了大量可交换营养离子。

　　如前所述，火星温室将加压至5 psi（340毫巴），或者说接近地球海平面气压的1/3。因为火星的引力是地球的1/3，维持这个空气密度也使昆虫能够飞行，促进蜜蜂授粉。最初，圆顶将仅以火星空气加压（95%的二氧化碳），加入几个毫巴的人造氧气，使植物可以进行呼吸作用。因此，火星植物将在富含大量二氧化碳的温室环境中成长，光合作用的效率会相应增加。地球是一个缺乏二氧化碳的环境，植物将阳光转化为化学键能量的效率约为1%。（森林或野生草原的净生态效率低得多，也许只有0.1%，因为允许死亡植物分解。植物本身的效率要高得多；而在农业园区，我们对植物的利用要更充分，在它们被细菌分解之前就把它们收获了。）在二氧化碳富集的环境中，光合作用的效率可以乐观估计为3%。假设直径50米的圆顶是一个真正的半球，地面种植的植物以这种效率需要花费310天将所有封闭的二氧化碳转化成氧气。如果使用透镜形状的上层拱顶（曲率半径为50米，而不是25米），则仅需8天。海盗号在火星土壤中已经检测到的氧化剂是没有问题的，它接触到水之后就能分解为还原性的物质，释放出游离氧。温暖的温室也将是一个潮湿的环境，其中的水气循环将迅速令温室中的土壤释放出氧气。

我们一定都听到过素食者提出的观点：大家都应该放弃吃肉，因为一亩玉米比一亩牛羊草料向人类提供的食物更多。这些观点在地球上是存疑的，因为我们这个星球上的饥馑并不是由于全球性的粮食短缺造成的，而是由于分配不均，挨饿的人没钱去买食物。然而在火星上，人们无法简单地从环境中找到可耕种的土地，而要用圆顶等结构把耕地制造出来，素食者的理论就出现了价值。有一个强烈的动机使火星农业必须提高效率。要把牛、绵羊、山羊、兔子、鸡和其他恒温动物都大量纳入食物链，是一件非常没效率的事情。植物生产的能量大多数被吃掉它的动物用来保持自己的体温了，只有很少一部分会被你摄取。（几年前有些科学作者写了些书，推广山羊作为未来太空畜牧业的关键动物。它们大小适中，杂食性，繁殖快，能产奶，还有许多其他优点。这可能是真的。我是在城市里出生的，但最近大部分时间生活在农村地区，我见过山羊的益处。但别让它们接近我们的凯夫拉尔拱顶，它们什么都吃。）另一方面，几乎任何有收益的农业植物都有至少一半从来没被人类食用过。以玉米、水稻和小麦为例，我们不吃它们的根、茎、叶，相反，我们把这些部位犁回土壤，自我安慰地认为它们会令土壤更肥沃。但如果那是我们的真实目的，我们应该把整株作物都犁回土壤里。实际上我们只是在浪费能源。所以，如果我们想提高效率，我们需要找到一种方法，好好利用植物不能直接食用的部分。现在是引入山羊的时机吗？也许可以先来一些，逗逗孩子们，令基地的安全巡逻工作保持繁忙，因为在火星的轻重力下，山羊能跳过3米高的篱笆。也许还有更好的方法，其中一种是使用蘑菇。美国普渡大学由NASA资助的太空农业研究中心已经分离出一种蘑菇菌株，可以在植物的废弃物部分上生长，并把70%的物质转化为可食用的蛋白质，质量高得堪比大豆（大豆可比山羊好得多）。这种快速生长的蘑菇不需要阳光，只需要一个黑暗、温暖的空间，废弃的玉米秸秆，和一点点氧气。换言之，你可以在壁橱里建一个蘑菇牧场。顺便说一句，这是应太空极端要求而发展出来的技术的一个例子，其在地球上可以实现大量应用来满足人类的基本要求。但是，如果吃蘑菇和大豆会让你觉得乏味，我们还有希望。冷血的食草动物，如罗非鱼，也能合理有效地将废弃的植物材料转化成优质蛋白质。火星上的鱼池？为什么不呢？你不需要一个非常大的罗非鱼池，而且它们也不会逃跑或吃你的圆顶。

最好还有能生产水果的果园。因此，最终还将有树木。木材还可以用来制作家具等。另外，它还能与农业中产生的其他纤维素废料一起，被送入塑料制造业，这会令可生产的塑料种类大大增加。

火星冶金

对任何技术文明来说，金属制造能力都是基础。火星向我们提供了丰富的资源用于生产金属。事实上，在这方面，火星比地球富饶得多。

钢

目前火星上最容易得到的工业金属是铁。地球上的主要商用铁矿石是赤铁矿（Fe_2O_3）。这种材料在火星上无处不在，造就了这个"红色"星球，并间接令它得名。将赤铁矿还原为铁是个简单的过程，在《旧约》和《荷马史诗》中均有记载，这在地球上已经进行了三千余年。有至少两种工序适合在火星上使用。一种方法本章前面已讨论过，使用基地RWGS反应（1）废弃的一氧化碳：

$$Fe_2O_3 + 3CO \longrightarrow 2Fe + 3CO_2 \tag{4}$$

另一种办法是使用电解水产生的氢气：

$$Fe_2O_3 + 3H_2 \longrightarrow 2Fe + 3H_2O \tag{5}$$

反应（4）是轻微放热反应，反应（5）则轻度吸热。所以加热反应堆到启动条件后，就不需要多大的能量来运行了。在反应（5）中，电解废水可以得到所需的氢气，所以唯一需要的给料是赤铁矿。而碳、锰、磷、硅，这四种制造钢材最主要的合金元素，在火星上也是很常见的。其他合金元素，如铬、镍、钒，也有可观的存量。因此，一旦生产出铁，它可以很容易地与适量的其他元素一起生产合金，得到所需要的几乎任何种类的碳钢或不锈钢。

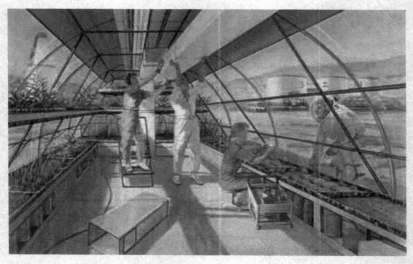

图7.5　建立火星基地。（绘图：罗伯特·默里，火星学会）

在火星基地，一氧化碳作为RWGS反应堆的废弃物广泛存在，开辟了火星上低温金属铸造新技术的可能性。例如，一氧化碳在110摄氏度可以和铁相结合生成羰基铁（$Fe(CO)_5$），它在室温下是液体。把羰基铁倒入模具，加热到200摄氏度，它就会分解。模具中会留下纯度很高的纯铁，释放的一氧化碳能重复使用。也可以分解羰基化合物蒸气将铁分层沉积，这样就能做出任何想要的复杂形状的空心物体。类似的羰基化合物也可以用一氧化碳和镍、铬、锇、铱、钌、铼、钴、钨生成。这些羰基化合物会在略为不同的条件下分解，这就使金属羰基化合物的混合物能通过连贯的分解分离出纯组分，一次一种。[37]

铝

在地球上，除了钢之外最重要的通用金属就是铝。铝在火星上是相当常见的，占火星地表物质质量的4%。不幸的是，和地球上一样，火星上的铝一般只以非常稳定的氧化物（Al_2O_3）形式存在。在地球上，用氧化铝生产铝时，是在1000摄氏度的熔融冰晶石中熔解氧化铝，然后用碳电极将其电解，电极会耗尽，冰晶石无损保留。如第6章所述，在火星上，可以热解基地萨巴蒂尔反应器中产生的甲烷来得到碳电极。上述过程可以写成：

$$Al_2O_3 + 3C \longrightarrow 2Al + 3CO \tag{6}$$

反应（6）不但复杂，而且有一个重要问题就是，这个过程很吸热。生产1千克铝需要大约20千瓦时的电力。所以地球上铝的生产厂都位于电力非常便宜的地方，如西北太平洋。在火星基地的建设阶段，能量可便宜不了。以每千克的效率来说，100千瓦电力的核反应堆每天只能产生约123千克铝。因此，我们将主要用钢而不是铝来建造高强度结构。但由于低重力，火星上的钢和地球上的铝质量基本一样！但因为铝的高导电性和轻质，它将用于一些特殊的地方，如电线或飞行系统组件。

硅

现代生活中，硅渐渐成为可能是除了铁和铝之外第三重要的金属，因为它是制造所有电子产品的核心。它在火星上将更为重要，因为生产出硅之后，我们才能够生产太阳能光电池板，为基地持续提供越来越多的电力供应。作为硅生产的原料，二氧化硅（SiO_2）占火星地壳质量的近45%。为了生产硅，需要混合二氧

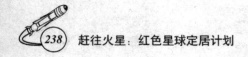

化硅和碳，然后在电熔炉中一起加热。最后的反应是：

$$SiO_2 + 2C \longrightarrow Si + 2CO \tag{7}$$

我们又一次看到，所需要的还原剂——碳是火星基地推进剂生产系统的副产物。反应（7）是高吸热反应，不过远不及氧化铝还原反应（6）。还原硅所需的能源负荷也少得多，因为需要的产量也少。

反应（7）得到的硅产品用于某些途径已经品质够好了。比如，你可以用它来制造碳化硅，这是一种强大的隔热物质（用于保护航天飞机再进入大气层时的隔热瓷砖）。然而，显而易见的是，反应器给料中的赤铁矿杂质也会被还原，导致硅产物中存在铁杂质。要生产超纯硅，用于电脑芯片和太阳能电池板，需要多一个步骤。在热氢气中将不纯的硅产物过浴，使硅转化为硅烷（SiH_4）。在室温以上，硅烷是气体，所以它可以很容易地从其他金属氢化物中分离出来，因为它们都是固体。如果想要彻底的纯硅，你需要将硅烷导入另一反应器，在高温下将它分解，产生纯硅，释放出的氢气可以用于生产更多的硅烷。然后可以将硅与磷或其他特定杂质掺杂，生产我们所需要的半导体器件。

另一个做法不需要分解硅烷，你可以将它冷冻到-112摄氏度，使之液化。这只比火星典型夜间温度再低20摄氏度，所以很容易达到，所得到的液体可以在储存罐中毫无困难地长期隔绝存放。为什么要储存液态硅烷？因为硅烷能在二氧化碳中燃烧。迄今为止我们讨论的所有火星推进剂组合（如甲烷/氧气）都需要飞船舱内同时携带燃料和氧化剂才能使用。我们在地球上并不需要这么做。地球上，不管是你的车燃烧汽油还是你家壁炉燃烧木头，你需要提供的都只是燃料，氧化剂来自空气中的氧气。由于氧化剂一般占反应混合物的75%，地球上的做法无疑效率更高。然而，火星大气中游离氧气非常少，几乎全是二氧化碳。能在二氧化碳中燃烧的物质寥寥无几，硅烷正好是其中之一，它遵循以下反应式：

$$SiH_4 + 2CO_2 \longrightarrow SiO_2 + 2C + 2H_2O \tag{8}$$

在反应（8）中，73%的推进剂为二氧化碳，只有27%是硅烷。部分产物是固体，所以不能在内燃机中使用该系统。但你可以用它来燃烧蒸汽锅炉，或者将它用于冲压发动机或火箭推进。根据反应（8），硅烷/二氧化碳火箭发动机可以产生约280秒的比冲量。从表面上看，这数字丝毫无奇，是到要意识到，你只需要随身携带27%的推进剂。想想需要反复起飞降落的小型火箭加料飞船，它们需要穿越多个无法通行的区域，将遥控机器人带去一系列选定位点。它不需要携带所有的推进剂，相反，它只需要通过一个泵在每次降落的时候重新灌注二氧化碳。结果，这一系统的有效比冲量不是280秒，而是280秒乘以总推进剂与硅烷的比例，即3.75。结果是，有效比冲量为1050秒，这在化学方法驱动的火箭中简直闻所未闻。

乙硼烷，B_2H_6，也能在二氧化碳中燃烧，比冲量为300秒，混合比例为3份二氧化碳1份乙硼烷。[37]乙硼烷/二氧化碳火箭加料器可以得到1200秒的有效比冲量，比上面说的硅烷/二氧化碳系统更好。然而，硼在火星上较罕见，而硅则到处都是，而且生产硼的过程比较复杂。在任务早期，可以将少量乙硼烷运往火星，得到高性能的给料器应用（有时最好能使用乙硼烷/二氧化碳系统，比如进行机器人火星取样返回任务时），一旦基地有了生产硅的能力，这种当地普遍存在的物质几乎肯定能全面替代乙硼烷。

顺便说一句，经常有人提出，可以在月球上生产硅，用来支持大量太阳能电池板的生产制造。这种想法存在严重缺陷。的确，二氧化硅在月球上要多少有多少，但那里却没有用来把它转化成金属硅所必需的碳和氢。根据上面描述的过程，这些物质是可循环的，但在现实中，这种循环必然是不完善的。如果你要在月球上生产金属硅或任何其他金属，必须运输大量碳和氢过去，而这两种元素在火星当地就有。

铜

在火星基地生产的最后一种重要工业金属，我们考虑是铜。铜在月球上是没有的，但在SNC陨石中能检测到，浓度与地球土壤中差不多。这个含量挺低的，差不多是百万分之五十。如果想得到足够量的铜，不能从土壤中提取。相反，必须在大自然中寻找其已经浓缩成铜矿的地方。从商业上来说，地球铜矿最重要的来源是硫化铜。正如我们已知的，硫在火星上比在地球上更普遍，所以火星上很有可能存在铜矿沉积，可能是以硫化铜的形式沉积在火山岩浆中。一旦找到铜矿，就很容易通过熔炼或沥滤将其还原，地球上自古以来正是这样做的。

关于铜的事实直击核心，一般情况下，要得到地球化学中的罕见元素，唯一的方法就是开采局部高浓度矿脉。然而，只有发生过复杂水文和火山过程的地方才能将这些元素聚集为矿物沉积，而在我们的太阳系中，只有地球和火星曾经发生过这些过程。因为火星上曾经发生过这些事，我们应该可以找到几乎所有必需金属的聚集矿，无论罕见或常见，它们足以用来建设现代文明。

能源问题

　　显而易见，大量的热能和电力是建立大型火星基地生产流程的关键。这么说可能不太中听，但目前来讲，在基地发展的早期几年里，提供能源的最好方法是引入地球生产的核反应堆。在今日的地球，人类文明最主要的能源来自水力发电、化石燃料和木材燃烧，以及核动力。地热提供了遥不可及的第四种能源，远远排在后面的是太阳能和风能，它们的角色都非常次要。在火星上，靠水坝和化石燃料提供能量都是不可能的。从长远来看，在火星上生产热核聚变能量的前景很完美，因为火星上重氢（氘，氢的重同位素，用于核聚变反应堆的燃料）与普通氢的比例是地球上的5倍。不幸的是，聚变反应堆目前并不存在。因此，作为大型能量的初始来源，核动力是唯一的选择。如果一个核反应堆能工作10年，一天24小时能持续产生100千瓦电量和2000千瓦"废热"，那么这个反应堆大约重4000千克，即4吨，其质量之轻足以从地球运到火星。相比之下，同样昼夜电力输出功率（但热力输出为1/20）、同样使用寿命的太阳能电池阵列，质量将达到27 000千克，面积为6600平方米（相当于一个足球场的2/3）。如果你想达到同样的热力输出（用于砖块制造和水处理），所需的太阳能电池阵列将重达540 000千克，足以覆盖13个足球场。要从地球运输这些物质过去，显然太多了。核动力对于开发火星优势巨大——其重要性使美国政府因至今仍未通过对太空核动力研究和发展计划的资

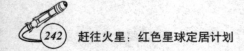

金支持而得到最强烈的谴责。如果我们放弃太空核动力，我们也放弃了这一整个世界。

虽然最初的基地能源供应需要来自核动力，但一旦基地建立好了，平衡会发生改变。应该会有一天，在火星上能够利用当地物质建造太阳能系统。如果你生活在火星上，顺手获得数百吨当地材料，可能比从地球上运输4吨设备还容易得多。

利用风吹日晒

有两种太阳能发电系统可以在火星上制造：动力系统和光电系统。太阳能动力系统技术门槛不高：用抛物面反射镜将太阳光聚集在一个锅炉上，使液体被加热并膨胀，启动一台涡轮发电机。这些系统效率还不错（约25%），但如今它们还没有得到太空计划的青睐，因为它们依赖活动的部件，而人们常常觉得这不可靠。然而，如果要在火星基地永久工作，就需要人们在场维护系统并调整失灵的设备，因此关于动力系统可靠性的争论在火星环境下不太有力。另外，由于它们只是镜子、锅炉及类似设备的组装，技术含量较低，比较容易看出在火星上如何制造此类系统。比如，镜子可以用可充气塑料制造，表面覆盖薄层铝就可以获得反射性。管道、锅炉、涡轮轴和刀片都可以是钢制的。为了确实得到25%的效率，对于所制造的涡轮偏差要求非常高，这在火星基地上不太现实，但这不会成为阻碍。如果需要的话，也可以接受略微放宽要求的偏差和15%的效率。除了这些优点，动力循环还有一个颇吸引人的优势，就是能产生大量有用的处理热，也许能达到它们电力输出的4~6倍。

然而，太阳能动力循环系统需要晴朗的天空。为了抛物面反射镜能有效地聚焦光线，光线必须都来自同一个地方，也就是直接来自太阳。它不能取自整个火星天空的散射光。根据海盗号得到的数据，有效的太阳能动力系统所需要的晴朗天空只能在北半球的春夏季节得到。在另外半年，太阳能动力收集器只能输出非常少的能量。这种能量的季节性差异针对某些目的而言还是可以接受的。比如，并不需要整年都冶炼钢铁。但如果太阳能是基地能量的主要来源，那无疑需要更可靠的技术。

　　太阳能光电池板也许就是这种"更可靠"的技术。正如我们已知的，制造这种面板所需要的关键材料，纯金属硅，可以在火星上制造；还有制造电线需要的铝或铜、使电线绝缘所需要的塑料，也一样可以制造出来。为了降低费用，最近地球上刚刚研发并使用了一种制造太阳能电池板大型单叶的简化方法，只要把这种方法运用到火星，光电系统的大量本地化生产就是可行的。多少会有些令人吃惊，但事实证明，火星大气充满灰尘时，火星上光电池板的性能仅仅是稍有打折。[38,39]除非是在非常恶劣的尘暴中，否则，以典型的北半球秋冬季天空中的灰尘水平而言，其尽管会散射大部分的阳光，但并没造成多少阻断。太阳能光电池板与太阳能动力反射镜不同，它与入射光的方向无关。所以它们在火星上整年的工作表现都不错。效率并不高，只有12%左右，而且在电力输出过程中得不到处理热，但，这就是生活。沉积在光电池板上的灰尘可能会显著影响面板的表现。不过宇航员用扫帚把它们清扫掉就可以了，或者在上面装一个挡风玻璃雨刮器型的设备就好了。

　　作为基地能源的进一步补充，风能也是一种可能性。风车已经在地球上运行了几个世纪，它们的技术含量也不高，在火星基地制造出来的潜力很大。的确，火星上巨大的尘暴是间歇性的，因此它几乎无法作为一个真正的能量来源。另外，火星上的空气厚度只有地球的1%，海盗号测量的地表风速也只有5米每秒（10 mph），这意味着风能几乎可以忽略不计。然而，在远远高出地表的高度，典型风速是30米每秒（60 mph），它能使单位风叶面积产生相当于地球上6米每秒（12 mph）微风的能量。这对于风力发电来说相当不错。风车实用性的关键取决于它应该安装在离地面多高的地方，才能高于静止面边界层。目前来说，这还是未知的，而且答案一定根据当地情况有所变化。无论最后得到的高度是多少，需要牢记的是，在火星上我们是在38%的重力场中竖立风车，实际建造的风车在"他们地球人"看来会高得古怪。

地热发电

自1930年以来，冰岛农村地区的寄宿制小学和中学都尽可能选址在有可用地热能（geothermal energy）的地方。在这些热力中心，学校为学生和工作人员准备的教室和宿舍都是利用地热加热的。他们甚至还配备了游泳池，并在自己的温室种植蔬菜自给自足（西红柿、黄瓜、花椰菜等）。这个国家现在有很多这样的学校，暑假的时候还可以作为游客的旅馆。这些中心已经形成农村地区新的服务型社区中心。

——S.S. 艾纳森，《地热区域供热》，1973

（S.S. Einarson, *Geothermal District Heating*）

当地生产的太阳能和风能设备，都可能产生几十或几百千瓦的电力。它们很吸引人，因为它们几乎在任何地方都可以部署设置，使能量可以分散产生。这在火星上是很有用的，因为会有散在区域需要提供这样的能量，而相当一段时间里又不会有长距离传输能量的基础设施。然而，这些能源体系的输出功率相对较小，又使我们需要寻找更有力的选项。正如英国科学家马丁·福格（Martyn Fogg）指出的，[40]火星上这一选项可能是地热。

地热发电的过程，是利用地下深处的高热煮沸液体（如水），然后用产生的蒸气启动涡轮发电机。在地球上，地热发电是排在燃烧电、水电和核电之后的第四大能源，提供约11 000兆瓦能量，占人类所有电力用量的0.1%。冰岛这个国家的大多数能量（超过500兆瓦）都来自地热。地球上单一地热井的典型发电量为1~10 兆瓦电力，与地面发电站标准相形见绌，但相对火星基地的要求而言已经够大了。在地球上，这个规模的地热电站从开始钻井到完工使用只需要6个月，97%的时间都在使用中，这个纪录只有水力发电可以超越。另外，除了提供大量能量，火星基地的地热站还能提供另一个非常宝贵的资源，即丰富的液态水供应。地球上的地热站有一个缺点：必须建立在有地热资源的地方，无论地球的奇思妙想选择了什么位置；而由于我们已经选择了城市的所在地，于是问题常常随即产生。而在火星上，城市还没有建立起来。考虑到地热能源/水供应的价值，一旦找到这样的地方，应该也能由此决定火星基地的位置。

简而言之，地热能源供应对火星居民来说有巨大的益处。问题是，它们存在吗？也许有点让人吃惊，答案几乎是百分百肯定的。

火星上存在大范围的火山样地形特征，比如在估计不到2亿岁的塔尔西斯。火星大约4%（约500万平方千米，大多数在依利森、阿卡狄亚和亚马逊的北部区域，以及赤道附近的塔尔西斯区域）的地面被火星地质学家归类为"上亚马逊"，意思是这里的地表在过去5亿年中曾经被火山爆发或洪水重新覆盖过。尽管2亿~5亿年看起来是远古历史了，但考虑到火星40亿年的岁月，它们几乎可以被称作"当代"。根据地质学家对火星的观点，2亿年前都还算是"今天"。如果那时有火山活动，那么它们现在可能依然是活动的。

另外，正如我们已知的，火星拥有大量水资源，起码在某些地方，地面以下1千米处可能存在液态水位。如果某个区域在不久的过去有活跃的地热，这些水的热度可能还足以代表可用的能源。

如果只把上亚马逊地区作为可用的选项，将其在5亿年中的形成过程展开，我们会发现其中10%（即50万平方千米）不到5000万岁，1%（即5万平方千米）不到500万岁，0.1%（即5000平方千米）在近50万年内还是活跃的。

并不需要从火山还在活动的地区提取地热能量。在火山活动平息后很长时间里，土地都还会是热的。在福格关于火星地热发电的开创性论文中，他提出了一个计算公式，是火星地表温度分布相对该地区活跃时间的函数。表7.2总结了他的成果。

表7.2　火星地热区域的特点

活跃时间距今（百万年）	0.5	5	10	20	50	>150
达到0℃的深度（千米）	0.29	0.65	0.91	1.29	2.04	3.53
达到60℃的深度（千米）	0.62	1.38	1.95	2.76	4.35	7.53
达到100℃的深度（千米）	0.84	1.87	2.64	3.73	5.88	～10
达到200℃的深度（千米）	1.38	3.09	4.36	6.17	9.73	～17
达到300℃的深度（千米）	1.92	4.30	6.09	8.61	～13	～24
可用的土地（1000平方千米）	5	50	100	200	500	足够

作为参考，目前地球上的钻探技术水平是可以钻至地下10千米处。在火星上要钻得更深可能更容易些，因为低重力对土壤的压缩不是那么得力。可以看出，与过去500万年内的地热活动相关的土地面积就很大了，而在这些区域，挖掘几千米深的井就足以得到很热的水。一旦被引到地面，水流会以蒸气的形式喷发，用于带动涡轮发电。这个系统在火星上的工作效率也许比在地球上还好，因为火星上的低气压会令蒸气在被凝结之前扩散得更好。这个过程产生的一部分废水会被引入基地，为基地提供充足的水。剩下的部分会被引回到井里，重新填充蓄水层。

月球上不能利用地热发电，小行星上也不能。在太阳系的所有地外星体中，只有火星才有产生如此丰富能源的可能，以支持人类定居。

我们可以使用地热发电承担主要基地负载，同时在外围安装太阳能和风能设备。这说明，一旦由核反应堆提供了良好的开端，火星基地便掌握了一系列适用的当地资源利用技术，可以依靠自身的努力，持续扩展自身的能量供应。基地掌握的能量越多，便成长得越快；它成长得越快，将掌握的能量也就越多。一旦火星上可以产生太阳能、风能，尤其是地热能，基地的成长速度便将达到指数级。

用基地支持火星地表的远程移动

当基地的一切发展欣欣向荣时，我们对火星这个球体的勘探是要停止了吗？恰恰相反。无论基地的选址有多好，它所需要的某些基础资源还是必然会在距离该位点数十、数百甚至数千千米处。进行全球勘探，将这些资源运输到基地，是基地发展的基本必需能力。这是一种共生关系，基地本身需要开发这种能力，以便远程移动。

这种情况有点儿类似于人类探索南极的发展。在1957年国际地球物理年之前，南极探险是通过一系列突击行动进行的，每一个探索队都用自己的船作为基地。然而从那一年开始，大家作了一个决定，在麦克默多海峡建立了一个大型永久性工作基地。如今，这个基地能提供各种设施，包括机械化车辆、直升机、飞机，支持南极科考队员去往这块大陆的每一个角落。通过将资源集中在关键点上，人们创建了一种能力，带来了比以往任何时候都更广泛深入的勘探，这是个人勘探船用狗拉雪橇和滑雪板这样的传统方法不可能完成的任务。

火星上的地形甚至比南极洲还艰难。为了在火星上进行远程移动，可能需要飞行能力。气球，或许还有亚音速飞机，可以用于搭载小机器人包裹飞越多风的火星天空。但唯一值得信赖的载人运输系统，将是在任何天气中都可以使用的火箭动力工具。它可以是单纯的弹道火箭，从火星一边穿过大气层到达另一边；也可以是能够进行超音速飞行的有翼喷气式飞机。两种系统都需要大量推进剂，而只有在火星上先大量生产推进剂才能想象去进行这些活动。

比如，假设使用载人火星弹道式给料系统，质量10吨，动力来自甲烷/氧气火箭发动机，比冲量为380秒。我们想进行2600千米的飞行（沿着火星纬度或经度走45度），着陆，然后不需要增加负荷就返回。为了完成这一任务，该飞船的质量比需要为7，因此总的推进剂为60吨。如果我们使用15吨的喷气式飞机（机翼会增加飞机的质量），超音速滑行升阻比（L/D）①为4，质量比约为5，所以也需要60吨的推进剂。很显然，如果这些飞行器需要的甲烷/氧气推进剂或氢气给料需要从地球运过去，那么它们在火星上飞不了几次。

如果需要随身携带探索任务的去程和返程所需的全部推进剂，则火星上化学推进火箭的最大射程就被限制在了4000千米以内。而如果飞行器能在着陆后自行制造推进剂，这一限制当然就被打破了。化学双组元推进剂是做不到这一点的，因为它们的生产过程涉及了太多能量（每千克约5千瓦时），因此需要很高的能量供应来完成这一移动飞行系统。然而，在20世纪80年代末，我有了一个被我称作"NIMF"（使用火星当地燃料的核动力火箭）的飞行器概念，可以克服这个问题。[41,42]有了NIMF，可以将火星空气中的二氧化碳作为推进剂的原料，用所装载的热核火箭（NTR）发动机加热后，就可以产生热的火箭燃气。由于NTR不需要将热力转换成电能，核动力反应堆中所有的能量转化设备都可以去除，使整个系统体积小而质量轻。由于推进剂原料只是简单的二氧化碳，从大气中直接压缩就可以得到，能耗非常低（小于0.3 kWe-hrs/kg），所以也不需要搭载多少电力能源，同时所有的化学合成设备也可以去除。热的二氧化碳不是什么高级火箭推进剂，你只能指望260秒左右的比冲量。但是，开拓者需要的正是能啃食山间灌木的骡子，荒山野地里并不需要只能享用美味草料的紧张赛马。基本上，NIMF相当于第6章里讨论的气斗机的

① 升阻比是指飞行器在同一迎角下升力与阻力的比值。飞行器的升阻比越大，其空气动力性能越好。

一个更为强大有效的进化版，是非常理想的勘探飞行器，因为它找到什么吃什么，用周遭现成的原料就能飞行。采用这种推进系统的火箭飞行器将令火星探测者们具有飞遍全球的能力。当他们在火星上跳来跳去的时候，飞船每次落地就能给自己重新填装燃料。NIMF弹道式给料机和喷气式飞机的示意图见插页。

NIMF的优点是操作模式多种多样。虽然比冲量比较低，但NIMF不需要携带返程推进剂，所以用它就可以走遍全球，即使最好的化学推进剂也望尘莫及。NIMF的另一个好处是，因为它自己生产推进剂，所以对基地能源系统的压力也远远小于化学系统。文前阐述过，化学火箭系统需要60吨甲烷/氧气，它们的生产过程需要令基地安装的100千瓦电力反应器工作123天。而NIMF对基地能源一无所求，也不需要占用基地的氢气或水供应。它对基地唯一的要求就是人员、保养和维修。在火星上使用NIMF的另一好处是它在全球地对地快速运输大量货物的独有能力。如果你需要20吨的硫化铜矿石，一架40吨载重的NIMF可以立刻飞到火星的另一面去帮你取回来。没有其他任何系统能有如此出色的表现。

你可能还记得，在第3章中，在火星直击任务蓝图发展之前的一段时期，我提议，火星载人架构应该以单次重型发射、用于进入火星转移轨道的NTR推进剂为基础，并使用NIMF在火星上跳跃并返回。后来我为了火星直击任务放弃了这个观点，因为我渐渐明白，NTR和NIMF所需要的技术对于初次火星探测任务来说太高深了。可能完成的任务是非常有吸引力的，但发展所需的时间很长，可能会因为方案可行性的问题而导致首次任务的延期。也就是说，NIMF技术为支持火星基地的发展提供了一系列非常有潜力的可能性，这一点依然是成立的。考虑到火星计划是不断发展的，花费些力气将NIMF飞行器纳入计划中是个明智的决定。在进入基地建设阶段几年后，它们就将整装待发，而基地与全火星能源之间的道路也就四通八达了。

开始殖民

第一批到达火星的宇航员们将在红色星球上待18个月，等待返程的首个最佳发射窗。但是，随着基地的发展和生活条件的改善，未来的一些宇航员可以选择在一年半任务的基础上延长他们在火星地表停留的时间，在火星待上4年、6年，甚至更久。基地的赞助者们也许会给这些人很好的物质奖赏。毕竟，基地的大部分开销都花在了把人们运来送去的成本上。基地运作的时间越长，就会有越多刺激因素让人们发展新形式的星际间运输，进一步降低物流成本。我们会看到，政府会这么做，或者也会向个体竞争者开放从地球到火星基地的货物运输，反正总会实现的。去往火星会越来越便宜，等人们去那儿定居了还会更便宜。随着越来越多的人去到火星并长期停留，基地的人口将达到城镇水平，并最终形成真正的城镇。

火星殖民开始了。

8 火星殖民

当这项提议公开提出时，大家对此众说纷纭，引起了众多担心和疑虑。抱乐观态度的一方试图鼓动其他人开始行动；胆小的一方则反对提议，坚称这样做既不切实际，也不可能实现。他们争辩说这将招致诸多无法设想的损失和危险。

……

赞成的一方回应说，所有伟大和光荣的行动都伴随着巨大的困难，必须以负责任的勇气来面对，并战胜困难。

——威廉·布拉德福德总督，《普利茅斯开拓史》，1621[①]

前面的章节中，我们从技术角度探讨了人类如何开始在火星上大规模定居。我们已经看到，采用20世纪的技术，第一批人类探索者能在约10年内登上火星，费用也很好地控制在美国政府能自由支付的范围内。我们也展望了，再向前一小步，初次登陆后几十年内我们就能在火星上建立一个基地，它能供几十甚至几百人生活——然后，这些人就将开始发展利用当地资源的技术，有朝一日，这些技术会将火星变成数百万人的家园。

---

① 威廉·布拉德福德（William Bradford，1590~1657），《五月花号公约》签署人之一，于1620年参与创立了普利茅斯殖民地，并在长达30余年的时间里担任普利茅斯总督。他所撰写的《普利茅斯开拓史》（Of Plymouth Plantation）是关于欧洲新世界殖民史的早期著作之一。本处译文节选自中译本《普利茅斯开拓史》，吴丹青译，江西人民出版社，2010年。

　　然后，我们就进入了问题的关键：定居期。真的能在火星上殖民吗？从技术角度来看，这一点毫无疑问，我们最终肯定能在火星上做想做的几乎任何事情，包括下一章中我们将看到的火星地球化改造——让那颗行星从寒冷荒芜的世界重新变成温暖湿润的星球。可我们付得起多少钱？探索期和基地建设期可以而且很可能必须由政府出资完成，但是进入定居期，就得先算算经济账了。一个能容纳哪怕几百人的基地，政府也许还能掏出钱来，可是要发展火星社会，费用可能会上涨数十万倍，政府显然不可能有这么多钱。一个真正可行的火星文明要么能完全自给自足（短时间内恐怕不大可能），要么能出口某些商品，换回需要的物品。

　　火星的未来取决于这个问题，不光是说火星上的人类文明，也包括这颗行星本身的自然环境。如果真能在火星上建立文明，它的人口和用于改造星球的能量都将持续增长。火星上曾有温暖的气候，如果作出足够的努力，它能变回原来的样子。一个地球化的世界能给火星移民带来的好处如此明显，所以简而言之，如果在火星上成功殖民，那它就会成功地球化。所以最终，我们能否使火星地球化，从根本上取决于火星殖民的努力是否具有经济上的可行性。

　　所以，反对人类移民火星、地球化火星的中心论调出现了：这样的规划在技术上也许可行，但是我们不可能付得起钱。表面上看，他们给出的理由似乎很有说服力：火星很遥远，难以到达，环境恶劣，没有经济价值明显的资源。这样的理由看似严密，但必须指出的是，过去有人试图证明欧洲人移居北美和澳大利亚绝不可行的时候，也这么说过。的确，从细节上说，21世纪火星殖民面对的经济、技术问题和新世界殖民时克服的困难大不相同。不过，我的观点是：从根本上来说，这些反对者和哥伦布之后400年间的许多欧洲政府一样，他们遵循同样的伪逻辑，同样对新事物不了解，因此同样错看了拓殖定居新世界的价值（因为他们反对建立商栈、种植园和进行其他采掘活动），那些理由都站不住脚。

西班牙人雄霸全球的年代，他们忽略了北美洲；对他们来说，那只不过是一大片毫无价值的荒漠。1781年，康沃利斯①在约克镇被围困，最终投降。与此同时，英国人却跑去加勒比海横插一脚，从法国人手中抢了几个高收入的糖料种植岛。1803年，拿破仑·波拿巴为200万美元②就卖掉了如今美国三分之一的领土。1867年，俄国沙皇也以差不多的低价甩卖了阿拉斯加。第一个殖民者到达澳大利亚之前200年欧洲人就知道了它的存在，可是直到1830年，都没有任何一股欧洲势力想过要宣称自己对这片大陆的主权。今天，这些短视的政治策略名扬四海。不过，它们的一贯性显示出，政策制定者们在发现真正的财富与权势之源上一直有盲点。我相信，两百年后，今天各个政府对地外天体价值的漠视，尤其是对火星的漠视，将被看作同样的愚行。

设想20年后什么产业具有经济可行性都几乎不可能，更别说50年、100年后了。尽管如此，本章中我仍会尝试让你看到怎么让火星殖民在经济上可行以及为什么可行，为什么成功进行火星殖民最终将成为人类在太阳系内扩张的基石。我会不时回顾历史上的相似事件，不过从本质上说，我的论点大部分并不源于历

---

① Charles Cornwallis，美国独立战争中英军的指挥官，他的投降标志着英国在这场战争中大势已去。
② 拿破仑出售路易斯安那州的实际价格合当时的美元约为1500万。

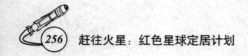

史，而是基于火星自身的坚实基础，它独特的属性、资源、技术需求，以及它和我们的太阳系内其他重要天体之间的关系。

火星的独特性

提出一个新项目时，比如在一份商业计划书中，通常需要汇集列明你的产品或服务的优势。你有什么别人没有的优势？那好吧，火星有什么？

在我们太阳系内的地外天体中，火星独一无二，只有它拥有全部原材料，不仅可供生命存活，还能支持一个人类文明的新分支。如果我们拿火星和月球对比，这样的独特性一目了然，而月球是我们最常提起的地外殖民备选地。

和月球相比，火星富含碳、氮、氢和氧，而且它们存在的形式从生物学上说都很容易利用，比如二氧化碳气体、氮气、水冰和永久冻土。碳和氮在月球上的含量只有百万分之几，水冰倒是有一些，不过只存在于永久暗面的极地环形山里。那些地方实在太冷（－230摄氏度），里面的东西可望而不可即。氧倒是很多，不过都存在于非常稳定的氧化物中，例如二氧化硅（SiO_2）、氧化铁（Fe_2O_3）、氧化镁（MgO）和氧化铝（Al_2O_3），还原它们的工序耗能极大。根据现有数据，如果火星表面很平坦，而所有冰和永久冻土融化成液态水的话，那整颗行星都会被超过100米深的海洋覆盖。这和月球形成了鲜明的对比。月球非常干，要是在那儿发现水泥，月球殖民者也会从里面提炼水的。因此，就算能在月球上的温室中种植植物（正如我们已经看到的，这不太可能），那它们的绝大部分生物性材料也得靠进口。

工业社会所需的金属种类，月球也缺少一半左右（例如铜、镍、锌）；月球上还缺乏其他许多有用的元素，例如硫、氟、溴、磷和氯。而火星富含所有所需的元素。此外，火星和地球一样出现过水文变化、火山作用，这可能会使多种元素富集起来，在当地形成高品质的矿脉。事实上，曾有人将火星与非洲的地质历史作过比较，[43]比较结果表明，火星上的矿物财富也许十分让人乐观。相比之下，月球历史上基本没有水文、火山活动，因此，月球基本由一堆垃圾石头组成，而"矿石"里不会有任何我们感兴趣的浓聚物，和前者也没什么区别。

在月球或火星上，都能用太阳能电池板发电。月球的优势是天空比火星更清澈，离太阳也更近一些，劣势在于它的明暗周期长达28天，因此能量储存需求更大，优劣大体平衡。不过如果你想要制造太阳能电池板，从而创造出一个自扩张的能量基地，火星就有了压倒性的优势。因为生产光电池板和其他电子元件需要纯硅，只有火星上才有生产纯硅所需的大量碳和氢。此外，火星还有可能发展风电，而月球显然不可能。不过，太阳能发电和风电的潜能都不算大——大约几十千瓦，最多几百千瓦。要创造一个生机勃勃的文明，你需要更强大的能量基地，不管是短期内还是中期，火星上都能建成这样的基地——火星上有地热资源，我们可以对此加以利用，在当地修建大量10兆瓦（1万千瓦）级的发电厂。而从长期来看，火星上有大量氘可用作核聚变反应堆燃料。对此进行开发利用，火星经济就将享受到丰富的电力。火星上的氘含量是地球上的5倍，是月球上的数万倍。

不过，正如我们在第7章中讨论过的，月球最大的问题——也是其他所有没有大气层的类行星天体以及有人提出过的人造自由空间殖民地的问题——就是阳光的能量不足以支持植物生长。地球上1英亩①植物需要4兆瓦太阳能，1平方千米植物需要1000兆瓦。全世界发出来的所有电加到一起，也不够照亮农业巨人罗德岛州的农场。用电照明供植物生长从经济上讲毫无指望。可是在月球或太空中其他任何没有大气层的天体上，你都没法利用自然的阳光，除非在温室顶上盖一层厚度足以屏蔽太阳耀斑的墙，不过这样又会使开垦农田的成本大幅上涨。就算真这么干了，在月球上你也不会得到任何益处，因为植物没法在长达28天的明暗周期中生长。

在火星上，大气层的厚度足以屏蔽太阳耀斑，保护植物在地面上生长。因此，我们可以用不加压的防紫外线硬塑料防护圆顶来保护薄壁充气式塑料温室，在地面上快速开垦出农田。就算不管太阳耀斑和昼夜循环长达1个月的问题，这种简单的温室在月球上也没法用，因为它会造成不可忍受的高温。相比之下，在火星上，要在温室内部创造出温暖的气候环境，正好需要圆顶引发的强烈温室效应。这种直径高达50米的圆顶很轻，初期可以从地球运来；以后人们可以在火星上用当地材料制造圆顶。火星上有制造塑料所需的全部资源，所以可以迅速生产、部署这种直径50～100米的圆顶，形成网络，从而在地面上开拓出大片区域，既可供人类不穿宇航服居住，又可以发展农业。这只是开始，因为，正如我们将在第9章中看到的，人类可以通过周密的计划人

---

① 英制面积单位，1英亩约合0.004 047平方千米。

工诱使全球升温，迫使风化层中的成分气化释放出来，最终也许能使火星大气层大幅增厚。这一步完成后，住宅圆顶就不必承受内外压差，所以可以做成任意尺寸。事实上，这一步完成后，就有可能在圆顶外种植经过培育的特殊庄稼。

要强调的是，火星和任何已知的地外天体不同，火星殖民者可以在地面上生活而不是在隧道里，而且他们可以在白天的阳光中近乎自由地活动、种植庄稼。在火星上，人类可以生存、繁衍到很大规模，用当地材料生产各种产品满足自己的需求。因此，火星上可以发展出真正的文明，而不仅仅是建立一个采矿站或科学站。对行星际贸易来说，意义深远的是：在太阳系内，人类可以种植庄稼供出口的地方只有火星和地球。

行星际贸易

火星是太阳系内殖民的最佳目标，因为它自给自足的潜力远高于其他星球。不过，就算对自动制造技术的发展持乐观态度，火星也没有足够的劳动力来自给自足，除非它的人口达到数百万。所以，从地球进口专业化的产品，对火星来说几百年内都有必要性，永远都有吸引力。这些货物的重量会相当有限，因为哪怕是非常高科技的货物也只有一小部分（以重量计）真正算得上复杂。尽管如此，这些更小的精密产品也得花钱，而且从地球发射和行星际运输的高昂费用也会使它们的价格大幅上涨。那么，火星能向地球出口什么作为回报呢？

正是这个问题导致许多人认为火星殖民很难办，或者至少不如月球有希望。比如说，月球上有氦-3，这是一种地球上没有发现过的同位素，可以作为第二代热核聚变反应堆燃料，具有很高的潜在价值，对此已经有了很多讨论和展望。就目前所知的情况，火星上没有氦-3；不过另一方面，火星复杂的地质历史可能会使矿物质富集，形成容易开采的、比地球上现有的矿脉品质高得多的贵金属矿脉——因为在过去5000年中，地球上的矿石已经被人类搜罗得差不多了。1990年，在与大卫·贝克合著的一篇论文中我曾阐述过，如果火星上有与银等值或价值更高的富集金属矿（如银、锗、铪、镧、铈、铼、钐、镓、钆、金、钯、铱、铷、铂、铑、铕，等等），就有可能将其运回地球获取大量利润。[44]基于火星地面的可重复使用的单级入轨飞行器，如NIMF（在第7章中讨论过），能将货物拖到火星轨道上；然后利用在火星上生产的便宜的一次性化学推进级，或是可重复使用的太阳帆、磁力帆行星际飞船，就能把它们运回地球。（在本章末的拓展阅读中，我们会对这些先进的推进系统进行讨论。）然而，这些贵金属矿是否存在仍有待证实。

不过，我们知道有一种商业资源在火星上随处可得，且数量惊人——氘。氘是氢的重同位素，在地球上，每100万个氢原子中会出现166个氘原子；不过在火星上，这个数字是833个。氘不仅是第一、二代核聚变反应堆的关键燃料，也是今天的核能工业必不可少的原料。如果你有足够的氘，就能用"重水"代替普通"轻水"来慢化核裂变反应堆，这种用重水慢化的反应堆可以使用天然铀，无需浓聚。今天，加拿大制造的名为"CANDU"的核能反应堆就采用这一原理。不过，问题在于，你必须电解30吨普通"轻水"才能生成足够的氢，产出1千克氘；这个工序贵得离谱，除非你有很多便宜的水电可以烧。（这就是为什么第二次世界大战中德国的原子弹项目不得不在挪威维莫尔克的水电大坝附近生产重水。1943年，挪威反抗军和美国B-17机群对该地区进行了一系列突袭，德国核项目因此毁于一旦。）就算有了便宜的能源，氘还是很贵；现在它在地球上的市场价大约是每千克1万美元，是银（每盎司①27美元）的12倍左右，金（每盎司1200美元）的25%。这还是今天这个前核聚变时代的价钱。一旦核聚变反应进入大规模应用，氘的价格就会上涨。正如我们在前几章中讨论过的，火星基地的大部分能源将用于电解水来驱动各种维生、化学合成工序。如果在电解反应生成氢之后、将这些氢循环送回化学反应器之前，加入氘/氢分离的步骤，那么，每电解6吨火星上的水就能获得约1千克的副产品氘。每（地球）年火星上的每个人需要电解约10吨水，如果加工各种材料要电解的水是这个量的2倍，那么一个20万人的火星殖民地每年共需电解600万吨水。这样每年可以产出1000吨氘，足够发11太瓦（TW）电，或者说，和现在全人类消耗的电差不多。以现在氘的价格计算，潜在的年度出口收入为100亿美元——这个数和地球上人口远多于20万的国家的出口收入相当。（比如说，2009年，新西兰出口总额为260亿美元，可它的人口有430万。）以现在每度7美分的电力均价计，每年地球上用这些氘发出的电总值约7万亿美元。

火星殖民者也许还能出口创意。正如殖民期和19世纪美国普遍的劳动力短缺造就了"别出心裁的美国人"（Yankee ingenuity），极度的劳动力短缺与技术文化相结合，别出心裁的

---

① 英制重量单位，1盎司约合28.3495克。

火星人会掀起一波又一波发明的浪潮，可能涉及发电、自动化及机器人技术、生物技术和其他领域。这些发明将在地球上获准使用，为火星带来财源；与此同时，它们还将强有力地颠覆、推进地球生活标准，正如19世纪美国人的发明也曾彻底改变了欧洲并最终影响了整个世界。

　　前沿文化必然创造的发明将为火星带来财富，不过发明和对地球的直接出口并不是火星人唯一的财源。他们还可以通过为小行星带的采矿活动提供支持来赚钱，那片地区位于火星和木星的轨道之间，有许多小型富矿天体。

　　为了理解这一点，有必要考量一下地球、月球、火星和主小行星带之间的能量关系。小行星带在这里进入了视野，是因为它以富含高品质金属矿石著称，还有低重力环境，这意味着把矿石运回地球比较容易。[36]例如，亚利桑那大学的约翰·刘易斯（John Lewis）曾设想过一颗直径仅1千米的普通小行星的情况。根据他的估计，这样的小行星重20亿吨，其中有2亿吨铁、3000万吨高品质的镍、150万吨战略金属钴，还有7500吨铂系金属混合物。以现在的价格计算，这些铂系金属的平均价值为每千克2万美元左右。单单铂的价值就高达1500亿美元。以上推测几乎毫无疑问，有大量小行星陨石样品为证。陨铁通常含有6%～30%的镍，0.5%～1%的钴，铂系金属浓聚物的含量至少是地球上最好矿石的10倍。此外，小行星还含有大量碳和氧，第7章中我们讨论过在火星上用一氧化碳提炼金属的化学方法，对这些方法稍加改动，我们就能将以上所有材料从小行星上分别提炼出来。

　　今天，已知的小行星约有5000颗，其中约98%都分布在火星和木星之间的主带上，它们离太阳的平均距离约为2.7天文单位，或称AU。（地球和太阳的距离是1.0 AU。）这条主带包括一颗直径高达914千米的小行星、数百颗直径超过100千米的小行星，和木星轨道内所有直径超过10千米的小行星。剩下的2%都很小，其中极少数微型天体离太阳比地球还近，少数位于木星轨道外，其余的都位于地球和火星之间。不过，2%这个数值大大高估了这类近地小行星与主带小行星的数量比，因为它们离地球和太阳相对较近，所以容易看见得多。合理估计的话，主带小行星数量至少有近地小行星的1000倍，而且90%的近地小行星轨道离火星比离地球更近。

从刘易斯的例子中，我们清楚地认识到，这些小行星潜在的经济价值都很高。最近，关于近地小行星的重要性有过很多讨论（尤其因为人们逐渐意识到，如果我们不赶紧发展出一些靠得住的航天运输技术，某天说不定会有一颗小行星撞到地球，人类将就此一笔勾销），主带小行星和近地小行星数量如此悬殊，如果真想采矿，显然应该到主带去。

在小行星上工作的矿工们没法在当地生产大部分必需补给品。所以他们需要从地球或火星进口食物和其他必需品。从下面的表格中我们可以看到，做这样的生意，火星具有压倒性的地理优势。这是因为从火星出发去小行星带需要的火箭推进速度变量远小于从地球出发的，所以从火星出发的飞船需要的质量比（飞船满载燃料时的质量除以飞船净重）也低得多。

表8.1中，我们选择谷神星①作为主带小行星的代表，因为它最大，而且正好位于主带的中间。不过，你会注意到，我也把月球作为

① Ceres，人类发现的第一颗小行星，也是已知最大的一颗小行星，位于主带，极直径约914千米。

潜在的中继港。虽然从物理上说月球离地球近得多，但我们可以看到，从推进的角度来说，从火星去月球比从地球去容易得多！从火星到月球需要的质量比只有12.5，可从地球出发质量比是57.6。如果把目的地换成差不多任意一颗近地小行星，这一点还会更加明显。

表8.1　内太阳系运输

	地球		火星	
	速度变量 （千米每秒）	质量比	速度变量 （千米每秒）	质量比
地面到低轨道	9.0	11.40	4.0	2.90
地面到逃逸	12.0	25.60	5.5	4.40
低轨道到月球地面	6.0	5.10	5.4	4.30
地面到月球地面	15.0	57.60	9.4	12.50
低轨道到谷神星	9.6	13.40	4.9	3.80
地面到谷神星	18.6	152.50	8.9	11.10
谷神星到该行星	4.8	3.70	2.7	2.10
低轨道到谷神星往返程（核电推进）	40.0	2.30	15.0	1.35
化学推进到低轨道，核电推进从低轨道到谷神星往返程	9/40	26.20	4/15	3.90

除最后两行外，表8.1中给出的条目都假定运输系统采用甲烷/氧（CH_4/O_2）发动机，比冲量为380秒；进入弹道轨道所需的速度变量也由高推力的化学推进系统实现。之所以这样选择，是因为甲烷/氧是可在太空中存储的化学推进剂中性能最好的，而且在地球、火星或含碳的小行星上都很容易生产。氢/氧推进剂的比冲量更高（450秒），却不能在太空中长期存储。此外，氢/氧推进剂比甲烷/氧贵10倍以上，而且体积也很庞大，要利用可重复使用的单级入轨（SSTO）飞行器把它送上轨道，无论送多少都很难（因此，要采用真正便宜的地面到轨道系统，就只好放弃它），所以便宜的可重复使用的太空运输系统用这样的推进

剂不太合适。表中最后两行假定采用核电推进（nuclear electric propulsion，NEP）来完成行星际飞行，比冲量5000秒，推进气体是氩，地球和火星上都有这种气体；而从行星地面到低轨道则采用甲烷/氧推进。这些单级入轨、核电推进系统今天看来多少有点超前，不过等到我们讨论的那个时代，这样的行星际运输技术就是很保守的底线了。

可以看出，如果只用化学推进系统，那么，要把同样的净重送到小行星带，从地球出发需要的质量比是从火星出发的14倍。这意味着如果目的地是谷神星，从火星出发的有效载荷与起飞质量之间的比值比从地球出发的大（得多）。事实上，看看表8.1，我们可以打包票，要用化学推进在地球与谷神星（或主小行星带其他任何一颗天体）之间建立真正的贸易关系不大可能，可是从火星出发就相对容易一些。我们还能看到，要向地球的卫星运送货物，从火星出发的质量比收益也是从地球出发的将近5倍。

如果采用核电推进，情况有所改观，不过变化不大。以主带为目的地，火星出发的质量比收益仍是地球的7倍。这就意味着，从火星出发的有效载荷与起飞质量之间的比值，比从地球出发高2个数量级左右。

这里说的还只是质量比，如前所述，火星的优势还没完全发挥出来呢。现在，我们可以来比较一下从地球或火星出发去谷神星的地面到地面任务，详见表8.2，表中考虑了纯化学推进和化学/核电组合推进两种方式。这两种任务运送的货物都是50吨。此外，两种推进系统都要考虑自身燃料箱的质量，我假定燃料箱质量是装载的推进剂质量的7%。地面到轨道的飞行器采用甲烷/氧单级入轨火箭，并假定除燃料箱外的飞行器净重（热防护、发动机、起落装置等）与其有效载荷相等，也是50吨。行星际化学能运输系统可以做得不那么牢固，所以我设定除燃料箱外的飞行器净重是有效载荷的20%。表8.2中所示的核电推进发动机把货物从火星运到谷神星需要10兆瓦电力（MWe），从地球出发则需要30兆瓦，这两种核电推进系统的质量能量比均为5吨每兆瓦。（火星直击任务中100千瓦的反应堆质量能量比是40吨每兆瓦，这里的核电推进系统轻得多。不过考虑到装置尺寸大得多，这里的背景也超前得多，所以可以认为这个质量能量比说得通。）这两个系统额定功率不同，但能量质量比基本相同。尽管如此，从地球出发的核电推进系统发动机工作时间仍是从火星出发的2.4倍。如果你想增大从地球出发的核电推进飞船的额定功率，来把发动机工作时间缩短到和火星出发的一样，那它的质量就会趋于无穷大。表8.2中的质量是指任务的全部质量。显然，这些需要发射的总质量都会分派到许多枚运载火箭头上。

表8.2　小行星带货运任务质量（吨）

推进系统	地球出发		火星出发	
	甲烷/氧	化学/核电推进	甲烷/氧	化学/核电推进
有效载荷	50	50	50	50
行星际飞船	10	150	10	50
行星际燃料箱	85	19	15	3
行星际推进剂	1220	268	205	37
低轨道总质量	1365	487	280	140
运载火箭净重	1365	337	280	90
运载火箭燃料箱	6790	1758	88	28
运载火箭推进剂	97 000	25 127	1250	401
地面起飞总质量	106 520	27 559	1898	609

　　你可以看到，不管是采用纯化学推进还是化学式运载火箭加核电推进行星际飞船，把同等质量的货物送上谷神星，从火星出发的发射质量都只有地球出发的1/50。如果采用运载能力1000吨的甲烷/氧火箭来完成这样一次货运任务，从地球出发需要发射107次，而从火星出发只需要发射2次。就算火星上的推进剂和其他发射费用是地球上的10倍，从火星出发仍然省钱得多。此外，这里的所有分析都假设飞船从小行星带返回时是空船。如果中途不在火星补充燃料，从地球出发时就带上足够将大量金属矿从小行星带运回来的燃料，这么算的话，从地球出发的任务就更没指望了。

　　得出的结论很简单：要送去小行星带的东西，能在火星上生产就在火星上生产。

　　因此，未来行星际贸易的轮廓就清楚了。地球向火星提供高技术产品，火星向小行星带（可能还有月球）提供低技术产品和口粮，小行星带将金属（而月球可能将氦-3）运回地球，形成“三角贸易”关系。殖民地时期英国和她的北美殖民地及西印度群岛之间就是这样的三角贸易关系。英国将产品运到北美，美洲殖民地将口粮和需要的工艺品运往西印度群岛，西印度群岛将糖等经济作物运回英国。19世纪，在东印度地区，英国、澳大利亚和香料群岛之间也是类似的三角贸易关系。

移民火星

　　行星际旅行的困难也许会让火星殖民看起来像是幻想。不

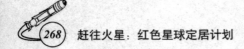
过，从定义上说，殖民是条单行道，正是这一点让我们有可能为新世界的殖民地送去发展所需的大量人口。

我们考虑一下人类移居火星的两种可能模式：政府出资模式与私人出资模式。

如果选择政府出资模式，今天我们已经拥有大规模移民所需的基本技术手段。图8.1中我们可以看到向火星运送移民的设想之一。脱胎于航天飞机的重型运载火箭把145吨（和土星5号运输能力相当）载荷送上近地轨道，然后用比冲量900秒的热核火箭（NTR，例如20世纪60年代美国NERVA项目中试制的那种）把一艘70吨的蜗居飞行器送上去火星的轨道，飞行时间7个月。到达火星后，蜗居飞行器用自身的圆锥形减速伞进行大气制动，最后在甲烷/氧发动机的帮助下降落。

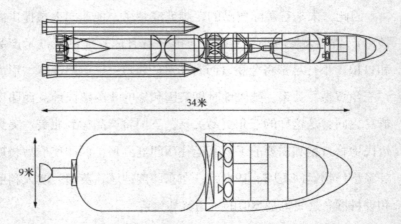

图8.1 增强式重型热核运载火箭，能将24位殖民者送上去红色星球的单行道。

蜗居飞行器直径8米，拥有4个完整的居住层，总生活区面积200平方米，足够24个人在太空中和火星上生活。到达火星后，卸下装载的货物，就可以腾出第五层（最顶层）舱室扩大生活区。因此，一次发射可以将24个人送上地球去火星的单行道，包括他们的住房和工具。

现在，我们假设2030年开始殖民，每年平均有4枚这样的火箭从地球上发射。然后作若干合理的人口统计学假设，就能估算出火星人口曲线，结果见图8.2。仔细研究这张图片，我们会看到在这种程度的努力下（而且技术锁定在21世纪初期的水平），未来1个世纪中，火星人口增长率约为17、18世纪美洲殖民地的1/5。

火星殖民与美洲殖民的比较

| 美国 | 1630 | 1650 | 1670 | 1690 | 1710 | 1730 | 1750 | 1770 |
| 火星 | 2050 | 2070 | 2090 | 2110 | 2130 | 2150 | 2170 | 2190 |

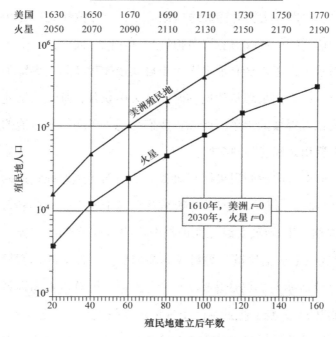

图8.2 火星殖民与北美殖民的比较。假设从2030年起，每年送去100位移民，男性和女性各50人，人口年增长率为2%。所有移民的年龄都在20～40岁。一个理想的火星家庭平均有3.5个孩子。0～59岁年龄组每年死亡率为0.1%，60～79岁年龄组为1%，80岁以上年龄组为10%。

这个结果意义非凡。它意味着，去火星的遥远路途和由此引发的交通不便并不是红色星球上人类文明初期的主要障碍。关键的问题反而是资源利用、培育食品、建筑房屋以及在火星地面上生产各种有用的产品，正如我们在第7章中讨论过的一样。此外，预估的人口增长率是美洲殖民地的1/5，这有点慢，不过从历史的尺度来看相当可观。假设每次发射耗资10亿美元，对地球上任何一股希望在火星上播下自己火种的主要势力来说，在一段时间中持续每年投资40亿美元都是可以接受的。

不过，如果每次发射耗资约10亿美元，那每位移民就是4000万美元。这样的价钱政府也许负担得起（一段时间内），个人或私人组织就不行了。会有很多人出于自我选择想在新世界留下自己的印记，如果火星想从他们的充沛精力中获益，那运输费就得降到比现在低得多的水平。所以，我们考虑一下另一种可能的模式，看看费用到底能降到多低。

可以再次考虑我们用来把有效载荷从地面送上近地轨道的甲烷/氧单级入轨飞行器。把1千克有效载荷送上轨道，大约需要70千克推进剂。甲烷/氧双组元推进剂价格约为每千克0.2美元，那么把1千克载荷送上轨道，燃料成本为14美元。然后我们假设总的系统运营成本是燃料成本的7倍（大约是飞机总成本与燃料成本之比的2倍），那么把载荷送上近地轨道的成本约为每千克100美元。假设地球与火星之间有永久往返运行的飞船，船上水和氧的循环利用率为95%。这种行星际"渡船"由阿波罗11号宇航员巴兹·奥尔德林（Buzz Aldrin）提出，可以作为永久性地球-火星运输体系的基础，能为大量移民有效提供足够的舱位。这种渡船只需要发射一次，然后就会在地球和火星之间永远飞行下去，往返周期为2.2年。用这样的渡船运送乘客，每位乘客（加上私人物品每位100千克）必须携带约400千克补给品，如食物、水和氧，来支持自己200天的去程航行。因此，把一位移民从近地轨道送上行星际往返飞船，也就是要给500千克载荷提供约4.3千米每秒的速度变量。移民从近地轨道登上渡船、从渡船登上火星地面都要乘坐转移舱，每位乘客分摊的转移舱质量大概要500千克。那么，每位乘客共有1000千克质量需要送上渡船轨道，如果转移舱采用比冲量380秒的甲烷/氧推进系统，那需要送上近地轨道的总质量就是3200千克。近地轨道运送价格为每千克100美元，假设渡船自身的费用均摊到极大数目的任务中，最终得出，把一位乘客送上火星的费用是32万美元。

显然，上述计算中我作了很多假设，其中任何一个发生变动都会使算出的船票价格显著上涨或下降。比如说，从地球到近地轨道这段路程，如果采用空气助燃的超音速冲压式喷气发动机（scramjet）来提供相当一部分速度变量，这段路程的费用就会降低到原来的1/3。还可以用电力摆渡船把转移舱加速到接近逃逸速度，然后停止加速，转移舱就能利用高推力化学级实现近距离有动力飞越地球，从而脱离地球轨道，与渡船会合。这一过程由化学推进实现，需要的速度变量仅有1.3千米每秒，因此运送的有效载荷会成倍增加，费用也会降得更低。如果渡船采用磁力帆（见拓展阅读）而不是只利用自然的行星际轨道（通过重力助推），那要与渡船集合，转移舱需要的离开地球的双曲线速度几乎为零，因此，近地轨道到渡船的整段路程都能用电推进完成，甚至用太阳帆、磁力帆也行。我们假设渡船上的维生系统中水和氧气的循环利用率为95%，如果增加维生系统闭环度，把该数值提高到99%，那每位乘客需要的消耗品就会减少，运输费用也会进一步降低。最终，理想情况下地球到火星的运输费用还能再降低1个数量级，每位乘客只要3万美元左右。逐步采用这些新技术，费用会随之逐步降低，见表8.3。

表8.3　地球-火星运输系统可能的费用削减

	基准	高级技术	削减系数	去火星的费用 （1996年的美元价值）
基准任务	—	—	1.0	320 000美元
地球到近地轨道	火箭	超音速冲压喷气机	0.3	96 000美元
维生系统闭环度	95%	99%	0.7	67 000美元
脱离近地轨道采用的推进方式	甲烷/氧	核电推进	0.6	40 000美元
渡船推进方式	自然	磁力帆	0.7	28 000美元

不过，早期移民的费用是每位32万美元，这个数字很有意思。这个数的钱谁都不会随便就花掉，但这个数——大约就是美国许多地区一幢郊区中产阶级高尚住宅的价钱，或者换句话说，大约就是一个成功的中产阶级家庭一生的积蓄——很多人都能出得起，如果他们真想去的话。他们为什么会想去？答案很简单：火星人口很少，交通费又这么高，那火星上的劳动力成本肯定比地球上高得多。因此，火星上的工资也许会比地球上高得多。32万美元在地球上可能是一位工程师6年的薪水，那在火星上，他很可能只要一两年就能赚到这么多。过去4个世纪中的大部分时间，欧洲与美国之间的工资差别正是如此，这样的工资差别会使个人移民火星变得既有利可图又有望实现。从17世纪直到19世纪，许多欧洲家庭如出一辙，倾家荡产把一位家庭成员送到美国。然后，这个移民去赚足够的钱，让全家人都搬过去。今天，同样的一幕正在第三世界的移民身上重演，和现在的机票价格相

比，他们在本国的薪水低得可怜。到达目的地后，移民肯定会有收入来付清船票，所以甚至可以贷款来付旅费。过去我们这样做过，将来也可以这样。

图8.3 时间流逝，火星基地会成长为真正的定居地，人类文明新分支的起点。（绘图：罗伯特·默里，火星学会）

　　如前所述，火星上将会出现的普遍劳动力短缺会促使火星文明进行技术变革和社会改良。如果你付了地球上5倍的薪水，那你肯定不希望自己的工人浪费时间做体力劳动或是填写表格；也不希望拥有紧缺技能的人没法全力施展，而仅仅因为他没有劳神费力地去做什么例行公事的培训。简单地说，火星文明注重实用，因为他们不得不这样，就和19世纪的美国文明一样。留在地球上的社群没有这么大的压力，所以更容易被传统束缚。在相互的竞争中，这种被逼出来的实用主义会带给火星巨大的优势。如果说需要是发明之母，那火星会为发明提供摇篮。一个以卓越的技术与实用主义为根基的前沿社会，而且成员都是在个人的驱动下主动加入的，它必将成为发明的温床，这些发明不但能为火星所用，地球上的人同样也能受益。因此，他们会为火星带来收入（向地球卖使用许可），同时也会打破劳动力丰富的地球社会固有的停滞不前的趋势。我们在稍后的章节中会讨论到，这个返老还童的过程最终将是殖民火星为地球带来的最大收益。而得益最大的地球社会，便是与火星的社会、文化、语言、经济各方面联系最紧密的那些。

出售火星不动产

火星不动产可以分成两种：适于居住的和露天的。适于居住的不动产，我指的是有圆顶遮蔽，人类移民可以不穿宇航服相对正常地生活的环境。与此相对，露天不动产指的是圆顶外的区域。显然，适于居住的不动产比露天的值钱得多。不过，这二者都可以买卖，而且随着交通费用的降低，这两种火星不动产都会升值。

目前火星上唯一的一种不动产是露天的，数量极大——1.44亿平方千米。不过它们看起来似乎毫无价值，因为不能马上开发。事实并非如此。在移民到达肯塔基州之前一百年，那里的大片土地就被买进卖出，交易金额很高。从开发的角度来看，今天的火星也许就是17世纪初阿巴拉契亚山脉以西的美洲。不过，这些遥远的土地之所以具有价值、可以出售，有两个原因。第一，至少有一部分人相信有朝一日这些土地会被开发，而且个人可以拥有阿巴拉契亚山脉以西的土地，英国王室的土地专有权制度从法律上确认这种所有权。事实上，如果有合适的机制来维护火星上的私有财产权，现在也许就能买卖火星土地了。要实现这样的机制，不必在火星地面上雇佣执法者（不需要太空巡逻队），只要有一个够强大的国家，比如美国，能为这些专有权或财产注册，就完全够了。比如说，如果美国决定授予某个私人组织采矿权，他们对某片火星不动产进行了详尽勘测，那么这些地区的采矿权现在就可以交易，价格取决于它未来的可能价值（不久后，私人可能用这些采矿权资助自动探矿器的研发）。而且，如果有人侵犯专有权开采了材料，那只要让美国海关对这些材料制造的产品——无论是直接制造还是间接制造，无论在哪里生产——征收惩罚性进口关税，就能在国际乃至太阳系范围内保障专有权。这样的机制不一定意味着美国的主权会遍及火星，就像现在美国专利与版权局①把创意固化为知识产权，也并不意味着美国的政府主权遍及全宇宙所有创意。不过，不管出面的是美国、北约、联合国还是火星共和国，总得有某个政府许可，来为火星上一钱不值的不动产赋予财产性价值。

无论如何，只要做到这一点，火星上的土地，哪怕是未开发的露天不动产，也会带来滚滚财源，为初期的火星定居地提供发展资金。以平均价值每英亩20美元计，火星总值7000亿美元。既然火星可以进行地球化改造，那些露天土地的升值潜力有上百倍，这意味着整颗行星的土地价值约70万亿美元。如果（事实很可能真的如此）能想出一种办法，使地球化火星的总费用远小于

---

① 原文为U.S. Patent and Copyright Office，指美国专利商标局（U.S. Patent and Trademark Office）与美国版权局（U.S. Copyright Office）两个机构。

这个值，那些拥有火星的人就会有充分的动机，想尽办法对这颗行星进行改造，好让自己的财产升值。

当然，火星上的露天不动产价值并不相等。那些已知蕴含贵重矿物、水源，有地热能可供开发或其他资源的区域，或者离居住区域较近的地方价值会高得多。所以，火星上那些未经探索的露天不动产的主人会使尽浑身解数，对自己拥有的土地进行更深入的探索，鼓励人们前去定居，就像过去地球上的土地投机者干的那样。

比露天不动产值钱得多的是圆顶下那些适于居住的不动产。每个直径100米的圆顶质量约为80吨，能覆盖2英亩左右的区域。假设每个圆顶有可供20个家庭居住的设施，每个家庭愿意为自己的居住地付5万美元（他们会分到边长20米的一小块），那单个圆顶遮蔽的不动产总值为100万美元。这样算下来，修建大量圆顶来创造出大片可供居住的土地以供移民潮居住，这会是火星上最大的生意之一，也是殖民地的一项主要收入。

21世纪，人口增长会让地球上的不动产价格越来越贵，人们更难拥有自己的房子。与此同时，日常生活的不断僵化会让精神强大的人越来越难在地球上找到合适的途径，来发挥自己的创造欲与主动性。乐意创造"不正常"的人会越来越难以忍受那些保护"正常"的规章制度。一个狭小的世界会限制所有人的机会，还会发展出强迫性的行为、文化准则，让很多人都无法接受。等到这种压抑引起的摩擦变成不可避免的叛乱和战争，总会有失败者。环顾今天的世界，在亚洲、非洲、中东、前苏联和欧洲不难找出几打毗邻大国的小国家，他们正在或曾经表露出征服邻国的野心。我再说一遍，会有战争，会有失败者，会有数百万移民宁

可远走他乡，接受创造新生活的艰难挑战而不愿屈服。他们需要一颗避难的行星，火星就在那里。

以历史事件类比

　　首先，我希望这样类比：新探索时代的火星就是曾经的北美。月球靠近中心地区但缺乏资源，相当于格陵兰。其他目的地，如主带小行星，可能富含以后能运回地球的资源，但缺乏在当地发展完整社会的前提条件——可以比作西印度群岛。只有火星拥有发展当地文明所需的全部资源，也只有火星是真正可行的移民目的地。正如美洲与英国、西印度群岛的关系一样，火星拥有去小行星带的地理优势，从小行星带采矿运回地球的过程中，火星可以扮演一个重要的角色。美洲的确是西印度群岛的糖和香料贸易、内陆毛皮贸易的大本营，也是潜在的产品市场。但是，就算不管18世纪欧洲政治家、金融家那些没有远见的算计，这些也从来不是美洲真正的价值。美洲真正的价值在于，它是人类文明新分支未来的家园，这个文明将人文主义的血脉与自身前线的实际情况相结合，成为人类发展和经济增长最强劲的发动机，它的强大整个世界前所未见。美洲真正的财富在于，她为人们提供土壤，而那些合适的人也选择奔她而来。前线的美国人富有革新精神，他们以行动创造出"无所不能"的实用文化，他们的所有特质同样适合火星，或者说，更适合一百倍。

　　火星比地球上任何一个地方更严酷。但只要你能适应那里的生存规则，最严厉的学校就是最好的。火星人一定是好样的。

高级行星际运输方式

目的地促进运输的变革。正如新世界的发现促进了欧洲造船学的革命，火星基地的建立将促使新的航天推进系统出现，赋予火星殖民商业上的可行性。这些新系统的性能大大优于我们现有的任何系统，它们的概念已经存在了一段时间，等待着在需求的刺激下变成现实。我们来看一看未来有哪些可能。

空气助燃的发射系统

现有的以火箭为基础的发射系统运送货物的效率只有喷气式飞机的2%。造成如此差距的原因很简单——火箭自身携带氧化剂，而喷气式飞机从空气中获取氧化剂。氧化剂占总燃料质量的75%，所以这大大降低了火箭飞行器的性能。飞往近地轨道的运载火箭穿越的是一片氧化剂的海洋，那它们为什么不试着利用外界的氧化剂呢？

很不幸，技术困难和缺乏意愿从两方面阻碍了空气助燃式极超音速推进系统的发展。目前，一些导弹上使用的冲压式喷气发动机能将导弹加速到5.5马赫①，不过一旦超过这个速度，就无法

---

① 马赫是表示速度的量词，又叫马赫数。马赫数是飞行的速度和当时飞行的音速之比值，1马赫即1倍音速。

将进入喷气式发动机的空气的速度降低到亚音速,除非把空气加热到很高的温度。因此,发动机内部的燃烧过程必须在超音速流体中进行。能做到这一点的发动机又是另一种了——"超音速冲压喷气机",它和现有的喷气式发动机之间的差别犹如喷气式与螺旋桨的差别。国家空天飞机(National Aerospace Plane,NASP)计划——由于人们没有意识到它的必要性,已于1993年取消——用计算机做了大量运算,证明超音速冲压喷气机行得通。还有一种替代方案,技术上没那么难,却有超音速冲压喷气机的大部分优点,那就是空气辅助式火箭:上升过程中,它从大气中获取一部分需要的氧化剂。1966年,马夸特公司(Marquardt Company)曾对一些空气辅助式火箭做过地面试验,其比冲量超过1000秒。不幸的是,这些发动机还没进行飞行试验,政府里的官僚就心血来潮改了主意,取消了这个项目。

如果单级入轨飞行器发射时能使用超音速冲压喷气机或空气辅助式火箭,哪怕只是部分使用,有效载荷也会大大增加。发展中的火星聚居地需要以低廉的费用将大量货物发送到近地轨道,以及超过近地轨道的地方。要满足这样的物流需求,需要的正是这种运输系统。因此,要发展能让我们以低廉的费用进入太空的技术,火星殖民正是其核心。

电推进

衡量火箭性能的关键值是比冲量,即它利用1千克推进剂能在多少秒内持续产生1千克推力。现有的最好的化学火箭比冲量约为450秒,而热核火箭的比冲量可达900秒。

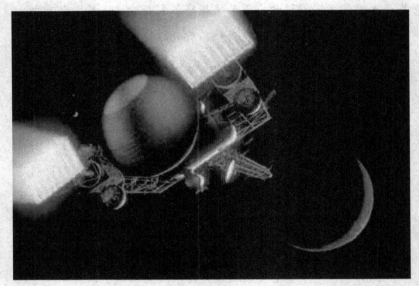

图8.4　核电推进航天器需要巨型反应堆系统。现在有人大肆吹嘘，核电推进是快速飞向火星的关键。这种观点是错误的，因为它们的加速动作很慢。不过，它们利用燃料的效率很高，所以有朝一日，利用这样的推进系统，可以显著降低火星货运的费用。（图片来源：NASA）

　　不过，要达到高比冲量还有另一条路。那就是：剥夺气体原子的部分电子，使之电离；然后利用静电格栅产生的引力和斥力使电离后的气体加速。这种技术叫电推进，或"离子驱动"。还有一个相近的设想：将气体转化为等离子体，然后从一个磁喷嘴中喷出产生推力。不管选哪种，采用电推进，你能得到的比冲量高达数千秒，绝不需要将喷出的气体加热到很高的温度。这不仅仅是个理论，它已经成为现实——今天，许多卫星采用离子推进进行位置校正。不过，如果想要很大的推力，那需要大量电能。比如说，120吨的航天器需要5兆瓦能量（大约是国际空间站计划用量的70倍）来产生280牛（约60磅）的推力，比冲量5000秒。不过，如果有这么大功率，航天器可以持续推进差不多一整年，产生30千米每秒的速度变量，在近地轨道和火星之间打个来回。这种核电推进飞船（NEP）能实现如此不可思议的速度变量，而且质量比仅有1.82。要从太阳系里的某个地方去另一个地方，电推进飞船必须遵循的轨道所需的速度变量通常远高于（一般要乘以2）化学推进系统。不过电推进比冲量大概是化学推进的10倍，所以仍有优势，**只要你别把核电推进系统本身做得太重。**

已经存在千瓦级的电离子推进器，要把它们扩大到NEP运输系统所需的兆瓦级，没什么原则上的困难。迄今为止，要使NEP运输系统实用化，真正的困难在于这样的NEP系统需要兆瓦级的太空核反应堆来供能，要发展出这样的核反应堆，必须要有资金和长期的支持。基于上述内容，我们应该指出，某些电推进的强烈支持者，如前宇航员张福林（Franklin Chang-Diaz）领导的VASIMR组织，宣称只要有200兆瓦的核反应堆，他们的等离子驱动技术就可以完成去火星的快速旅程（约40天），这实在很荒唐。就算我们乐观地假设，到21世纪末，太空核反应堆的质量能量比将缩减到现在的1/8（现在是40吨每兆瓦，那我们假设将来是5吨每兆瓦），那200兆瓦的反应堆本身质量也有1000吨，比它的有效载荷重一个数量级。考虑到反应堆要推动的不仅仅是相对较小的有效载荷，还有它自己，那不管它有多大，都不可能提供整个飞船完成快速旅程所需的加速度。因此，VASIMR组织宣称他们支持的是突破性的快速推进系统，这毫无依据。而且更不幸的是，那些反对现在就把人类送上火星的人倒是很欢迎VASIMR，因为VASIMR给他们提供了一个借口：等到这种异想天开的太空发动机出现再去火星吧。

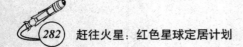

不过，如果我们抛弃利用电推进完成快速旅程这个不切实际的目标，核反应堆系统的尺寸就能控制得比货物更小，那么，这种技术可能在降低发射重量方面发挥关键作用，从而降低费用。这正是未来行星际贸易所需要的。

太阳帆

应当建造适合飞向神圣天空的船与帆。

——约翰尼斯·开普勒，1609

近400年前，我们的老朋友开普勒注意到，彗星不管朝着太阳运动还是远离太阳，它的尾巴总是朝向远离太阳的一边。于是他猜测太阳发出的光会产生一种力，将彗尾推开。他是正确的，虽然光产生力这一事实直到1901年才被证明。

好吧，如果阳光能把彗尾推开，那我们为什么不利用它来推动飞船？我们只要在航天器上安装大镜子，要是你愿意的话，叫它太阳帆，就能让阳光照在上面产生推进力，为什么不这么做？答案是，我们可以这么做，不过要产生哪怕稍微大一点的推力，需要的阳光多得可怕。例如，在1天文单位——即地球与太阳的距离——处，1平方千米的太阳帆受到的向外推力共为10牛，约2.2磅。那么，要让太阳帆成为实用的推进系统，你要用很薄的材料来制作它，还要覆盖巨大的区域。假设我们制作了一个面积1平方千米的帆，厚度为0.01毫米（即10微米），大约是厨房垃圾袋厚度的1/4。在这种情况下，帆的质量有10吨，它能在约1年内给自己提供32千米每秒的速度变量。当然，如果帆还拖着与自己等重的有效载荷，速度变量会降到这个数的1/2。尽管如此，要发展实用的推进装置来支持地球和火星之间的运输，10微米厚的太阳帆仍有用武之地。而且，如果能制造厚度1微米的帆，那我们就真能飞起来了……

没人真用过太阳帆推进，但在20世纪70年代，NASA喷气推进实验所曾做过很严肃的研究，考虑在1986年哈雷彗星出现的时候，用太阳帆驱动探测器飞向哈雷。不幸的是，国会没给这个任务拨款，计划付之东流。一些业余组织，如Robert Staehle的世界太空基金会（World Space Foundation）和法国光子动力推进联盟（French Union pour la Promotion de la Propulsion Photonique）曾制作过太阳帆。他们原本希望在1992年，哥伦布发现新大陆500周年时举行飞向月球的太阳帆竞赛，不过没有找到合适的运载火箭来让他们的太阳帆搭便车进入太空。

太阳帆的确有些技术问题，例如如何无损地折叠、展开、部署就位，如何在太空中控制极薄的材料制成的巨型太阳帆。尽管如此，还是必须说，阻碍太阳帆成为现实的并不是技术上的障碍，而是全世界的航天局都不肯拿出稍微多一点的钱来发展、测试它。我们还是希望火星人能做得更好吧。

磁力帆

阳光并不是太阳对外施力的唯一形式。还有另一种形式，名叫太阳风。

太阳风是等离子、质子和电子的洪流，它们源源不断地从太阳流向四面八方，速度约为500千米每秒。在地球上，我们从未遭遇太阳风，因为地球的电离层保护了我们。

如果是地球电离层阻碍了太阳风，那肯定会产生摩擦，因此最终会产生力。那为什么不在飞船上人工制造一个电离层，利用同样的效应来推进呢？1988年，波音公司的工程师达纳·安德鲁斯（Dana Andrews）和我偶然想到了这个主意，它正合时宜。1987年，高温超导体被发现了，这正是制造实用性磁力推进设备所必需的，因为低温超导体需要的冷却设备太沉，而普通导体需要的能量又太多。单位面积内太阳风产生的力远小于阳光，但电磁场能覆盖的范围可比实体的太阳帆大得多。达纳和我通力合作，我们列出方程，用计算机模拟如果航天器产生很大的磁场，太阳风会对它有什么影响。得出的结果是：如果实用性的高温超导电缆导电性能可以达到目前最先进的低温超导体（如铌钛合金，NbTi）的水准——约100万安培每平方厘米——那么能做出的磁力帆，或"磁帆"，其推力重量比是10微米厚度太阳帆的**100倍**。[45]此外，磁帆不像超薄的太阳帆，它没有部署上的困难。它不是用塑料薄膜做成的，而是结实的电缆，只要一通电，它立刻会在磁力作用下自动"膨胀"成稳定的圆箍形。往线缆中通电需要耗费能量，不过超导线没有电阻，所以一旦电流进入线缆，就不再需要能量来维持了。此外，磁帆还将保护飞船完全免遭太阳耀斑的损害。

磁帆能产生指向远离太阳方向的足够大的力，完全抵消太阳引力，还可以调整电流大小，抵消任意份额的引力。这里我们不讨论太多细节，简单讲就是，这种能力使得和地球一起绕太阳运行的飞船能将自己转移到通往太阳系任何一颗行星的轨道上，只要调节磁帆能量大小就可以了，而且不用消耗哪怕1盎司推进剂。

现在，磁帆还未进入实用阶段，因为它们需要的高温超导电缆还不存在。不过，这个领域的研究一日千里。我认为这样的可能性很大：今后10年或20年内，做出完美磁帆所需的电缆就会进入大规模应用。

核聚变

利用电磁场将特定种类的过热带电粒子束缚在真空容器内，让它们互相碰撞、反应，就可以制造出热核聚变反应堆。由于高能粒子会逐步突破磁力阱，反应容器应该做成特定的最小尺寸以限制粒子的逃逸距离，好让反应发生。有这样的最小尺寸要求，如果需要的功率不大，那核聚变电厂就毫无吸引力；不过在未来，人们对能量的需求将增长几十几百倍，核聚变将成为世界上最便宜的能源。

核聚变反应堆能为社会的持续发展提供能源，还能制造出非常先进的航天器推进系统，尤其是考虑到，在太空中可以免费获得反应所需的任意尺寸的真空环境。氘/氦-3（D/He3）反应表现最佳，因为这种燃料是自然界中发现的所有物质中能量质量比最高的，不过以纯氘（D-D）为燃料的反应效率能达到它的60%，价钱却便宜得多。只要让等离子从磁力阱的一端逸出，然后向逸出的等离子中加入普通氢，最后让混合气体通过磁喷嘴喷向飞船反方向，就能制造出基于受控核聚变的火箭发动机。加的氢越多，推力越大，不过排气速度就越小。如果要飞向火星或外太阳系，排出的气体中普通氢的含量约为99%，排气速度会超过100千米每秒（比冲量1万秒）。如果不加氢，理论上这种核聚变发动机能达到的排气速度高达18 000千米每秒（比冲量180万秒）；或者这么说吧，如果采用氘/氦-3燃料，排气速度能达到光速的6%，纯氘燃料排气速度能达到光速的4%！虽然对于太阳系内的航行来说，这种纯氘/氦-3或纯氘燃料的火箭推力太小，但它们了不起的排气速度能把去**邻近恒星**的航行时间控制在100年内。这种核聚变动力恒星际飞船只在加速阶段需要烧燃料，因为可以采用磁帆，靠它与星际等离子体之间产生的阻力来完成减速。

最终，使用核聚变推进，去火星的时间尺度可能变成几周而不是几个月，去木星和土星只要几个月而不是几年，去别的太阳系的时间尺度会变成几十年而不是上千年。也许随着地球上核聚变电厂的发展，核聚变航天器推进技术会随之出现，不过反之也很有可能。回想一下，第一个真正实用的蒸汽发动机是用来为蒸汽轮船供能的，而第一个实用的核电厂出现在核潜艇上。它们的发生自有原因。移动的系统不断要求更先进的技术，而静态系统却不这样。对消费者而言，1千瓦就是1千瓦，不管是热核聚变产生的还是烧煤。但是，和其他更低级的技术相比，核聚变动力航天器却有全新、巨大的潜力。因此，核聚变技术初期最强有力的推动者很可能就是航天推进，为了满足那些从事地球-火星贸易的商务人士的需求——他们会希望交通越来越快。

目前，受限于短视的政客造成的预算削减，世界上的核聚变研究项目进展速度慢得像蜗牛。那些政客既没有能力也没有意愿去满足未来的需求。

火星文明的成长会迫使我们解决阻碍核聚变技术发展的问题，从而很可能让技术型社会得以幸存。

9 火星变地球

上帝创造了世界，但荷兰人创造了荷兰。

——荷兰谚语

到目前为止，在本书中，我们已经讨论的都是关于火星探索和定居的相对短期前景。现在我们要解决这个红色星球提交的终极挑战：地球化。[46,47]我们是不是真的能把火星改造成一个完全能居住的地方？

表面上看来，这念头完全是种幻想，是单纯的科幻小说。然而，就在不久以前，载人月球航行的话题也是科幻小说的领地。如今，月球探索已经是历史学家的话题了，载人火星探索才是现今工程师们的主流。大多数人也许坚信，令红色星球的温度和大气发生戏剧性的变化，以创造地球般环境的前景——"地球化"火星——就算不是幻想，也是遥远未来的科技挑战。然而，与某些极端工程设想（如超光速旅行或纳米技术）的概念不同的是，地球化其实有例可循，而且是在40亿年前。

地球上出现生命的过程，就是地球化的过程，这正是我们身处的这美丽蓝色星球变成今天模样的原因。地球诞生伊始，大气中并没有氧气，只有氮气和二氧化碳，地面由光秃秃的岩石组成。幸运的是，太阳的照射亮度也只有如今的70%，如果是今天的太阳照在当时的地球上，大气中厚厚的二氧化碳就会产生温室效应，将这个星球变成金星那样滚烫的地狱。幸好，光合生物得到了演化，将地球大气层中的二氧化碳转化成了氧气，这个过程完全改变了地球的表面化学。这一活动的结果是，不仅地球避免了失控的温室效应，利用氧气进行呼吸作用的需氧生物也开始演化了。然后，这些动物和植物进一步改变着地球，征服了陆地，创造了土壤，并戏剧化地改变了全球气候。生命是自私的，所以不需要吃惊，所有生命作出的对地球的修改都是为了促进本身的发展，扩大生物圈，并加快其发展速度，以便提高改善地球的能力，把地球更好地变成自己的家园。

人类只是这门艺术最近的从业者。从我们最早的文明开始，我们通过灌溉、作物播种、除草、驯化动物、保护放牧，来加强地球活动中最能有效支持人类生活的部分。做这些事情的时候，我们已经扩大了人类的生物圈基础，从而扩大了人口，并拓展了我们改变所处环境的能力，来支持持续不断呈指数增长的循环生命周期。结果，毫不夸张地说，我们重塑了地球，将它变成可以支持数十亿人的地方。其中相当一部分人已经从每日生存需要的劳苦中解放出来，现在可以看着夜空，考虑征服新世界了。

有些人认为让火星地球化的念头是邪教才有的：人类怎能扮演上帝。然而，另一些人会看到，这样的成就才是对人类精神的神圣一面最深刻的拥护，令它以最高形式发挥作用，将死亡的世界带回生命的花园。我从情感上与后者站在一起。事实上，我想的不仅如此。我想说，火星地球化的失败，其实是人类天性实践的失败，我们作为生命界的一员背叛了我们的责任。今天，这个生机勃勃的生物圈有潜力将它的覆盖面扩大到一个全新的世界。

人类，依靠他们的智慧和技术，是这个生物圈掌握的独特工具，可以演化到抓取另一片土地，而这只是众多选择中的第一个。为了把地球改造成一个人类可以生存和繁衍的地方，无数生命已经活过又死去了。现在轮到我们来尽我们所能。

所以，让我们再次提出这个问题：我们是不是真的能把火星改造成一个完全能居住的地方？

让我们考虑一下。尽管今天的火星实际上是一颗寒冷、干燥、可能死气沉沉没有生命的星球，但它具有支持生命所需的所有元素：水、碳、氧（以二氧化碳形式存在）和氮。火星的物理性质方面，它的重力、旋转速率、轴向倾斜、离太阳的距离，都与地球足够接近，在我们可接受的范围内。当然火星还是有一点需要改进：它没有多少大气。

地球海平面水平的大气压强是每平方英寸14.7磅，大约1巴。（"巴"是一个测量压强的单位。巴和毫巴是气象学的常用单位，将在本章使用。毫巴是巴的千分之一。）火星目前的二氧化碳大气压强连地球海平面水平的1%都不到，在6~10毫巴（简写作mbar或mb）之间。但是，我们知道火星的大气曾经比现在厚。火星表面的蛇行沟渠说明那里曾经有液态水的流动，而液态水只能在一定的温度和压强范围内存在。在地球的海平面水平，温度范围是0~100摄氏度，即水的冰点和沸点之间。如果要让水在火星表面流动，大气压强和温度一定都比现在更高。

虽然目前火星的大气层比较薄，但大多数研究人员认为，这个星球上有足够的二氧化碳储备，有条件将大气层变厚。这些二氧化碳中有一部分是以干冰的冷冻形式存在的，形成了南极冠。其他储备被困在风化层——松散覆盖火星表面的物质。（"风化层"是一个太空地质学术语，用于描述浮土，对任何星体适用。
"土壤"则是指地球上的风化层。）释放所有二氧化碳将大大
增厚大气层，届时它的气压可能将达到地球的30%，即300毫巴
（近1/3巴）。只要能升高火星温度，这些数量庞大的二氧化碳
储存就将被释放。这不仅仅是一个理论：我们知道，事实上火星
的温度和气压会在一个火星年的过程中，由于火星在近日点和远
日点之间的位置变化而变化。其实，随着火星在一年中的冷暖变
化，它的气压也会在季节平均值的基础上有20%的增减幅度。

　　当然，我们无法将火星移动到更温暖些的轨道。但我们知道如
何以另一种方式来加热这个星球，这个办法我们已经不知不觉中在
地球上操作了一个世纪了。就是释放或产生能够捕获红外辐射——
即太阳热量——的气体，从而使这个星球温暖起来。在地球上，
这被称为"温室效应"，是由于燃烧化石燃料排放二氧化碳及其他
工业产生温室气体造成的。同样的事情也可以发生在火星上，我们
可以叫它地球化或温室化。要在火星上产生大气温室，可以有三个
办法：使选定区域温度升高，释放大量储存的本地温室气体二氧
化碳；在火星上建立工厂，生产非常强大的人造温室气体，如卤烃
（"CFC"）；或释放细菌，让它们产生比二氧化碳更强大（但要
比卤烃差得多）的天然温室气体，如氨气或甲烷，但需要用其他方
法在火星上建立可以让细菌接受的生活条件。

　　虽然火星地球化的概念看起来是异想天开，支持这一想法的
概念其实简单明了。其中最主要的是正反馈，也就是系统的输出
会反过来增强系统输入的现象。就火星温室效应而言，大气压强
（其厚度）和大气温度之间的关系就是一个正反馈系统。给火星
加热会释放极冠和火星风化层中的二氧化碳。解放出来的二氧化

碳会令大气层增厚，提高其储存热量的能力。被捕获的热量又提高了表面温度，因此也增加了从冰冠和火星风化层中解放出来的二氧化碳量。这就是火星地球化的关键：它变得越温暖，大气层就越厚；大气层越厚，它就变得越温暖。

接下来，我们将看到这个系统模型是如何设计的，以及目前使用这种模型的计算结果。这些结果将大大支持我们的信念：21世纪的人类有能力对火星栖息环境施加重要影响来令其改善。事实上，火星变地球，我们能做到。

地球化计算

正如我已经指出的，火星上满是二氧化碳，这是一种首屈一指的温室气体，但其大部分都以冷冻形式被困在两极，或深锁在这个星球的风化层里。两种来源的二氧化碳都有助于将火星变成温室，但冰冻在两极的二氧化碳将启动这个程序。

根据计算研究，克里斯·麦凯和我利用火星气候模型揭示，只需要在火星南极出现非常小而持续的温度改变——只要4摄氏度——便可以在极地地区启动持续的温室效应，造成极冠的蒸发。（希望深入研究细微之处的人别急，我在本章结尾处附上了技术详析，其中详细讲解的模型即是我们用来讨论地球化的基础。）极冠蒸发后，全球的大气温度和压强将上升，反过来又将启动风化层中大量二氧化碳的释放。总之，仅仅4摄氏度南极温度的上升，便可以导致全球范围内的温度提高几十摄氏度，将只有6毫巴的气压提升到数百毫巴。

　　将南极的温度提高4摄氏度，看起来似乎不足以启动如此庞大的星球改造，但这就好像在杂货店仔细堆好的金字塔状苹果堆中拿走了底部的一个苹果。有人花了很长时间非常辛苦地把这些苹果布置好，让它们处于微妙的平衡状态。把这种平衡状态打破却并不需要很费劲。火星的南极冠正是如此。冰冻的固态二氧化碳——干冰——形成了极冠。二氧化碳的性质可以用"蒸气压"（vapor pressure）来表征，这是衡量一种物质转变成气态或蒸气态趋势的物理量。温度是影响一种物质蒸气压的单一因子，当你为一种物质加温的时候，你就提高了它的蒸气压，它会更积极地转变成气体或蒸气。二氧化碳的蒸气压在147开氏度时是6毫巴，这正是火星南极目前的状况。［开氏度（Kelvin degree）很冷；如果你想转换开氏度，把它减去273就能转化为摄氏度。因此，273开氏度等于0摄氏度，或32华氏度。火星南极冠的温度是147开氏度，也就是-126摄氏度，或者-195华氏度。］这是极冠的平衡状态。只要南极保持这个温度，二氧化碳的压强就很难达到6毫巴以上，因为多余的二氧化碳只会从大气凝结出来，并返回到冷冻的干冰形式。

　　那么，如果我们人为地提高极点的温度呢？我将在后面详细说明如何利用庞大的轨道反射镜令太阳光聚焦在极点来完成这个任务。就目前而言，先假设我们已经人为地给南极加了热。由于温度升高了，二氧化碳的蒸气压也升高了，因此有更多的二氧化碳从极冠蒸发到了大气中。蒸气压（物质转化为气体或蒸气的趋势）和大气压（覆于表面的大气的实际重量）是两个截然不同的概念；但我们可以说，当极冠二氧化碳的蒸气压上升时，因为二氧化碳从极冠蒸发泵入了大气层，使火星全球的大气压强也随之上升了。二氧化碳在任何温度下的蒸气压都是已知的科学信息，可以从化学手册中查到，而且地球上的值和火星上的值是一样的。行星大气中二氧化碳气体层制造温室效应的能力也是众所周知，尽管不是那么精确，但还是可以把火星上大气层增厚多少会导致温度升高多少估计在一个合理的精确度内。对极冠的状况以及蒸气压和温度的关系有了基本的了解后，我们可以冒险进入对真相的计算，了解我们如何开始火星地球化。

首先请看图9.1。麦凯和我开发了一个模型，在这张图里，可以看到该模型应用于火星南极冠时的结果，我们相信那儿可能存在足够的冰冻二氧化碳，可以把火星的大气压升到50~100毫巴。我已经绘制了极地温度相对气压的函数图，以及蒸气压相对极地温度的函数图。注意上面的两点，A和B，两条曲线交叉的位置。它们均为平衡点，在这个状态下两条曲线上的火星平均大气压（P，代表火星平均地面高度的大气压，单位为毫巴）和极地的温度（T，代表开氏度）是一致的。不过，A是一种稳定平衡（stable equilibrium），而B是不稳定的。只需要检查两条曲线不重合位置的动力学就能发现这一点。当温度曲线位于蒸气压曲线之上时，该系统将向右移动，也就是温度和压强升高，这代表了一个将持续进行的温室效应。当温度曲线在蒸汽压曲线之下时，系统会向左移动，即温度和压强下降；这代表持续的"冰室效应"。今天的火星位于A点，压强为6毫巴，极点的温度在147开氏度。

火星极地二氧化碳的温室效应

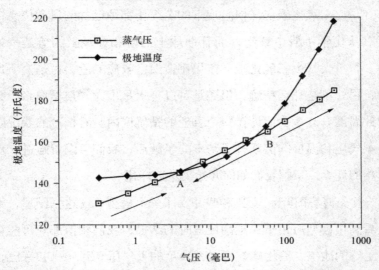

图9.1　火星极冠/大气压动力学。目前的平衡状态是A点。将极地温度提高4开氏度，会同时驱动A和B的平衡状态，造成持续的升温，最终极冠消失。

现在想想，如果人为地将火星极点的温度提高几开氏度，会发生什么？随着温度的升高，整个温度曲线向上移动，导致点A和点B相向移动，直到重合。如果温度升高4开氏度，温度曲线向上移动了足够的距离，完全位于蒸气压曲线之上，持续的温室效应产生了，整个南极蒸发了，这甚至用不了10年。一旦压强和升温超过B点的当前位置，火星将进入持续的温室效应，甚至不需要人为加热，即使加热活动终止，大气层也会保留。

随着极冠的蒸发，接下来需要储存在火星风化层中的二氧化碳来接棒温室效应动力学。这些储备主要位于高纬度地区，仅靠它们就能让火星大气压达到400毫巴。然而我们没法把它们全弄出来，因为它们随温度升高离开地面时，风化层会成为一块越来越强力的"干海绵"，把它们重新吸收回去。不幸的是，我们在这里会面临一个重要的未知因素：从火星风化层中释放二氧化碳所需要的能量或温度变化的量。我们将这个未知因素称为解吸附温度（T_d），并将它估计为20开氏度，但后面会调整这个数值来观察模型使用的结果。图9.2显示了大气压和风化层的动力学函数。这张图显示了火星风化层引起的大气压（图中用"风化层压强"来表示）相对风化层温度T_{reg}的函数。（T_{reg}是火星风化层的平均温度，不同地区在其局部温度下所能吸附的气体量不同，它们在平均温度中所占的加权值与之相关。因为较冷的土壤能储存更多的二氧化碳，T_{reg}更多地代表火星近南北极区域的温度。）该图也显示了风化层温度相对大气层中二氧化碳的函数。为了得到这些坐标，我假设释放所有现有的极地二氧化碳储备将会将大气压强提高100毫巴，释放所有风化层二氧化碳储备会将大气压强提高394毫巴。因此，连同大气层已经有的6毫巴，火星在这种情况下的总二氧化碳储备为500毫巴。

火星风化层的温室效应

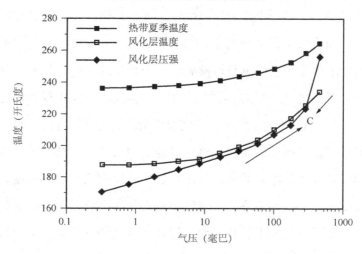

图9.2 火星风化层/大气动力学，$T_d = 20$，挥发储备为500毫巴二氧化碳。

　　从图9.2可以看出，在设定的假设解吸附温度（T_d）为20开氏度时，大气/风化层系统只有一个平衡点（也就是两条曲线的交叉处）。一旦极冠消失，火星的全球温度和压强将集中到这一点。因此，当反应进行到风化层和极地储存的二氧化碳都耗尽而停止时，会得到总压强大约300毫巴的大气层，也就是每平方英寸4.4磅。图9.2同样显示了大气层增厚后，火星热带地区夏季的昼夜平均温度（T_{max}）。注意曲线趋近273开氏度，也就是水的冰点。或者换个说法，对我们地球化来说有意义的是，这是水冰的融点。只要加上适度的人为温室效应，水冰和永冻层将开始融化。

　　然而，假设解吸附温度（T_d）在20开氏度也许是个乐观估计，平衡辐合点的位置（图9.2中的C点）对我们选择的值非常敏感。在图9.3中可以看到，如果我们把假定需要令二氧化碳从风化层中释放的温度用25开氏度和30开氏度来代替，情况又有什么变化。在这两种情况下，辐合点戏剧性地从T_d为20开氏度时的300毫巴变成T_d为25开氏度时的31毫巴，又在T_d为30开氏度时变成16毫巴。初看起来，这种由于T_d的未知而造成的最终状态异常敏感将整个地球化概念的可行性推到了一个危险的位置。然而，在图9.3中，我们也用虚线显示，如果用人工温室的方法来保持风化层温度（T_{reg}）比自动释放的二氧化碳产生的温度高10开氏度时，出现的情况。正如先前所述，这可以通过向大气层中泵入工厂生产的CFC来实现。你会看到，无论T_d是25开氏度还是30开氏度，这么做都会大大提高最终的全球气温和大气压强值。另外，我们看到三种情况（T_d等于20开氏度、25开氏度或30开氏度）会交汇于火星大气层压强为数百毫巴的最终状态。

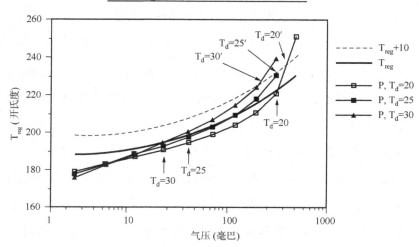

图9.3 将风化层温度增加10开氏度对T_d变化的反作用。假设星球上有500毫巴的二氧化碳挥发储备。

模型中其实还有一个我们应该研究的未知因素，虽然它不如解吸附温度那么神秘。就是我们究竟可以在火星上找到多少可用的二氧化碳储备。储备越多，我们可以从风化层中得到的二氧化碳就越多，我们能创造的大气层就越厚。所以我们的问题是：火星上的二氧化碳储备是丰饶的还是贫瘠的？答案将如何影响我们的模型？目前，我们还只能分别进行假设，丰饶或贫瘠，然后看看它在我们的模型中会产生什么结果。

要了解二氧化碳的丰富程度会如何影响我们地球化的努力，以及T_d会如何影响可用的二氧化碳的数量，请看图9.4、图9.5、图9.6和图9.7。假设火星贫瘠，二氧化碳总量为500毫巴（50毫巴来自极冠，444毫巴来自风化层）；或假设火星丰饶，二氧化碳总量为1000毫巴（100毫巴来自极冠，894毫巴来自风化层）。在这些图中，我们可以看到相应的火星热带最终大气压强和最高季节平均温度的平衡点。回忆一下，通过人造温室的方法提高风化层的温度，不同的解吸附温度对大气层最终状态的影响有着显著差异。而同样，不同曲线代表不同假设：在最初极冠释放后不施加持续的人为温室效应，或者进行持续的干涉以保持火星平均温度比二氧化碳已产生的温度再高5开氏度、10开氏度或20开氏度。比如，你在图9.5中会看到，即使假设解吸附温度为40开氏度，人为保持大气温度在20开氏度，也会造成整体提升的温度超过40开氏度。然而更重要的是，我们可以看到，如果采用人为方法将火星平均温度保持在比当地二氧化碳储备产生温度再高20开氏度的水平，那么即使解吸附温度为不甚乐观的40开氏度，还是可以得到有形的大气层以及可接受的压强。

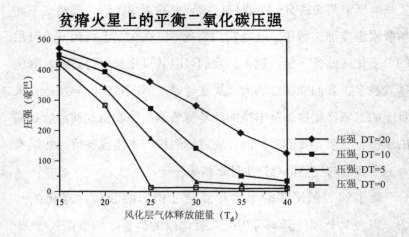

图9.4　火星达到的平衡压强，星球上有500毫巴的二氧化碳挥发储备，其中有50毫巴已在极冠挥发。DT（文中的△T）是人为施加的持续升温。

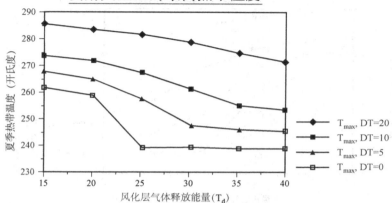

图9.5 火星达到的最高季节（日平均）温度的平衡状态，星球上有500毫巴的二氧化碳挥发储备，其中有50毫巴已在极冠挥发。

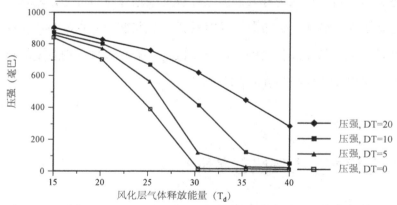

图9.6 火星达到的压强平衡状态，星球上有1000毫巴的二氧化碳挥发储备，其中有100毫巴已在极冠挥发。

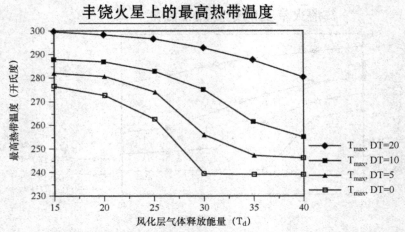

图9.7 火星达到的最高季节（日平均）温度的平衡状态，星球上有1000毫巴的二氧化碳挥发储备，其中有100毫巴已在极冠挥发。

从这一分析中得出的重要结论是，地球化后的火星可能对目前未知的、释放风化层中二氧化碳所需的能量值（T_d）高度敏感，但它对持续人为导入的温室效应更敏感。简而言之，地球化之后的火星最终得到的大气层/风化层系统状态是可以控制的。在释放当地二氧化碳储备的基础上，进一步提高火星平均温度的措施，可以克服极端T_d值带来的限制。

风化层产生大气层有多快？

目前为止，我们关注的都是从极冠和风化层中释放所有二氧化碳会达成怎样的最终状态。极冠生效很快，但要从颇深的风化层中把已经吸收的二氧化碳逼出来则颇得费些功夫。为了让地球化有更实际的意义，实现速度也非常重要。如果从风化层中得到足够气体要花1亿年，这最终就变成了纸上谈兵的学术问题。

风化层中气体释放的速度，与我们在火星表面升高的温度穿透地面的速度成正比。我们可以进行一次比较准确的估计，假设火星风化层很像地球上的干土，只是其中混了些冰。用热传导过程来监测热量穿透这样一种介质的速度。由热传导方程式可知，升温穿越某种介质给定距离需要的时间与距离的平方成正比。根据干燥的地球土壤来估计火星的情况，可能的速度是每年16平方米。我们也需要估计风化层中有多少气体。如果你把沸石降到火星温度，并放到二氧化碳环境中，它们会吸收占自身净重20%的二氧化碳。火星风化层并不是沸石构成的，但也许含有许多黏土样矿物质，与沸石差别并不很大。粗略地猜测，我们认为火星风化层饱和状态下含有5%的二氧化碳，这种松散物质的平均密度为每立方米2.5吨。如果这样的话，就需要从200米深的地下把二氧化碳从风化层中驱赶出来（除气），才能在火星上得到1000毫巴（1巴，地球海平面）压强。如果我们在表面持续施加10开氏度的人为升温，已经可以把风化层中大量的气体赶出来。然后升高的温度可以深入地下。发生速度如表9.1所示。

表9.1　来自火星风化层的大气的除气速度

时间（地球年）	穿透深度（米）	得到的大气压强（毫巴）
1	4	20
4	8	40
9	12	60
16	16	80
25	20	100
36	24	120
49	28	140
64	32	160

续表

时间（地球年）	穿透深度（米）	得到的大气压强（毫巴）
81	36	180
100	40	200
144	48	240
196	56	280
256	64	320
324	72	360
400	80	400
900	120	600
1600	160	800
2500	200	1000

　　由此可以看出，要达到很深的深度，需要很长时间；不过达到适当深度还是相当快的。所以虽然深入200米来得到风化层那1000毫巴需要几千年，但第一个100毫巴只要几十年就够了。

　　一旦火星上许多地区的温度至少在一个季节中上升到水的冰点以上，则风化层（如永冻层）中大量的冻水就会开始融化，最后流向干燥的火星河床。水蒸气也是非常有效的温室气体。在这种情况下，火星上水的蒸气压会显著上升，火星表面液态水的再次出现也会促进压倒性的自我加速效应，促使火星迅速变暖。液态水的季节性出现也是在火星表面建立自然生态系统的关键因素。

　　我们目前对风化层气体释放过程的动力学只有粗略的了解，在人类探险家到达火星进行更详尽的评估前，也无法确切得知究竟有多少二氧化碳能释放出来，所以这些结果都只能被视为近似的、不确定的。然而，可以明确的是，火星二氧化碳温室系统产生的正反馈，会显著降低我们对这颗红色星球进行地球化所需要投入的工作量。事实上，与将火星热带从水的冰点提升50开氏度所需要穷尽的全部力气相比，由于加热该星球需要的温室气体量基本上与所需要改变的温度的平方成正比，在它们的帮助下，将火星带入持续的温室效应所需的人为10开氏度的温度提升，只需要原来4%的工作量。我们现在要考虑的问题是，如何来为火星全球升高这10开氏度。

火星上完成全球变暖的方法

要达到一定温度，将火星带入持续的温室效应，有三个办法最有前途：使用轨道反射镜来改变南极冠的温度平衡，这可以导致二氧化碳储备的蒸发；在火星表面用工厂设备大量生产人工卤烃（CFC）气体；建立能够播散的细菌生态系统，排放大量强力天然温室气体（如氨气和甲烷）来提高火星温度。我们分别看一下这三个办法。然而，或许将这些方法协同使用的效果会比单独使用任何一种的效果好。[47]

轨道反射镜

理论上来说，生产一面置于太空的镜子，将整个火星表面的温度提高到地球温度是可行的，但该任务面临的工程方面的挑战与本书的技术背景完全不相干。更实际的主意是建造一个略小的镜子，能够将火星的局部表面提高几度。如图9.1中的数据所示，只要将极地提高4开氏度，便足以引起南极冠二氧化碳储备的蒸发。根据将指定区域的温度升高到极地温度（150开氏度）以上指定温度所需要的太阳能总量，则半径125千米的太空反射镜就能反射足够的阳光，将整个南纬70度以南的区域升高5开氏度。这绰绰有余了。如果它是用密度为4吨每平方千米（大约4微米厚）的太阳帆型镀铝聚酯薄膜材料制成的，这个帆的重量将达到20万吨。在地球上的大洋中航行的船只，有不少是这个尺寸的。要从地球上发射，这尺寸有点儿太大了；不过，如果有技术能在太空中进行生产，则应当认真考虑从小行星或火星的卫星中寻找材料。加工这种反射镜材料所需的总能量大约是每年120兆瓦电力，可以用一组5兆瓦的核反应堆来提供，就像载人核电推进（NEP）飞船中使用的那种。有趣的是，如果它的位置接近火星，这种装置并不一定要在火星轨道上。一定程度上，太阳光的压力可以用于平衡火星重力，使反射镜能利用自己的能量输出，持续在极地上空像卫星一样翱翔。[48]就设定的帆密度来说，所要求的操控高度为214 000千米。图9.8和图9.9显示了这个卫星反射镜的概念，以及产生指定极地温度需要的镜面尺寸。

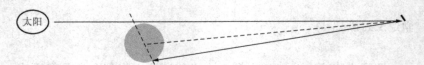

图9.8 密度为4吨每平方千米的太阳帆，可以利用太阳光压力静止在火星上方214 000千米的高空。损失一部分光线可以避免阴影。

利用反射镜加热火星极地

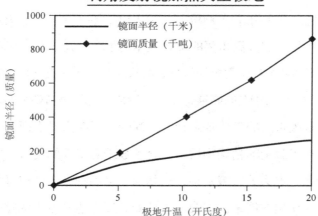

图9.9　半径为100千米、质量为20万吨的太阳帆反射镜可以产生5开氏度的升温，足以令火星南极冠的二氧化碳蒸发。有可能在太空中建造这样的镜子。

如果T_d值低于20开氏度，则极地自己储备的二氧化碳的释放就足以激发风化层的储备，并形成持续的温室效应。然而，更有可能的是，T_d值大于20开氏度，这样的话就需要向大气层中添加强力的温室气体，以促进全球升温，直到足以在火星上建立有形的大气压强。

在火星上生产卤烃

要升高火星温度，最明显的方式是开设工厂，生产人类已知最强力的温室气体，即卤烃或氟氯化碳（CFC）——目前被很多人认为正对地球造成威胁的温室气体，然后将它们释放到大气中。在地球上，CFC也被指责为正在破坏臭氧层。然而，如果我们小心地选择卤烃类温室气体，并选用不含氯的，实际上就可以在火星大气层中建立一层抗紫外线的臭氧层。有个不错的选择就是四氟甲烷，CF_4。它有我们希望的特点，就是在上层大气层中非常稳定，可稳定存在超过10 000年。在表9.2中，我们列明了在火星大气层中得到指定的升温需要的卤烃气体的量，以及要在20年内于火星表面产生所需CFC需要的能量。如果这些气体在大气层中能存在100年，则表中约1/5的能量将用于在达成目标后维持CFC的浓度。这个能量级带来的工作量是相当可观的，要在火星表面每天生产约一列火车载量的精炼物质，并要求数千名工人的支持。需要大约5000兆瓦电力的功率水平，这相当于美国一个大城市（如芝加哥）今天使用的能量。这会使得计划总预算达到数千亿美元。然而，考虑到方方面面，这样的操作在21世纪中期并非难以达成。

表9.2　CFC介导的火星温室化

诱导升温（开氏度）	CFC分压（毫巴）	CFC产量（吨每小时）	所需能量（千瓦电力）
5	0.012	260	1310
10	0.04	880	4490
20	0.11	2410	12 070
30	0.22	4830	24 150
40	0.39	8587	42 933

生物解决方案

假如能够借助生物学的帮助，则人类将火星温室化所需要工作量将大大降低。这种地球化的方法是由已故的卡尔·萨根（Carl Sagan）在20世纪60年代最先倡导的。当时他建议在金星的大气层播种能利用大气中二氧化碳的海藻，以消灭金星上地狱般的温室效应，将之改造为适宜居住的星球，从而开创了地球化科学领域的思考。[49]这个想法可能永远行不通，但在他晚期的火星研究中，萨根及其合作者詹姆斯·波拉克（James Pollack）指出，存在可以代谢氮气和水、产生氨气的细菌。[50]氮除了在火星大气中少量存在之外，还在风化层硝酸盐床中大量存在。另有细菌可将水和二氧化碳合成为甲烷。虽然不如卤烃那么好，但氨气和甲烷也是出色的温室气体，就分子水平来说比二氧化碳强大数千倍。如果温室效应的条件需要由极地镜或CFC生产来启动，那么一旦液态水进入循环，就可能在火星表面建立细菌生态学，产生大量氨气和甲烷来加速这一过程。事实上，如果火星表面有1%的面积被这种细菌覆盖，我们假设它们将太阳能转化为化合物的工作效率为0.1%，每年即可产生约10亿吨甲烷和氨气。那么，大约30年内，火星会升温10开氏度。

还有一个额外的好处，氨气和甲烷会屏蔽火星表面的太阳紫外线辐射。不过，在这个过程中，氨气和甲烷将不断被破坏，典型分子在大气层中有几十年的寿命。然而细菌会不断推陈出新。同样，当火星变暖，风化层中二氧化碳被释放，火星的臭氧层会增厚，为火星表面和大气中的氨气-甲烷温室气体提供额外的紫外线屏蔽。（二氧化碳有助于臭氧的形成。事实上，火星目前的臭氧层厚度为地球的1/60，由于它的大气层只有地球的1/120厚，这已经是个非常好的局面了。）

在几十年里，组合运用这些方法，火星可以从目前又干又冷的状态，变成一个相对温暖和稍微潮湿的星球，足以支持生命的存活。人类还不能在改造后的火星上呼吸，但他们已经不需要穿着太空服，而可以穿着普通服装和一套水肺似的呼吸器在室外自由行走。另外，由于外界大气压会升高到人类可以耐受的水平，也许会有无数巨大的圆顶样充气式帐篷，内含可呼吸气体，成为人类的居住舱。（圆顶的面积毫无限制，因为与基地建立期间的加压式圆顶不同，内外环境将没有压力差。）另一方面，简单的耐寒植物能够在富含二氧化碳的外界环境中茁壮成长，并迅速遍布火星表面。几百年里，这些植物会将火星大气中的氧气含量不断提升，直到可供呼吸的水平，为高等植物和不断增加的动物类型打开新局面。一旦进入这种状况，大气中二氧化碳含量将降低，使火星降温，除非再引入温室气体，能够阻隔之前由二氧化碳保护的红外光谱部分。只要好好留意这些事情，总有一天，我们连圆顶帐篷也不再需要了。

激活水圈

火星地球化要求的第一步是温暖火星、增厚大气层，如果利用有效细菌在当地生成卤烃类气体，这一步可以变得难以置信地简单。然而，大气中的氧气和氮气含量对大多数植物来说都太低了，即使不考虑这点，火星也相对太干燥了，而靠升温来融化火星冰层和深埋的永冻层需要几个世纪。火星地球化的第二个阶段中，我们将会激活水圈，令大气可供高等植物和原始动物呼吸，温度会进一步提升，太空制造的大型太阳能集中器可能会承担越来越重要的作用。

使用轨道反射镜，可能是激活水圈的一个快速方法。例如，如果使用之前讨论的半径为125千米、用于极地蒸发的反射镜，使其聚焦在一小片区域上，会有27太瓦（TW）的能量用于融解湖泊（1太瓦，相当于100万兆瓦）。这足以每年融解2万亿吨的水（假设湖泊边长200千米，深度为50米）。这样一个单一的反射镜就可以从永冻层中驱动大量的水，并使其很快进入新生的火星生态系统。水分越快进入循环，则脱氮细菌分解硝酸盐床、增加大气中的氮气供应也越活跃，生产氧气的植物也会加速传播。激活水圈还能破坏火星风化层中的氧化化合物（海盗号研究结果显示它们在有水存在时是不稳定的），这个过程也能向大气层释放更多氧气。因此，虽然这种反射镜工程有点儿浩大，但值得我们将几太瓦能量挥霍在可控的方面，因为地球化带来的好处是不胜枚举的。

火星充氧

火星地球化最具技术挑战性的方面，是在火星大气层中创造足够的氧气来支持动物存活。虽然细菌和原始植物可以在没有氧气的环境中生存，但高等植物需要至少1毫巴氧气，人类则需要120毫巴。虽然火星风化层或硝酸盐床中可能存在超氧化物，加热后能够释放出氧气和氮气，但这个过程将需要大量能量，每毫巴氧气可能需要2200太瓦-年。植物从二氧化碳中释放氧气也需要差不多同样数量的能量。然而，植物的优势是一旦开始工作，它们就能自我增殖。因此，火星上氧气大气层的产生可以分为两个阶段。在第一阶段，需要穷尽工程技术，在先锋蓝藻和原始植物的辅助下，产生足够高等植物在火星繁殖的氧气（大约1毫巴）。假设能够用3个半径为125千米的太空反射镜支持这一方案，同时，地面上有足够的适宜目标物质供应，则这个计划可以在大约25年内达到目标。另一个途径是，在光合细菌的作用下，可以在1个世纪中将大气层中的氧气含量提高到1毫巴。无论用什么方式，一旦有了初期的氧气供应，有了适当的气候，有增厚的二氧化碳大气层提供气压并大大降低太空辐射剂量，并有一定量的水进入循环，就可以令遗传工程改造的植物（可以耐受火星的风化层，高效进行光合作用）与细菌共生体一起播散。如果几十年内这些植物能够覆盖火星地表，假设它们的效率为1%（比较高，但在地球植物中也并非无法达到），那么它们就相当于200太瓦的产氧能量源。将这个生物系统的工作量结合太空反射镜可能达到的90太瓦，以及地表设备能量的10太瓦（今日的地球文明耗费大约15太瓦），则支持人类和其他高级动物室外生活的120毫巴氧气可以在大约900年内得到。如果可以用工程得到更强劲的人造能量来源，或者更有效的植物（或者真正的人造自我复制光合作用机器），日程表就可以提速，这个前景会驱动此类技术更快成为现实。人们可能会注意到，地球化加速所需要的大量热核聚变能量也正是促进载人星际飞行的关键技术。一旦火星地球化能产生这样的衍生产品，则该计划的最终结果将赋予人类的，就不仅仅是一个新的居住地，而是无数的居住世界。

给未来的礼物

在水晶天，玻璃海的上面，
可以亲眼观看离天门不远的另一个新的宇宙。
可以说它的广袤是无限的，

其中有无数的星辰，

每个星可说是某个特定居民的世界……

——约翰·弥尔顿，《失乐园》[1]

　　理论计算已经非常清楚地给出了判决：红色星球可以被地球化。但只有真正在火星上实践过的人类探险家，才能对这颗星球有足够的了解，并知道怎样利用它的资源来将梦想变成现实。这当然值得放手一试，成败事关整个世界。

　　从某种意义上说，讨论人类将火星地球化的潜力其实是在兜圈子。我们难道不是宇宙间的头等公民吗？为何要妄自菲薄？开普勒证明，星空的定律与人类的心灵是互通的。第一个到达火星的宇航员将证明，天上的世界可以向人类生活打开大门。如果我们能把火星地球化，这就说明，天上的世界本身可以被人类的聪明才智所改变。

　　火星可能成为生命的第二家园，它面向所有生命；不仅仅是人类，也不仅仅是"海中的鱼……空中的鸟，和陆上的生物"[2]，而是所有可能还未出现的丰富生物。新的世界会邀请来新的生命形式。在新的栖息地，地球化的火星能让来自地球的生命走向更远的未来，展开未知的多样的疆土。

　　这是我们为子孙们启动的奇妙遗产：不仅仅是生命和文明的新世界，还是活生生的例子，显示了男人和女人们的智慧、勇气和眼界，让人看到当他们为最高理想而奋斗时将会奏响怎样的乐章。我们永远不会成为神。但改造火星的人类行为显示，人类不

---

① 此段译文引自朱维之译本（上海译文出版社，1984）。
② 引号内的句子出自旧约圣经第一卷《创世纪》。

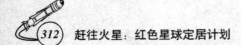
仅是动物中的一员，更是闪烁独特光芒的值得尊敬的生灵。看着新火星，我们无法不为人类感到骄傲；听着这样的故事，我们无法不为星光间展开的任务征程感到激动。

技术详析

火星系统模型方程式

在下面的公式里，我们将火星平均温度估计为二氧化碳大气压和太阳常数的函数：

$$T_{mean} = 213.5(S^{0.25}) + 20(1+S)P^{0.5} \qquad (1)$$

其中T_{mean}是用开氏度表示的星球平均温度；S是太阳输出量，以今日的太阳为1；P是火星表面中间海拔处的大气压强，单位为巴。（巴是压强单位，1巴相当于14.7磅每平方英寸，平原上的人认为这是正常大气压。由于华盛顿、伦敦和巴黎等主要城市周围臭泥地里的居民对它情有独钟，这一古老单位依然被当做标准。）[①]

因为大气是把热量从赤道传输到极地的有效手段，我和克里斯·麦凯估计：

$$T_{pole} = T_{mean} - 75(S^{0.25}) / (1 + 5P) \qquad (2)$$

同样有理由根据已观察到的数据进行粗略假设：

---

① 1巴合100 000帕斯卡。

$$T_{max} = T_{equator} = 1.1T_{mean} \tag{3}$$

而全球气温的分布情况为：

$$T(\theta) = T_{max} - (T_{max} - T_{pole})\sin^{1.5}\theta \tag{4}$$

其中 θ 是纬度（北或南）。

等式（1）到（4）为火星上温度相对二氧化碳压强的函数。然而，如上所述，火星上的二氧化碳压强本身就是温度的函数。火星上的二氧化碳以三种形式储备着：大气、极冠中的干冰、风化层中吸收的气体。我们已经对极冠储备与大气的相互作用有了很好的了解，它就是二氧化碳蒸气压与极地温度之间的关系。这个关系可以从二氧化碳蒸气压曲线得到，大概是：

$$P = 1.23 \times 10^7 \{\exp(-3170/T_{pole})\} \tag{5}$$

只要有大气和极冠中的二氧化碳，等式（5）就会有确切的答案，让我们了解二氧化碳大气压相对极地温度的函数。然而，如果极地温度上升到某一程度，蒸气压远远大于极地储备可以产生的量（在50到100毫巴之间），极冠将会消失，大气将由风化层储备来调控。

我们目前还不能精确了解风化层储备、大气压强与温度之间的关系。麦凯[51]基于事实进行的较有把握的猜测是：

$$P = \{CM_a\exp(T/T_d)\}^{3.64} \tag{6}$$

其中 M_a 是风化层吸收的气体，单位为巴；C是一个经过调整的常数，从而令等式（6）能反映已知的火星状况；T_d 是释放风化层中的气体所需要的特定能量（"解吸附温度"）。等式（6）基本上是化学平衡随温度变化的已知定律的一个变体，所以我们有信心它在一般情况下是正确的。然而，T_d 的值是未知的，而且在人类探测火星之前可能无法知道。虽然我们不知道

T_d的值，但我们可以令T_d从5开氏度变化到40开氏度来进行考虑（T_d的值越低，地球化的前景就越容易实现）。然后我们用等式（4）得到的全球温度分布来整合等式（6），从整个火星表面得到全球的"风化层压强"。这能让我们对大气/风化层平衡问题得到较准确的二维观点，其中大多数被吸收的二氧化碳分布在火星较冷的区域。于是，在我们的模型中，区域性（根据纬度）温度的改变，尤其是在近极地区域，对大气/风化层互相作用的影响，和火星平均温度的改变一样重要。

本模型的结果图形已列于正文中，为火星能够被地球化提供了有力证据。

10 地球上的事

没钞票就没有太空英雄。①

——佚名

　　前面9章中我概括阐述了如果启动一个载人火星项目，我们有哪些技术可能性，又能达成什么样的前景。现在，该回到地球来了。要在火星上站稳脚跟，最大的障碍不是载人火星任务的工程细节，也不是去火星旅程中的严酷考验或是探索新世界的漫长岁月。把人类送上火星，最大的障碍不在火星上，而在我们如今的母星上，在世俗的政治里。我们怎样才能搞到钱来启动项目？

　　有人认为这是不可能的任务。他们以两位布什总统失败的太空探索计划（SEI）为依据，说美国的政治程序不会支持载人火星项目。不过，这一"证据"背后的逻辑有本质上的缺陷，因为它建立在这样的观念之上：过去事情曾以这样的方式发生，那以后也会重蹈覆辙。他们说，约翰·F.肯尼迪成功地将阿波罗号送上了月球，老布什和小布什都曾尝试仿效他的壮举，可是冷战已经过去，动人的号召应者寥寥。布什的SEI失败了，所以未来所

---

① 原文为No bucks, no Buck Rogers。Buck Rogers 是20世纪二三十年代美国一系列流行的科幻小说、漫画、电视剧和电影的主角。

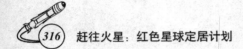

有的SEI也会失败。证毕。

证明过程很漂亮，不过错得彻彻底底。老布什为SEI做的可比不上J.F.K.[①]为阿波罗做的。而小布什为SEI做的和老布什为库尔德人[②]做的一样：宣布时候到了，把球抛到空中，然后弃之不顾。正如空间政策研究院（Space Policy Institute）的德韦恩·戴（Dwayne Day）曾指出的："布什是太空探索的支持者，这样的形容就和说他是'环保总统'或'教育总统'一样——他的支持软弱无力，而且仅仅是名义上的。"的确，NASA《90天报告》的价签高达4500亿美元，时间线长达30年，这对情况并无帮助。不过真正的问题并不是《90天报告》，而是其中表现出的领导层意愿：他们愿意容忍报告中本质的缺陷。

我还是把自己的意思讲明了吧。1990年6月，老布什的SEI刚刚开始走下坡路，我在宾夕法尼亚州立大学（Pennsylvania State University）参加了NASA发起的一个SEI推进大会。宾夕法尼亚州共和党国会议员罗伯特·沃克（Robert Walker）在全体会议上做了演讲，他公开告诉航空航天工业界和媒体界的代表，之所以国会刚刚投票拒绝拨给SEI资金，是因为NASA高层官员——当时他们由理查德·特鲁利（Richard Truly）局长领导——告诉国会：我们只要弄到航天飞机和太空站的拨款就行，至于SEI，你们爱怎么投票就怎么投吧。换句话说，NASA领导层拒绝支持布什总统曾号召全国重点支持的项目。很多人觉得这是真正的蓄意破坏，特鲁利应该被炒掉。当时，国家空间委员会（National Space Council）的领导是马克·阿尔布雷克特（Mark Albrecht）

① 约翰·F.肯尼迪的缩写。
② 库尔德人是中东地区主要民族之一，一直试图在伊拉克、土耳其和叙利亚等国之间独立建国，小布什在任期间，双方关系较为密切。

和皮特·沃登，他们试图挽救危局。不过由于总统的漠视，特鲁利直到两年后才去职。等到那时候，SEI事实上已告终结。

老布什自己的缺席加上NASA领导层的反对，使他的SEI成了孤儿，只有一些空间委员会的职员和友好的国会议员还在支持它。他们没有像样的政治影响力，只好试着偷偷摸摸地从国会搞点小笔拨款来资助SEI。政府的政敌发现了这一弱点，他们抓住机会发起抨击，借此羞辱布什和他的空间委员会主席丹·奎尔（Dan Quayle）。马里兰州民主党参议员芭芭拉·米库尔斯基（Barbara Mikulski）的助手凯文·凯利（Kevin Kelly）领导了这次大屠杀，他们找出NASA每笔可能与SEI有关的拨款，然后有条不紊地将其干掉，不管款项是多么微薄。到1992年丹·古尔丁就任NASA局长时，要挽救那些火星任务所需的幸存的技术项目，唯一的最佳方案就是废除SEI，打破诅咒链。他尝试了一年左右，想要挽救SEI，最后还是这么干了。

和小布什共事，工作环境比和他父亲共事好得多，因为他启动自己的SEI（俗称太空探索幻想，Vision for Space Exploration，VSE）时，他所在的党控制了国会两院。不过，虽然有了这个重大进步，小布什自己却想把事情搞砸。他批准他的首位NASA局长肖恩·欧基夫（Sean O'Keefe）——这家伙是个彻底的官僚，连把宇航员送到哈勃太空望远镜的险都不想冒——把火星丢在一边，反倒跑去安排月球-火星项目。照他们的方式，等到布什离开那个办公室以后，项目才会真正开始——就算布什能成功连任也一样。所以，尽管VSE是在2004年1月宣布的，但计划启动后，NASA的绝大多数载人航天预算仍围绕着航天飞机和空间站，这种情况至少会持续到2010年。*换句话说：好好幻想吧，傻瓜们，*

不过嘛，依照惯例，等我们跑路以后它才会走上正轨哦。

欧基夫让NASA浪费了一年时间做完全行不通的纸面研究——如何在不用重型运载火箭的情况下实现人类月球任务（其实他也不在乎这个），然后他终于在责难中离任了（责难主要围绕着他固执地拒绝批准使用航天飞机来执行急需的哈勃维修任务）。不幸的是，他的继任者麦克·格里芬博士虽然是个很称职的工程师，而且事实上拯救了哈勃，但却接受了欧基夫的VSE拖延策略。格里芬认为这是总统的政策，自己应该责无旁贷地执行而不是批评。

2005年6月，我在NASA总部格里芬的办公室里见到了他，并以最强烈的措辞竭力劝说他放弃欧基夫计划。"现在VSE看起来可能万事俱备，"我说，"总统和国会都支持这个计划，可是这些都会变的。等到2009年1月21号，就会有一位新总统，他可没义务执行这个政策。到那时候，除非VSE已经完成了一部分，至少完成了重返月球这个重要目标，否则一切就全完了。要做成VSE，速度就是一切。"因此，我力劝他只让航天飞机再飞一次去拯救哈勃，然后就关闭整个航天飞机项目，把每年40亿美元的预算全部投入到发展重型推进器和月球-火星计划需要的其他飞行硬件上。有了这样加速发展出来的重型火箭，原定由最后几次航天飞机任务运送的太空站有效载荷也能按时上天。不过更重要的是，除非做到这一步，否则等到下一个总统就职日，萌芽期的VSE就会因为没有充分发展起来而被新任政府砍掉，没有丝毫幸存的机会。

格里芬听了我不吐不快的肺腑之言，然后摇了摇头。"你说的我都知道，"他说，"但你不明白我的工作所受的限制。我不是美国太空项目的领导者，而是美国太空项目的执行者。我不做决策，我执行总统定下的决策。"

他正是这么做的。所以理所当然，局面真的变了。我们那次会面后还不到两年，大老党①就失去了对国会的控制；又过了两年，白宫也易主了。作为一个共和党人，格里芬没被新政府留任；而VSE蜗牛般的进度还没造出任何有用的飞行硬件，地位岌岌可危。

奥巴马白宫对VSE的抨击延期了一年，因为政府在2009年初时恨不得把花的每一分钱都算到经济刺激计划里面。无论如何，到2010年，白宫准备好了进攻，当他们真的开始进攻时，来势汹汹。在总统的科学顾问约翰•霍尔德伦博士（Dr. John Holdren；20世纪70年代，他曾写文章说美国是个"过度发展的国家"，需要削减工业生产能力）的指导下，政府宣布他们打算取消NASA重返月球（此时VSE正进行到这一步）的计划，却没有给出任何替代方案。此外，他们还取消了星座计划，在该计划的名义下，VSE所需的中型和重型推进器战神1号、战神5号和猎户座飞船刚刚开始设计。于是，后航天飞机时代的NASA甚至无法继续把人类送上地球轨道，更别说超出地球轨道了。取而代之的是——显然是为了给点糖好让大家把毒药吞下去——他们塞给NASA一堆可有可无的项目，譬如在航天飞机停飞后整修它的发射台；还有各种毫无意义的面子工程，譬如试飞电池驱动的他们所谓革命性的VASIMR电力火箭（见第8章拓展阅读），却不发展大型太空核反应堆，而没有反应堆，VASIMR根本没法真正用于任何载人任务。

---

① GOP，美国共和党的绰号。

2010年2月，政府开始实施这种原版的霍尔德伦政策，它会毁了美国载人航天项目，10年间我们将一无所成；而且值得一提的是，还不会因此省下一分钱来。这样的政策不出所料地引起了义愤，白宫和参议院中两党都有人行动起来加以抵制，终于成功地迫使政府作出了一定妥协。最后，猎户座飞船项目被保留下来（虽然在我写作这会儿，飞船的配备只能从轨道上飞下来，而不是飞上去），重型运载火箭也得到了资金，设计工作可以继续进行。他们还正式宣布了一个名义上的载人任务：2025年，到一颗近地小行星上去。

这些都是有用的步骤，但还不够。有这么一艘只能飞下来的飞船，我们还是哪儿都没法去。抵达近地小行星这个目标虽然没啥吸引力，也还能接受，不过把时间设定在2025年意味着从现在开始直到至少2016年，没人有义务为了达成这一目标做任何事情。这也让人怀疑重型推进器项目能否成真。因为在可见的将来，没有任何任务或有效载荷需要发射，那就没人会深入研发推进器。

结果，现在美国的载人航天项目完全放任自流了。

在比较杰出的军事、政治战略家拿破仑·波拿巴和他放荡的侄孙拿破仑三世[①]时，卡尔·马克思曾评论说："所有历史事件都会发生两次，第一次是悲剧，第二次是闹剧。"这样的比较同样很适合J.F.K.与布什父子。传说拿破仑三世的军队在色当一败涂地时，他正在悠闲地玩弹子戏。也许也会有这样的传说：老布什丢掉火星的时候，他正在肯纳邦克港驾艇悠游；小布什丢掉月亮

---

① 实际上拿破仑三世是一世的侄子，不过三世的母亲是一世的继女。

的时候，他正在克劳福德山地骑行。他们的SEI失败了，这唯一能证明的就是：如果将军在玩弹子戏，那军队就打不了胜仗。

在这个国家里，载人火星项目有很多潜在的政治支持者。我在许多形形色色的公众组织面前做过这个主题的演讲，对此有切身体会。从扶轮社到水管工大会，这些组织自己在火星项目中没什么既得利益。我最常重复听到的问题就是"我们怎么会没做这个？""我记得阿波罗，"听众中有人告诉我，"在那之后我们不就该去火星吗？怎么没下文了？这种事就是我们国家该做的啊！"

我听到的就是这些，反反复复。大众抱怨的不是太空项目花钱太多，而是它一无所成。人们觉得自己被背叛了，不是NASA，而是那些政客。20世纪60年代他们期盼过的未来被抛弃了。发生了什么？我们怎么能停下脚步？首都那些政治狂也许会告诉政客，中心地区的人不在乎太空。但是我亲眼见到的每件事都告诉我，还有很多人和他们持不同意见。

也许有人会攻击我的主张所依恃的证据完全是道听途说。不过如果你需要科学的民意调查，这样的东西多得是。1994年，《新闻周刊》（*Newsweek*）刊登了火星直击的封面故事，同时发起了一项调查，被调查者中，超过半数的人支持去火星的载人任务。2002年，美国在线（America Online）组织了一次调查，76%的应答者表示纳税人的钱应该花在火星任务上，63%的人说他们自己也想去。2003年，CBS新闻网的调查显示，80%的美国人认为美国太空项目作出的科学贡献他们也能受益，85%的人说太空项目对美国的骄傲及爱国主义贡献巨大。2009年，CBS的另一项调查报告说，51%的美国人支持派人到火星去。这次调查距离阿波罗号登月已有40年，但仍有71%的人说，阿波罗计划物有所值；戏剧性的是，20世纪70年代，月球项目刚结束的时候也有过这样的调查，当时赞同的人只有47%。

还有其他形式的统计数据。数年来，芝加哥科学院（Chicago Academy of Sciences）的乔恩·D. 米勒（Jon D. Miller）一直在做美国公众对科技的理解的报告。[52]他的报告中有这样的内容，调查被称为各种科技问题"热心人群"的这部分人在大众中所占的份额。热心人群指的是那些对某一问题有兴趣的个人，他们觉得自己对该问题有充分的了解，并通过定期阅读报章杂志跟踪最新进展。他们有充分的了解，所以如果有机会接触该问题的决策者，他们感觉良好，信心满满。换句话说，某一问题的热心人群就是大众中最有可能采取行动来支持或反对该问题的那部分人。而对于那些对某问题有兴趣，却不相信自己的了解够充分的人，米勒将他们归类为"兴趣人群"。根据1992年搜集的数据，米勒推断6%的美国公众热心于太空探索，还有16%的人对此有兴趣。根据米勒的调查结果，这22%中的大多数人相信太空探索物超所值。22%的确只是人群中的少数，不过米勒还发现，这些"热心人群"中受过良好科学教育的个人占比最高。而放到他对美国人口的整体研究中看，这也是受教育程度最好的那部分人。

这些数据经历了时间考验。不久前，2008年的数据显示，仍有整整22%的人对太空探索很有兴趣，这就是近5000万潜在的成年选民。

简单地说，我相信，而且有充分的理由相信，如果有一位美国领导人站出来（像J.F.K.支持月球计划一样），号召一次载人火星项目，然后紧握武器为这个项目而战，团结支持者，他会发现自己正领导着一股不断增长的政治力量，正如肯尼迪在20世纪60年代初做过的一样。被提出的火星项目必须同时具备技术可行性和政治正确性。4500亿的价签和30年的时间线会把任何提案都变成政治上的累赘；但正如我们已经看到的，采用火星直击这样的计划，我们就能以便宜得多、快得多的方式抵达红色星球。

明白了这一点之后，要完成载人火星项目，至少有三种完全不同的模式可供选择。我把它们称为J.F.K.模式、卡尔·萨根模式和纽特·金瑞奇（Newt Gingrich）模式。每种模式各有优劣，我们挨个来说吧。

J.F.K.模式

完成载人火星项目的三种主要方式中，最早提出也是最广为人知的一种，就是我称为J.F.K.模式的这种。它最广为人知，因为它是唯一实施过的一种——我们就是这么登上月球的。在J.F.K.模式中，美国总统站到人民面前，号召整个国家面对来自未来的挑战。当我重读肯尼迪的阿波罗演讲时，我觉得他是20世纪最伟大的演说家，也许除了温斯顿·丘吉尔，没人能与他比肩。

"我们选择登月！"肯尼迪说，他的嗓音中回荡着使命感，"我们选择在这个10年中登上月球，还要做别的事情，不是因为它们容易，而是因为它们很难……因为这一目标将让我们最大限度地发挥并检验自己的精力与技能，因为这是我们愿意接受的挑战，我们不愿推迟的挑战，我们决心战胜的挑战！"J.F.K.对自己的理想十分坦然。登月虽然可以创造新技术、新工作和新知识，但是从本质上说，它仍是"一次信念与理想的行动，因为我们不知道前面有什么利益在等待我们"。听到这样的演讲，几乎没人会意识不到自己正在目睹创造历史的时刻。

约翰·肯尼迪的阿波罗计划不仅仅是让人类在月球上着陆——它创造了一个范式，从政治上和技术上两方面都是，告诉人们太空项目应该如何发射。第一点也是最重要的一点，任何成就都需要一位强力、头脑清楚、有远见的总统的支持。肯尼迪没打算过偷偷摸摸地让他的项目通过政治程序。取而代之的是，他站在众议院的演讲席上，宣布自己打算召开一次特别的国会联席会议。其次，它是一个美国项目。在冷战的最高峰，阿波罗是美国在世界舞台上显示自己的政治、社会、科学力量的宏伟方式。到月球去，让人类在那里登陆，再把他们带回来，这无异于登上奥林匹斯山，与众神共饮甘露。最后，有钱。肯尼迪对要花多少钱直言不讳，然后他和深孚众望的林登•约翰逊（Lyndon Johnson）一起筹集资金，于是他们搞到了钱。

J.F.K.方式可以重现吗，这次去火星？现在，冷战带来的国外政治紧迫性已成往事，不过如果美国成功地进行了火星探索项目，仍将对全世界产生巨大的影响。毫无疑问，第一个踏上火星的国家必将载入史册，正是这个国家，他的人民打开了大门，让人类得以迈出通往伟大未来的下一步。这将告诉整个世界，可能更重要的是告诉我们自己，告诉每一个美国公民：我们仍保有"正确的东西"，我们仍是先锋之国，我们的人民挑战所有局限。这值不值500亿美元？我觉得值，而且不止值这么多。

要是你听了某些人的话，也许会觉得500亿美元的太空项目就等于把500亿的大额钞票直接发射到太阳里——白花一大笔钱。但事实上，我们去火星花掉的钱仍和地球上的社会紧密相关。这些钱是工程师的薪水、焊接工人拿回家的钞票、科学家的研究基金、研究生的补贴；这些钱为创新和发明而花，这些创新和发明仍是这个国家智力资本的一部分，而且也许会产生新的商机或产品以供地球上使用；这些钱为所有任务需要的硬件而花，从最低级的铆钉到最先进的高科技电子元件。除此以外，花在载人火星项目上的钱还给这个国家里的每个年轻人发出了邀请，邀请他们开发自己的大脑——我们未来所有财富的真正来源——加入一场伟大的冒险。

事实上，阿波罗计划末期，美国航天开销开始下降，随后美国经济发展也放缓了，而且直到现在还有点慢。20世纪60年代，NASA的平均开销占联邦开销的2.25%略强（1964年，NASA的开销在联邦开销中的占比达到峰值，4%）。同样的时间段里，美国经济增长速度（以定值美元GDP计）平均约为每年4.6%。20世纪70年代初，NASA在联邦预算中的占比跌到不足1%，至今仍保持在这个水平。与此同时，GDP增率也跌到了2%以下。

在比较NASA在阿波罗时代的辉煌成就和今天的平平表现时，有人频繁地将这种反差归咎于这一点：20世纪60年代的顶峰时期，NASA的预算占到整个联邦支出的将近4%，可今天只有0.7%。但是，如果我们将NASA在整个阿波罗项目进行期间的支出归总，从1961年J.F.K.宣布项目开始，到1973年最后一次源于阿波罗的天空实验室任务结束，将花费总数除以这里说的13年，然后换算成今天的美元，我们会发现：阿波罗时代NASA平均预算为每年190亿美元，和今天NASA的预算完全相同。而且必须指

出，那个时期NASA不但执行了载人的水星号（Mercury）、双子
号（Gemini）、阿波罗号和天空实验室任务，还发射了自动探测
器徘徊者号（Ranger）、探勘者号和水手号，同时还完成了先驱
者号（Pioneer）、海盗号和旅行者号的研发工作。此外，NASA
还研发了氢/氧火箭发动机、多级重型运载火箭、核火箭发动机、
太空核反应堆、放射性同位素电池、宇航服、太空维生系统、轨
道集合技术、行星际导航技术、外层空间数据传输技术、再进入
技术、火箭软着陆技术以及一个空间站，等等等等。换句话说，
今天的太空探索能得以实现，几乎所有压箱底的花样都是在1961
年到1973年之间发展出来的，也就是我们把宇航员送上月球的那
个时间段。虽然NASA花的钱一直和那时候差不多，可是从那以
后几乎没发展出来什么重要技术。所以，J.F.K.的威压带给NASA
的这种集中的结果驱动式航天发展方式根本不会增加开销，也不
会牺牲技术的发展，反而带来了NASA历史上最划算、最有创造
性、成果最丰富的时期。

　　J.F.K.模式的成功已被证实；它成功地实现了把人类带到月
球这个不可能的梦想，成功发展了航天技术，也成功地引发了战
后美国经济史上最强劲的增长期。不过，今天我们或许得好好问
问，支持过阿波罗计划的民族主义基础现在是否还存在。让载人
火星项目促进国际合作而不是显示美国的优越性，这样会不会更
好一点？这就把我们带到了人类火星任务的下一种可选方式，我
称为萨根模式，以它始终如一、辩才无碍、态度鲜明的代言人的
名字来命名。

萨根模式

在提倡国际合作进行火星探索，并以这样那样的方式提供数十年如一日的支持方面，卡尔·萨根可能是最强有力、最具公众影响的人物之一。最开始，他呼吁国际性人类火星探索的重点在于美国-苏联联合开发。他把这样的合作看作一种可以把两个敌对国家绑在一起，做出具有普遍意义的、历史性的事业的方式。两个国家最顶尖的工程师和科学家将致力于发展火星远征所需的航空航天、电子和火箭技术，这样一来，两个国家的科学才能就不会用来扩大核武器储备了。组织一个联合的小队远征火星，这可以看作母星的缩影，在这个小世界里，世界上两股伟大的力量通力合作。

呼吁太空探索的国际合作，萨根绝不是一个人在战斗。过去20年中，几乎每一个NASA或总统选定的一流的专家小组（有很多这样的小组）都呼吁过太空合作项目。时过境迁，萨根最初的构思在政治上可能已经过时了，但它还是存在明显的经济利益：合作者越多，口袋就越多。一个国家负担不起的东西，可能两个或更多国家一起就行。欧洲空间局作过国际合作的努力，他们不但做成了坚实的欧洲航天科学项目，还发展出了现役最成功的运载火箭——阿里安号（Ariane）。费用可以分担，技术也可以，这能为所有人都带来巨大利益。目前，美国缺少发射火星直击型计划所需的重型运载火箭。那一头俄罗斯却有这样的火箭——能源号，研发时间近至20世纪80年代末。能源号能将100吨载荷送上近地轨道，如果重新利用起来，它就是现在这颗星球上最强有力的火箭。能源号只发射过两次，部分原因是没有任务用得上它。人类火星项目正好用得上。同样，国际空间站也有几个俄罗斯生产的舱室，它们是轨道实验室的核心组件。

采用国际合作来开展火星计划，好处很明显，不过也会付出不小的代价。确切地说，无论何时，如果一个国家加入一个合作项目，那它就失去了对项目的控制。也许它能保有部分控制权，所有发言权中的一票，不过如果这个项目真是合作性的，那它就没法独断专行。国际空间站项目中，在美国国会的指令下，美国的欧洲、日本伙伴曾不得不挥汗重新设计一些东西。他们毫无办法，因为在对项目进行缩小化的进程中，美国国会居于主导地位。同样，在国际空间站项目进行期间，NASA不得不频频面对这样的可能性：我们在空间站里的主要伙伴俄罗斯也许没法信守承诺。一般而言，国际性项目的决策被拖慢了，这会使费用增加。

在巨型的合作项目中，就算把政治放到一边，还是会出现许多技术障碍：要是一个伙伴答应了发展出某项技术，可是最后，不管出于什么原因，却没办到呢？要是一个主要伙伴彻底退出了呢？要是国际关系变了，一个友好的伙伴国家反目成仇了呢？这些事都会彻底破坏项目时间表，而在阿波罗、空间站或是火星计划这么大规模的项目中，延误很容易引发连锁反应，可能为整个项目带来灾难性的后果。

20世纪80年代，我第一次听说萨根这个美国-苏联火星合作任务的设想时，觉得这个提议行不通。当时美国正处于"星球大战"（Star Wars）计划中期，潘兴（Pershing）导弹云集；而苏联正在阿富汗发动战争，双方都通过代理国互相挑衅开战，在萨尔瓦多、尼加拉瓜等地方。1980年，美国和苏联甚至没法同时出现在奥运会上。要说我们可以在好几年中合作发展一个火星项目，这主意简直是天方夜谭。此外，从选择队员的方面来看，要照萨根说的那样组织一个美苏混合考察组，简直没有比这更糟的选择了——双方都是前战斗机飞行员，此前数年中接受的训练都是彼此杀戮，而且还被灌输了这样做的充分理由。虽然萨根主张说合作的过程本身会帮助敌对国家消除隔阂，我倒是觉得两国之间的冲突更可能把合作撕得四分五裂。

不过，今天美俄太空合作有了新的理由。太空项目不是用来在敌对方中寻求和平，而是用来稳固可以成为真正朋友的两国之间的关系。今天的俄罗斯是一个被击败的超级大国，经济萎靡，危险的复国运动正在抬头。这个国家有10 000枚核弹头，亡命之徒也许会滥用它们；而如果民族主义者或极端主义者占了上风，这些核弹头可能会被重新指向美国。因此，从利己的角度出发，美国应该从政治和经济双方面帮助俄罗斯。向俄罗斯购买航天硬件，支持他们的经济，这就是一条路子。当然，以这种方式合作就意味着分担费用这种理由基本无法成立了。不过从美国纳税人的角度来看，还是省钱了，因为俄罗斯的航天硬件比西方国家的便宜得多。

有人说，以这种方式支持俄罗斯的航天基础建设是个错误，要是那个国家刚发展出来的民主垮台了，我们拯救的这些能力就会转而对抗我们。这种说法忽视了一个事实：联合火星项目支持的大多数航天工业，生产的都是液体燃料推进系统、重型运载火箭、太空维生系统这种类型的硬件，它们的军事用途都比较有限。

而且，更重要的一点是：在合作中美俄将共同分担努力、风险和奇遇，这将让我们发展出真正的友谊，在这种情况下，如果俄罗斯重新强盛起来——任何情况下这都是有可能发生的——对美国来说就会是个积极因素，而不是相反。的确，我们刚刚经历了艰难的10年，今天有必要重新巩固伟大的西方世界联盟，这个联盟包括所有追求发展、理性与自由的国家。人类火星项目正是完成这件事的一条路子。

换句话说，在今天全球政治的现实背景下，萨根提议的美俄联合，或者比这更好的完全国际性的载人火星项目，可能真是笔不错的买卖。它的基本问题仍是内在的结构性风险——它可能会把火星项目变成一个人质，让我们不得不设法维持俄罗斯、欧洲或其他任何地方的稳定。不过也许它带来的收益值得我们冒险。

金瑞奇模式

把人类送上火星还有第三种模式，比已经提到的两种投机取巧得多，不过把握却很大。我称之为金瑞奇模式，因为我是在前白宫发言人的启发下想到它的，也因为金瑞奇先生曾有一段时间支持过这种模式所依靠的原理。

这个主意背后的故事是这样的。1994年夏天，我应邀与当时还是佐治亚州共和党国会议员的纽特·金瑞奇共进晚餐，席间还有他的几位工作人员，我去的目的是告诉他们我对火星探索的想法。我向他们解释了火星直击计划是一个短周期、低费用的载人火星项目。金瑞奇对它带来的可能性很着迷。"我想通过立法支持这个项目。"他对我说，不过他想以一种"更加依靠自由企业模式而非仅仅依靠NASA预算的方式登上火星"。他邀请我上他的电视节目，谈论更多关于火星直击的事情，我听从了他的建议。然后金瑞奇把我介绍给他在首都的军师，进步与自由基金会主席杰夫·艾森纳赫（Jeff Eisenach）。

我和艾森纳赫见了几次，我们的成果就是火星奖（Mars Prize）议案的构想。火星奖是这样运作的：美国政府拨出200亿美元，奖励给首次将考察组送上火星并成功返回地球的私人组织；这个过程中各种重大的技术成就也能各拿到几十亿美元的奖金。

往轻里说，这是人类太空探索的传奇模式，因为此前的探索全都是由政府运作的。它能带来很多非同凡响的好处。首先，这种模式下不可能超支。除非拿到满意的结果，否则不用支付一分钱，而且最后绝不会比开始提出的奖金总额超支一分钱。这种模式的成败仅仅取决于美国人民的聪明才智和自由企业制度的运作而非政治纷争。这一战术不仅保证了经济效益，也鼓励了快速成果和聪明成果。比起从前政府官僚无休无止地进行复杂权衡的方式，人们把自己的钱拿出来冒险时，要他们找出实用明智的工程解决方案并加以实施就容易得多了。读者们也许会想起，查尔斯·林白（Charles Lindbergh）飞越大西洋的时候，他可没去找政府出资支持，而是寻求私人出资的奖项。早年间，航空业有许多这样的奖项，提供给突破性的技术成就，在航空业从婴儿期成长到全球运输网络的过程中，这些奖项共同扮演了一个重要的角色。这样的传统延续至今。2004年10月，伯特·鲁坦（Burt Rutan）的火箭飞机飞船1号（Spaceship One）飞到了100千米高空，他因此获得5000万美元的X大奖（X-Prize）。这是民间奖项最近的一次贡献，如今它将航空业带入了太空。这次成功促成了鲁坦飞船商业版的诞生，俗称飞船2号。据报道，不久后它将为普通大众提供付费乘坐亚轨道航班的机会。达成这样的成就，所花费的时间和预算之少，如今的NASA简直无法想象。

这种去火星的模式还有其他好处。政府还没花钱，经济就会受到刺激而增长。此外，为重大的航天成就发布数十亿美金的奖项，这不仅会引发一场私人太空竞赛，还将创造一种新的航空航天工业形态，这种形态基于最小成本的生产方法。现有的航空航天工业可不是照这种方式运行的，航空航天大公司反而是以"成本累加"的方式和政府做生意。这意味着不管他们花了多少钱来干活，都会加上一定的点数向政府收费，这个数通常是8%～12%。因此，为政府干活，这些大公司花得越多，赚得就越多。所以他们的公司头重脚轻，层层叠叠都是无用而昂贵的"交叉经理"（他们什么都不经营）、"市场人员"（他们不做市场）和"计划者"（他们的计划从未实施），这些人的唯一职责就是增加公司开支。当然，因为政府需要证据来证明公司声称的费用真的花出去了，还得雇一大批会计人员，来追踪每一个单独的合同各花费了多少劳动时间。这到底有多糟糕，为了让你有点概念，我告诉你，在丹佛市洛克希德·马丁的主工厂里，就是我曾工作过的地方，也是生产泰坦和宇宙神运载火箭的地方，所有人员中只有一小部分真正在干活。事实上，和其他业内大公司相比，洛克希德·马丁的价格还算有竞争力，这意味着别的公司也是以这种头顶重负的方式运营的。

奖励系统会改变这一切，因为公司的利润就等于奖金减成本，简单明了。他们将不再有动力来增加成本。恰恰相反，他们有充分的理由削减成本。此外，他们真正的基础成本也会降低，因为会计和文档负担都会小得多。火星奖将创造出基于这些原理的新公司，或者迫使现有的公司大幅自我改革，最终将为政府和商用卫星工业省下几十甚至上百亿美元。因为不久后，他们就能以便宜得多的价钱买到自己需要的航天、发射系统硬件了。

可是火星奖怎么能设到200亿美元这么低呢？我不是说过，火星直击项目花得比这多，大概要政府出300亿美元吗？就算加上100亿到200亿美元的小奖，私人组织也不大肯竞争这样的买卖。

我为火星直击估算的300亿美元，是以J.F.K.模式为项目基础——NASA资助现有的航空航天大承包商在现有的大头结构下干活，这个过程中NASA还有自己的"项目管理"要花很多钱。如果真正以私人组织为基础完成火星直击或火星半直击任务，干活的人可以自由地选择供应商、所用材料和产品构想，我相信，最终费用将控制在40亿~60亿美元的范围内。比起火星直击300亿的估值来，这个数听起来不可思议，更别说《90天报告》的4500亿美元了。可是如果你检视一下任务真正需要的东西，把它们加起来，再占点便宜，比如说采用俄罗斯的运载火箭或是其他省钱的法子，很难看出为什么项目费用会超过40亿美元。在现实世界里，40亿美元能买到的东西多得吓人。

考虑一下：作为一个通用标准，航空航天工程师研发新的高性能喷气战斗机预估费用为每磅5000美元。这样的航空航天系统复杂性与居住舱、火星上升飞行器、再进入舱和其他火星直击硬件差不多，那么，它的研发成本大约就是每吨1000万美元。（麦克唐纳·道格拉斯公司的试验式单级入轨飞行器DC-X研发成本为每吨600万美元。）不包括运载火箭，火星直击或半直击需要的硬件净重加起来肯定小于100吨。那么，10亿美元就够了。要把你需要的所有东西发射到火星上去，载荷约为300吨（这个数包含了大量进入火星转移轨道所需的推进剂，它们很便宜，每吨不到1000美元）。三枚俄罗斯的能源号就能把300吨载荷送上近地轨道（LEO），每枚火箭费用大概是3亿美元，[53]那么发射总费用为9亿美元。加上重开能源号生产线，启动资金可能要5亿美元。因此，硬件研发与发射的总费用为24亿美元。再扔6亿给任务运营、项目管理、法律支出和其他额外支出，最后，你搞到了一个30亿美元的火星项目。就算能源号和其他俄罗斯的运载火箭（如质子号，Proton，它仍在生产，送载荷上近地轨道发射成本约为每吨400万美元）没法用或者他们不给我们用，任务也不一定要花那么多钱。我们可以利用美国近期或现有的推进器，如泰坦、宇宙神或德尔塔火箭，它们送载荷上近地轨道的发射成本大约是每千克1万美元，即每吨1000万美元。这样算下来，发射所需的300吨载荷要花30亿美元。这种算法极端保守，因为和这些中型推进器相比，重型运载火箭（如航天飞机C或战神号）将带来巨大的规模经济效益。30亿美元加上研发硬件的10亿，我们再次找到了一个总费用小于50亿美元的项目。

那么，如果任务的真正成本是40亿～60亿美元，200亿美元的奖励应该能从民间调动起来所需的资金。毫无疑问，肯定会有不少人怀疑只花50亿美元是否真能完成载人火星任务，不过这无关紧要。如果火星奖议案能通过，唯一重要的事情就是，是否存在觉得这能完成的投资者，几个就够了。我们不需要去说服大多数国会议员相信不用花很多钱就能完成载人火星项目，只需要说服比尔·盖茨或是艾伦·马斯克就行。这很重要：民间的革新精神比政府强得多，因为要开始做什么新东西，他们不需要一致通过，他们需要的只是一个创新者和一个愿意抓住机会的投资者。

但是，如果没人接受挑战，怎么办？在这种情况下，整套方案不会花掉纳税人一分钱啊。

提供火星奖会毁掉NASA吗？我觉得不会。它反而会为NASA各中心最好的小组带来资金，因为竞争奖项的私人财团会设法分包有兴趣的特定领域的专门技术。这会对NASA的技术人员产生非常健康的影响。因为这样的话，他们就会受到驱策，研发那些想实现火星任务的人真正需要的技术，而不是放任自己去研究一些不相关的技术。

下面是我为金瑞奇拟定的推动载人火星项目发展的奖项。请注意，虽然这些奖项可以看作一系列阶梯，通往一个最终的目标，但是单个组织不必接受所有挑战。公司可以选择接受一项挑战，然后止步于此；也可以继续前进；或者公司可以完全跳过那些简单的挑战，直接先把考察组送上火星，赢取大奖。

挑战1：完成火星轨道飞行器成像任务

奖金：5亿美元

条件：该任务必须成功拍摄整颗行星至少10%的地区，分辨率不得低于20厘米每像素。所有图片都必须交给美国政府，政府将公布这些图片。

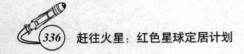

额外奖励：NASA的火星科学工作组（Mars Science Working
　　　　　 Group）选定了200个待考察地点，每拍摄1个这样的
　　　　　 地点（覆盖度90%以上）多奖励100万美元。
　　注：后来这个挑战已由NASA的火星勘测轨道飞行器（MRO）
完成。该飞行器由洛克希德·马丁公司制造，费用为7.2亿美元。2006
年，MRO抵达火星轨道，从那以后一直在以高分辨率测绘红色星球。

**挑战2：利用自动登陆器收集一份火星土壤样品，然后利用火星
　　　　 当地材料生产的推进剂将样品送返地球**

奖金：10亿美元

条件：土壤样品重量至少达到3千克。火星上升和返回地球的航
　　　 班所用的混合推进剂中至少要有70%（以重量计）是用火
　　　 星资源在当地生产的。

额外奖励：采回的土壤样品中，每种完全不同的岩石类型将得到
　　　　　 额外的1000万美元，3亿美元封顶。

挑战3：演示一种用于太空的长期维生系统

奖金：10亿美元

条件：在没有地球提供再补给的情况下，该系统能在太空中持续
　　　 支持至少3人的小组生活至少2年。

挑战4：将一辆加压火星车送上火星

奖金：10亿美元

条件：该车辆必须在地球上进行为期一周的测试，测试内容为在
　　　 未加改造的地面上行驶1000千米，以此证明它能在火星上

支持2个人持续使用一周。车辆必须在火星上行驶至少100千米，行驶期间舱内气压必须保持在3～15 psi，温度必须保持在10～30摄氏度。

挑战5：首次实现火星上升系统。该系统必须使用源于火星的推进剂将5吨有效载荷从火星地面送上火星轨道

奖金：10亿美元

条件：混合推进剂中至少要有70%（以重量计）是用火星资源在当地生产的。

挑战6：首次实现就地生产推进剂系统。该系统必须在500天的火星地面停留周期中生产出至少20吨推进剂

奖金：10亿美元。

条件：混合推进剂中至少要有70%（以重量计）是用火星资源在当地生产的。

挑战7：首次实现火星供能系统。该系统能在火星上工作500天，功率在15千瓦以上（日夜平均水平）

奖金：10亿美元

条件：任何时间的最小输出功率都在2千瓦以上。

挑战8：首次实现能将10吨有效载荷送上火星地面的系统

奖金：20亿美元

条件：该系统必须实现软着陆，在旅程中的任何时间，有效载荷承受的减速力都不得大于8 g。

挑战9：首次实现能将至少120吨载荷送上近地轨道的系统

奖金：20亿美元

条件：该推进器必须在美国境内发射。过去的土星5号不具备参
　　　赛资格，重新发展的土星5号有参赛资格。

挑战10：首次实现能将50吨载荷送上火星转移轨道的系统

奖金：30亿美元

条件：离开地球的双曲线速度至少为4千米每秒。该系统所用的
　　　推进器或推进器组每次发射必须能将至少120吨载荷送上
　　　近地轨道。该推进器必须从美国发射。

挑战11：首次实现能将30吨有效载荷送上火星地面的系统

奖金：50亿美元

条件：该系统必须实现软着陆，在旅程中的任何时间，有效载荷
　　　承受的减速力都不得大于8 g。

挑战12：首次将一个小组送上火星并让他们安全返回地球

奖金：200亿美元

条件：小组中大部分成员必须是美国人。小组中至少要有3名成
　　　员登上火星地面并在该行星上停留至少100天。小组成员
　　　中至少要有一位进行至少3次地面旅行，行程至少离着陆
　　　点50千米。

额外奖励：在这200亿美元以外，每在火星地面上停留1天，每
　　　　　位小组成员还将拿到100万美元，50亿美元封顶。

　　某些普遍条件适用于所有奖项，因为某些挑战要求的成果被列出的其他任务所包含。比如说，能把30吨有效载荷送上火星地面的系统肯定也能发射10吨。如果更难的任务先于简单任务达成，那么完成任务的组织将拿到两个奖项。为了确保发展出的飞行系统是美国土生土长的，应该要求参与任何奖项的所有硬件中至少有51%（以现金价值计）必须是在美国生产的。这并不意味着所有子系统都得有51%是美国制造。比如说，利用俄罗斯的重型火箭飞上火星仍有资格赢取200亿美元的奖项，只要整个任务的硬件中有51%是美国制造的；不过这样的项目就没有资格赢取重型火箭系统的奖项了。最终，所有奖项得主都会出现在政府的供应商名录中，获奖飞行系统的复制品将有多达3组以不高于奖金20%的价格卖给美国政府。政府这边，外层空间追踪网络（Deep Space Tracking Network）直径34米的抛物面天线组将以成本价提供通讯服务，美国政府将借此支持所有竞争奖项的任务；政府还将为所有发射提供肯尼迪航天中心及其他可能的发射场所拥有的地面支持和追踪系统，并以合理的价格提供建设发射台所需的各种物资。

　　如果火星奖议案获得通过，那在行业内，就确定哪种架构、哪种技术最优秀而言，它会比委员会的判断更好。奖励系统不仅能提供载人火星项目所需的激励，还能提供一条资金"跑道"，它将允许私人组织逐步累积这样一次壮举所需的资金。比如说，刚开始的时候，一个组织可以专注于赢取奖项9，研发重型推进器。20亿美元的奖金刚够回本，不过一旦有了这个，该组织就有很大优势赢取奖项10——把50吨载荷扔上火星转移轨道，30亿美元。这第二个奖项能把他们砸晕，然后他们就能争取奖项11

了——首次将30吨载荷以软着陆的方式送上火星，50亿。完成这一步，该组织手里就有了火星直击任务所需的基本的地球-火星运输系统，还有充足的资金，然后，他们就能向200亿美元的往返程大奖发起进攻了。启动资本较少的组织可以从奖金较少的先期任务开始，然后走侧门进入赛场，可以这么形容。这样，各组织通过多种途径进入角逐；关键的先期任务能实现重要的技术和成果，他们借此竞逐有关奖项，在这个过程中积聚主要奖项所需的资金和经验。不过，奖励系统不会限定任务的设计——要是有人想竞逐大奖，他不必先竞争任何一个小奖。这条"跑道"只是提供了多样的进入途径。每个参赛组织都能发挥自己的创造性，决定哪一条路去火星最有效率；这个过程中会创造出一套便宜的运输系统，不仅能实现"旗帜和足迹"任务，还能系统性地探索、移民火星。

　　被选为白宫发言人后，金瑞奇被一大堆利益集团的要求压垮了，税务活动家、堕胎活动家、平衡预算者，诸如此类。他要求火星奖运作起来，据艾森纳赫说，他很喜欢这个构思。不过，他没为火星奖做什么事，他在共和党大会里的接替人也没有。艾伯特•戈尔（Al Gore）也一样，在被选为副总统之前，他频繁表示自己支持萨根的美苏联合火星计划；可是一当选，他就兴致全消，从那以后再也没说过一个字。对于今天政治舞台上的这些人，我们也不能期待太多，除非他们能看到某些证据表明这个构想真能带来政治支持。如果我们想在这些人身上看到点行动，那就得显出点力量来。这指引我来到了下一个想法。

你能做什么

如果你希望人类登上火星，那你需要变成一个太空活动家。

正如我们看到的，根据米勒的研究，对航天有兴趣的公众人数近4000万。不过美国国内三个主要的太空活动组织——国家航天学会（National Space Society）、行星学会（Planetary Society）和火星学会加起来才有10万会员，还是号称的。这个国家中有大量潜在人群支持太空探索，却只有一小部分人组织了起来。成果丰盛，但收割者寥寥。要产生我们所需的政治力量，得有成员众多的固定组织。简而言之，火星需要你。希望航天项目进行顺利，这还不够；如果你相信未来不应限定在地球的范围内，那你需要加入和你有同一信念的人群，让别人听到你们的声音。加入一个太空活动组织可能就是最好的一条路。

基本上，有四个组织可供选择。这里我有一点倾向性，因为我正好是其中一个组织——火星学会的头头。不过，我会尝试尽量准确描述，好让你确定你的努力重心在哪里。下面列出的会费和地址确认时间是2011年年初，不过在寄出会费以前，你应该直接和他们确认。

行星学会是四个组织中最大的，会员大约5万人。它由卡尔·萨根、路易斯·弗里德曼（Louis Friedman）和喷气推进实验所前主任布鲁斯·默里（Bruce Murray）创建，现任领导人是弗里德曼、天文学家吉姆·比尔（Jim Bell）和电视科学教育家比尔·奈（Bill Nye）。行星学会的主要兴趣在于促进太阳系内的无人探索，不过它也支持载人火星项目，只要这个项目遵循萨根的国际化合作模式。要是你想加入行星学会，可以寄一张37美元的支票到：The Planetary Society, 85 South Grand, Pasadena, CA 91105。网址：www.planetary.org。

国家航天学会是第二大的，有2万会员。它由韦恩赫·冯·布劳恩和富有太空浪漫主义精神的普林斯顿教授杰拉德·欧尼尔（Gerard O'Neill）创建，现任领导人是马克·霍普金斯（Mark Hopkins）、科比·伊金（Kirby Ikin）和执行董事加里·巴恩哈德（Gary Barnhard）。国家航天学会（NSS）的主要兴趣在于促进人类移民太空，包括月球、火星、小行星和自由漂浮的太空殖民地。不管火星（或月球）项目是J.F.K.模式、萨根模式还是金瑞奇模式，NSS都会一样高兴地支持。NSS包括大约100个当地分部，会举办当地及地区性的活动，每年还会召开一次全国大会。如果你想加入NSS，可以寄一张20美元的支票到：National Space Society, 1155 15th Street NW, Suite 500, Washington, DC 20005。会员福利包括漂亮的双月会刊和经常性的关于航天项目的动员小册子。网址：www.nss.org。

航天前线基地（The Space Frontier Foundation）是四个组织中最小的，会员约500人。它由里克·图姆林森（Rick Tumlinson）和吉姆·芒西（Jim Muncy）创建，现任领导人是芒西、鲍勃·沃泊（Bob Werb）和威廉·沃森（William Watson）。航天前线基地具有强烈的自由企业倾向。在本章中讨论的三种去火星的方式中，它只对金瑞奇模式有兴趣。如果你的基本原则是以自由企业最多、政府参与最少的方式开拓太空，那就考虑加入这个组织吧。航天前线基地每年举办一次全国大会。要加入他们，你可以寄25美元到：The Space Frontier Foundation, 16 First Avenue,

Nyack, NY 10960。网址：www.spacefrontier.org。

火星学会是最年轻的太空组织。我和地下火星的许多成员〔包括克里斯·麦凯、卡罗尔·斯托克、汤姆·迈耶，还有科幻作家格雷格·班福德（Greg Benford）和金姆·斯坦利·罗宾逊（Kim Stanley Robinson）〕一起建立了火星学会，主旨在于从公众与私人意义双方面深化火星探索和火星移民。1998年8月，我们在科罗拉多州博尔德召开的成立大会吸引了来自40个国家的700位参与者，他们贡献了180篇论文与演讲，内容从火星任务策略到地球化改造的伦理无所不包，吸引了国际性的媒体报道。我写下这些的时候，我们有7000名会员，分成80个分部，其中50个在美国本土，30个遍布全球。我们的活动包括扩大公众影响力、进行政治游说、运营两个人类火星探索模拟基地。其中一个基地在加拿大德文岛的极地荒漠中，另一个在犹他州南部的沙漠中。迄今为止，有超过100个6人小组奔赴这些站点，实施模拟火星任务，时间范围从2周到4个月。在这些任务中，小组按要求执行持续的地质、微生物野外探索任务，同时他们的工作环境有很多地方和人类探索者在火星上将要面对的一样。通过这些模拟实验，我们学习到了大量知识——关于人类终于登上红色星球的那一天，什么样的野外战术和技术才最有用。与此同时，这些实验得到了世界一流媒体的报道，从《纽约时报》、CNN、探索频道，到BBC以及俄罗斯和日本的国家电视台，这些报道给全球亿万人带来视觉冲击，让他们看到了探索邻近世界的梦想。

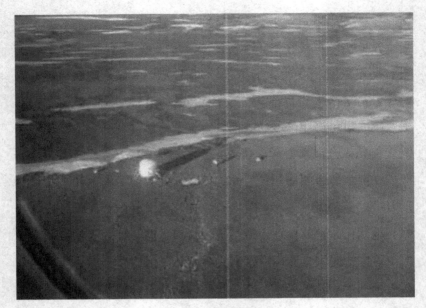

图10.1　火星学会的闪线火星北极研究站（Flashline Mars Arctic Research Station，FMARS）坐落于加拿大德文岛的极地沙漠中，位于一个巨大的陨石坑边缘，距离北极点900英里。（摄影：罗伯特·祖布林）

　　每年8月，火星学会会举办国际性的大会。你可以通过网站www.marssociety.org加入我们，也可以寄50美元（学生25美元）到：Mars Society, 11111 W. 8th Ave. Unit A, Lakewood, CO, 80215。

　　如果你想要和我联系，可以写信到火星学会的地址转交。如果你想提供帮助，请在网站上注册，这样我们可以把你放入火星学会的电子邮件名单。如果你加入火星学会，也会获得我们在线图书馆的权限，在那里可以看到很多我的技术论文，还有其他许多作者的，主要论题从行星际推进技术到地球化伦理问题，无所不包。

　　创造历史的路上，你不是一个旁观者。轮到你上场了。

图10.2　火星学会的志愿者小组在德文岛上利用FMARS基地试验探索技术，这里是地球上和火星最相似的环境之一。（摄影：罗伯特·祖布林）

一个历史问题

在火星上建立人类前哨站也许是我们这个年代最具历史意义的行动。今天，人们会记得费迪南德和伊莎贝拉[①]，只因为他们与克里斯托弗·哥伦布的远航有关。相比之下，费迪南德和伊莎贝拉的前任及继任者，能说出他们名字的人就少得多了；而所有战争、暴行、宫廷政变、丑闻、繁荣和声名扫地，在当时的人们看来一定也很重要，但今天都差不多被遗忘了。同样地，500年后，几乎不会有人知道奥德赛黎明行动[②]是什么，更别说白水事

[①]　支持哥伦布旅程的西班牙国王和王后。
[②]　Operation Odyssey Dawn，2011年，多国部队向利比亚发起的军事行动。

件；他们不会听说过伊拉克或阿富汗的战争，他们既不会知道也不会在乎现在的美国是有全国健康保险还是预算平衡。不过他们会记得是谁首次到达火星、在火星上定居，又是哪个国家使这成为可能。

当我还是个孩子的时候，我曾读过许多经典的历史故事。我还清楚地记得，在雅典奋力抵抗斯巴达人的战争中，第二年的年末，雅典执政官伯里克利为牺牲者所作的演讲。在聚集的亲属面前，他吟诵道："这些人，你们的儿子与丈夫，他们死了——我理解你们的悲伤。但是请看他们为何而死：他们为雅典而死。而雅典是什么，它只是一座城市，只有它号召自己的人民成为公民，而非臣服者；它称颂哲学、科学与理性；它给予人民完满的人所需的责任与权利，让人们幸福生活。"然后，伯里克利说：未来的年代会为我们惊叹，正如现在这个年代为我们惊叹。

虽然不久后雅典被摧毁了，不再是一股重要的势力，但伯里克利是对的：两千多年过去了，不管此后有过多少技术与文学的硕果，人们仍为她惊叹。如果我们完成自己的使命，在火星上为人类开启第一个新世界，那么两千年以后，人类也许不仅住在地球和火星上，还遍布在我们的银河系中本区域的无数其他行星上。他们的技术和能力在我们看来如同魔术，就像我们的技术在伯里克利时代的雅典人眼中一样。但是，不管他们的能力多么不可思议，如果我们是使之成为可能的人，那么那些居住在无数文明星系中的无数先进生灵，他们会回顾我们这个年代，他们会为我们惊叹。

后记

火星前线的重要性

一百零几年前，在美国历史协会（American Historical Association）的年会上，来自当时还默默无闻的威斯康星大学的一位年轻历史教授发表了一次演讲。在当晚的议程中，弗雷德里克·杰克逊·特纳（Frederick Jackson Turner）的演讲排在最后一个，在他之前有一大堆无足轻重的论文，不过，大多数与会者还是留下来听他的演讲。也许此前已有流言说，他会说些很重要的话。如果真是如此，那流言是对的；因为在这次大胆而富有气魄的演讲中，特纳表现出了非凡的洞察力，他触摸到了美国社会与美国特质的根基。他说，美国的平等民主制度、个人主义与革新精神，其源泉不是法律理论，不是判例，不是传统，也不是国家或民族的血统，而是前线的存在。

"美国的智性应当归功于前线的优秀特质，"特纳说，"例如粗犷的力量与敏锐及好奇相结合；例如头脑实用而富有创造性，能迅速找到变通方案；例如善于抓住要点，缺乏美感却有利于达成好的结果；例如永不停步的充沛精力；例如居于统治地位的个人主义，自由地为善或作恶，还有随自由而来的恢复力与活力——这都是前线的特质，或者说，只要有前线的存在，别处也会发展出这样的特质。"

特纳继续阐述自己的核心观点："曾经一度，前线打破了传统的束缚，自由主义欢庆胜利。但是没有什么未经书写的白纸。美国的环境根深蒂固，霸道地要求人们接受它的条件；这里一样有办事的惯例；不过，尽管环境如此，习俗如此，前线仍的的确确地提供了新的机遇，提供了逃离过往束缚的一扇大门；伴随前线而来的，还有新鲜事物、信心、对旧社会的奚落、对自身局限性与创意的急不可耐、对自身经验教训的漠不关心。

"对希腊人来说，地中海意味着什么？意味着打破传统束缚，提供新体验，产生新制度，出现新格局；对美国而言，一直在后撤的前线同样意味着这一切，甚至更多。"[54]

特纳的观点是一颗智性炸弹，数年间，围绕这个观点诞生了整整一个学派的历史学家。他们证明了不仅仅是美国文化，还包括以美国为代表的整个人类文明的进步，都主要是从探索时代（Age of Exploration）开始的，就在那个时代，欧洲开辟了全球移民的大前线。

特纳的论文发表于1893年。就在3年前，1890年，美洲前线走向了终结：一直以来界定西部扩张最远端的移民线与从加州一路东来的移民线迎头相撞。一个世纪后的今天，我们面对的正是特纳提出的问题——如果前线真的消失了，怎么办？美国及美国所坚持的一切，会怎样？如果失去了成长的空间，一个自由、平等、创新的社会还能幸存下来吗？

这个问题在特纳的时代提出，也许为时尚早；但今天，时候到了。当前，我们身处的社会越来越缺乏元气；权力结构日渐固化，所有阶层都在走向官僚化；政治制度无力完成大的项目；条条框框延伸到公众、私人、商业生活的每个角落；反理性主义扩张；流行文化走向庸俗；个体失去了冒险精神，也失去了自立精神与独立思考；经济停滞衰退；技术革新脚步蹒跚……你随便望向哪里，这些都清楚地写在墙上。

没有了可供新生命成长的前线，过去两个世纪以来推动以美国为代表的人类文化进步的精神也消失不见了。这个问题不仅仅是一个国家的损失——人类需要先驱才能进步，但现在我们眼前没有。

因此，美国乃至全人类最大的社会性需求是一个新的前线。没有比这更重要的事情：如果没有可供成长的前线，不管你有什么权宜之计，美国社会乃至建立在人文主义、科学、自由与进步基础之上的整个全球文明都必将消亡。

我相信，人类的新前线只可能在火星上。

但为什么不能在地球上呢，海底或是什么遥远的地方，比如说南极洲？是的，移民海上或海底，或者南极洲都完全有可能，在这些地方定居会比建立火星殖民地容易得多。然而，从历史的观点来看，这种地球上的发展都不能满足前线的必要条件——也就是说，它们还不够远，一个新社会没法自由发展。在今天这个时代，有现代的通讯和交通运输系统，不管你在地球上多么偏远的角落，甚至敌对的地区，条子都离你太近了。如果人们要享有创建属于自己的世界的尊严，就必须远离旧世界的束缚。

火星就是这么个好地方。它离地球够远，所以殖民者可以摆脱旧世界智性或文化的支配；而且与月球不同，它的资源足够丰饶，可以促成人类文明新分支的诞生。正如我们已经看到的，乍看之下，红色星球也许是片冰冻沙漠，可是它资源丰富，可以支持一个先进的技术文明。火星很遥远，而且可以移民。火星可以移民并改造，所以我们可以将它看成一个新世界，往后几个世纪中，这个新世界能为地球上的人类创造一个光明的未来。

人类为什么需要火星

所有事情都在促成他们的新生；新的法律，新的生活模式，新的社会系统；在这里，他们变成了真正的人。

——让·德克雷夫科尔，《来自一个美国农民的信件》，1782
(Jean de Crevecoeur, *Letters from an American Farmer*)

人文主义社会的精髓在于看重人类自身——人类的生命与人权是无价之宝。几千年来，这样的观念都是西方文明哲学价值的核心，可追溯到希腊时期及犹太教、基督教共有的思想，即：人类灵魂由天赋神授。不过，这一观念却从未真正成为社会组织的根基，直到发现时代的到来。伟大的探索者们打开新世界的大门，在这里，中世纪基督教世界里休眠的人文主义种子得以成长绽放。

基督教世界的问题在于它是固化的——它是一场戏剧，剧本已经写好，主要角色已经选定并分派妥当。问题不在于自然资源不够分配——中世纪的欧洲人口并不过剩，还有大量森林及其他无人居住的地区——问题在于所有的资源都有主了。统治阶级已被选定，一整套统治制度、观念和习俗也随之而定。在"贵者生存"的规则之下，没人会被取代。此外，被选定的不光是主要角色，还有配角与伴唱和声，而且只有这么多角色可供分配。如果你想保住自己的角色，就得保住自己的位置，而没有角色的人就没有位置。

新世界提供了一个没有既定统治制度的地方，改变了这一切。在这样一个即兴的舞台上，演员们不仅仅是原来那些传统的角色，他们还成了编剧和导演。这种新情况下爆发出来的创造性不但让身在其中的幸运儿得以亲历一场伟大的冒险，而且，一般而言，根据演员的能力，观众的观点也会发生变化。在旧社会里找不到位置的人，可以在新社会里找到自己的位置。不"融于"旧世界的人可以发现并证明自己绝非一无是处，他们在新世界里价值非凡，无论他们是否真的踏足那里。

新世界摧毁了贵族统治的根基，创造了民主制度的基础。它让人们从千人一面的旧制度中解放出来，由此，多样化蓬勃发展。它接纳未经认可的资料与经验，由此摧毁了封闭的智性世界。它逃脱了旧制度的控制，那些制度必须依赖社会停滞才能维护自己的统治，由此进步成为可能。它还创造出一种新的社会情况，这里最需要的是创新精神，以便让有限的人口发挥出最大的能力，由此推动了社会进步。它抬高了劳动力价格，让所有人看到人类可以成为自己世界的创造者，由此工人得到了尊严。在美国，从殖民时代直至19世纪，城市一座座拔地而起，人们明白了美国不仅仅是他们居住的地方——还是在他们的努力下建设起来的地方。人们不仅仅是自己世界的住户，他们还是这个世界的缔造者。

两个世界的故事

想象一下，21世纪的人类在两种情况下各自会有怎样的命运：有火星前线和没有。

21世纪，如果没有火星前线，毫无疑问，人类文化的多样性将急剧下降。自20世纪末以来，先进的通讯和交通运输技术已经侵蚀了地球上人类文化多样性的健康。因为技术让我们走得更近，所以我们变得更加相似。在北京找到一家麦当劳，在东京听到乡村音乐，或者在亚马逊土著身上看见迈克尔•乔丹的T恤已经不值得大惊小怪了。

多种文化的融合有健康的一面，因为某些时候，这样的融合会在艺术及其他领域催生出暂时的繁荣。它也能导致讨厌的种族紧张情绪上扬。可是不管文化融合释放的能量是如何在短期内消耗掉的，长期来看重要的还是：它耗尽了能量。文化的同质化就像用导线将电池两极连到一起。短时间内会产生大量热能，不过等到电势平衡下来，熵值就增至最大，电池废掉了。罗马帝国就是人类历史上这一现象的经典范例。[55]统一带来的黄金时代后面通常紧跟着停滞与衰退。

21世纪，地球上文化同质化的趋势只会越来越快。此外，快速的通讯和交通运输技术短接了不同文化的隔阂，所以独立度越来越难得，而这样的独立度正是在地球上发展出全新的文化所需的。但是，如果开辟了火星前线，同样的技术进步会让我们得以建立一个截然不同、蓬勃发展的人类文化新分支；最终，我们还能在其他世界上建立更多这样的新分支。因此，在一片更广阔的土地上，珍贵的人类文化多样性能得以保存；但是，只有得到一片更广阔的土地，才能实现这样的保存。单个世界的版图太小了，容不下多样性的世代生存延续，而这样的多样性不但能让生活更加有意思，还能确保人类的生存。

如果不在火星上开辟新前线，延续下来的西方文明仍要面对技术停滞的风险。对某些人来说，这样的观点也许很奇怪，因为如今这个时代经常被夸作充满技术奇迹的时代。但事实上，我们社会进步的脚步正在变慢，变慢的速度快得让人担心。要看清这一点，只要回顾一下过去35年来的变化，把它们与之前的35年相比，再比较一下再前一个35年就够了。1905年至1940年间，世界主要的进步是：城市电气化；洗衣机和冰箱出现；电话与广播普及；家庭音响诞生；有声电影发展成一种全新的艺术形式；汽车进入实用化；航空工业从怀特的飞机发展到了DC-3和Hawker公司的飓风战斗机。1940年到1975年，世界又变了，出现了计算机、电视机、抗生素、核能源、波音727、SR-71；还有宇宙神、泰坦和土星火箭；通讯卫星、行星际飞船以及载人登月。和这些变化相比，1975年至今的技术进步不值一提。这个时期理应出现巨大的变化，但是没有。如果遵循此前70年的技术轨迹，今天的我们应该有飞行汽车、磁悬浮火车、机器人、核聚变反应堆、极超音速洲际航班、便宜而可靠的飞上地球轨道的运输方式、海底城市、开放海域养殖技术以及月球和火星上的人类居住区。但是，今天我们只看到重要的技术发展——如核能技术和生物技术——陷入停滞或争执。我们的脚步慢下来了。

现在，考虑一下新生的火星文明的情况：它的未来将主要取决于科学与技术的进步。正如19世纪，美洲前线出于自身需要作出的发明极大地推动了全世界人类的进步，"别出心裁的火星人"也将实现远超平均水平的科技突破，极大地改善21世纪人类的处境。他们的文化会将智慧、实用性教育和果断置于首位，要做出真正的贡献，这些都是必需品。

火星前线将促进新技术的发展，这个观点的首要例证毫无疑问将出现在能源领域。因为和地球上一样，火星移民成功的关键在于充足的能源供应。目前，就我们所知，红色星球的确拥有一种重要的供能资源：氘，它可以用作几乎无污染的热核聚变反应堆燃料。地球上也有大量的氘，但是现在所有资金都投入了其他更高污染的发电方式，实用性核聚变反应堆的研究停滞不前。让核聚变进入实用化，火星殖民者的决心一定会大得多，他们的努力也将为母星带来巨大利益。

总之，火星前线和19世纪的美国前线在推动技术进步方面的相似性被大大低估了。过去一个世纪中，美国推动了技术进步，因为西部前线的开拓为东部带来了持续的劳动力短缺，这迫使人们研发节约劳动力的机器，也为公众教育的改良提供了强烈的刺激。这样，有限的劳动力掌握的技能才能最大化。现在，美国的情况变了。事实上，我们不再欢迎新公民的到来，反移民情绪上升，我们创造出大量累赘冗繁而粗劣的工作岗位，来安置那些真正有成效的经济活动不再需要的人。结果，每个新公民都被看作负担，这样的情况始于20世纪末，21世纪变得更为严重。

从另一个方面来看，在21世纪的火星上，劳动力一定极度短缺。事实上，可以打包票，在21世纪的火星上，没有哪种商品能比人类的工作时间更珍贵、更值钱。工人在火星上得到的薪水和待遇会比地球上好，教育也会发展到母星上前所未有的高水平。正如19世纪，美国曾改变了普通人在欧洲得到的待遇与受尊重程度，火星社会的进步应该也会对地球造成影响。火星上也许会出现更高形式的人类文明及与之匹配的新标准。与他们遥遥相望，地球公民肯定也会对自己作出同样的要求。

前线创造了自立的人民，他们坚守自治的权利，由此推动了美国民主制度的发展。没有这样的人民，民主制度能否存续很值得怀疑。是的，今天的美国随处可见民主的幌子，但政治程序中几乎没有真正的公众参与。想一想吧，自1860年以来，没有一个新政党的代表被选为总统，曾允许公民参与到政党审议中的地区性政治社团及区域性组织也消失了。美国国会平均重新当选率高达90%，很难再说它是人民意愿的晴雨表。此外，不管国会意愿如何，现实的法律覆盖广度前所未有，从经济到社会生活方方面面。这些法律越来越多地出自冗余的管理机构之手，这些机构的官员甚至懒得假装自己是民选的。

美国和其他西方文明的民主制度需要一针强心剂。这一推动只能来自于前线人民作出的榜样，他们的文明吸纳了最初赋予美国民主制度灵魂的精神。正如上个世纪美国人曾为欧洲作出榜样，下个世纪，火星人也能为我们指出远离寡头政治与停滞不前的道路。

在一个封闭的世界中，人文主义社会将面临比寡头政治卷土重来更大的威胁。21世纪，如果前线依然紧闭，我们一定会面对这些威胁：各种反人类思想蔓延，以这些思想理念为根基的政治制度发展成长。在一个封闭的社会中，这种破坏性的思想会自然地蔓延，首屈一指的就是马尔萨斯理论：世界上的资源几乎是恒定的，所以人口增长与生活标准必须要有所限制，否则我们所有人都将坠入无尽的苦难。

马尔萨斯主义在科学上已经破产了——基于它的所有预测都已被证明是错的。因为人类不仅仅是资源的消费者，我们还会发展新技术，从而发掘出新资源。人口越多，革新的频率越快。这就是为什么（和马尔萨斯的理论正好相反）随着世界人口的增长，生活标准反而提高了，而且是加速提高。然而，在封闭的社会中，马尔萨斯主义却是不证自明的真理，这里潜藏着危险。单从理论上反驳马尔萨斯主义是不够的——学术期刊中这样的论战从未休止。除非人们能看见前方有未经使用的资源，否则他们必然趋向于相信资源有限论。而如果接受资源恒定这一观念，那么最终人们将彼此为敌，每个种族或国家也将彼此为敌。极端的结果就是暴政、战争甚至种族灭绝。只有在一个资源无限的宇宙中，所有人才会成为兄弟。

火星在召唤

近来，我们开始吹嘘经济全球化，却不思考它的含义，不思考这样的全球化多么不幸。要是有这样的消息，那才更值得欢呼：太阳系里出了点怪事，另一个世界轻轻滑入我们的轨道，离我们如此近，甚至能建起一座桥梁，人们可以跨过桥梁，踏上一片未经开垦的新大陆，到达未经标注的新海洋。如果真有这样的机会，热切的新移民是否会重走老路？还是说他们会制定新的权利法案，修正老地球上的遗憾……？无论如何，就算这样的星球不能拯救一个活跃的文明，至少也能延长它的寿命；在这延长的部分中，个人将再次享有自由……

想想这个有趣的问题：在一个没有前线的世界里，人类的想象力何去何从？这里没有变化，只有不变；没有差异，只有相似；没有危险，只有安全；没有陌生海洋、大陆的变幻莫测，只能在已知中探求无害的微妙变化。梦想者、诗人和哲学家毕竟只是工具，他们只是说出、串起人们的希望、抱负与恐惧。

人们将怀念前线，怀念的程度言辞无法表达。4个世纪以来，他们听到它的召唤，聆听它的允诺，拿自己的生命和财富赌它的未来。它不再召唤了……

　　　　　　——沃尔特·普雷斯科特·韦布，《大前线》，1951

　　　　　　（Walter Prescott Webb，*The Great Frontier*）

今天我们所知、所推崇的西方人文主义文明在扩张中诞生，在扩张中成长，而且只能在动态的扩张中存在。在一个不再扩张的世界里，某些形式的人类社会也许能幸存，那样的社会培养不出自由、创造力、个性和进步。这样阴郁的未来看起来也许只是一个骇人听闻的预言，可是不要忘记这个事实：人类历史上几乎全部时间中，大多数人不得不忍受这种静态的社会组织模式，这可不是什么愉快的体验。在人类历史上，自由社会是个例——除了孤立的小片区域以外，自由社会只存在于西方前线扩张的这4个世纪中。现在，这样的历史结束了。现在，克里斯托弗·哥伦布的远航开辟的前线关闭了。如果不希望未来的历史学家将西方人文主义社会的时代看作某种昙花一现的黄金年代、无尽的人类苦难编年史上短暂的闪光时刻，那么必须开辟一个新的前线。火星在召唤。

但火星只是一颗星球，在开拓火星前线的年代，人类的精力会焕发出来，地球化火星、移民火星的工作最多会耗费我们三四个世纪的时间。那么，移民火星只是一个能"延长寿命，但不能拯救一个活跃文明"的机遇吗？无论如何，人类文明终将毁灭吗？我觉得不是。

宇宙很辽阔。它的资源，如果我们能弄到的话，的确是无限的。在地球上开拓前线的4个世纪中，科技以惊人的速度发展。20世纪我们达成的技术成就，令19世纪任何一个观察者的期望都相形见绌，18世纪的人做梦都想象不出，而在17世纪的人看来，简直就是魔法。最近的恒星远得不可思议，大约是到火星距离的10万倍。不过，火星自己离地球的距离也有美洲离欧洲的10万倍。如果在过去4个世纪中，技术进步如此大幅地扩展了我们能到达的范围，再有4个自由的世纪，我们就不能再来一次吗？有充足的理由可以相信，我们能做到。

移民火星将推动前所未有的快速航天运输方式的发展；地球化火星将推动更强大的新能源技术的发展。这两种能力又将开辟新的前线，那是外太阳系中我们从未踏足的领域；新环境带来的更艰难的挑战又将更有力地推动能源、推进两种关键技术的发展。关键是不要让这个过程停下来。如果让它停下来，哪怕只是一小会儿，社会就将凝固成静态，抵制进步。所以，现在这个年代是紧急关头。我们的旧前线关闭了。社会停滞的第一个信号清晰可见。但是，进步虽然放缓了，却仍在持续：我们的人民仍信仰进步，我们的政治制度仍未抵触进步。

我们仍有400年"文艺复兴"留下来的伟大礼物：即开辟火星前线，开启另一次"文艺复兴"的能力。如果不能成功，我们的文化不久后就会失去这样的能力。火星很严酷。移民们需要的不仅是技术，还有科学观、创造力，以及这些背后自由思考的能力。火星不会屈服于一个静态社会的人民——那样的人没有移民火星所需的能力。而我们还有。今天的火星等待着旧前线的孩子们。但火星不会永远等下去。

特别增编

1996年的火星陨石探测

要研究火星地质的第一手材料，我们无需等待火星取样返程任务的归来。红色星球的一些碎片曾不辞劳苦地旅行到了这里。其中之一在1996年就引起了不小的轰动，那就是2千克重的编号为ALH84001的岩石。

ALH84001的历史如下。45亿年前，在火星成形后不久，这块岩石在火星地下1~2千米处形成。大约36亿年前，它裂开了，也许是因为有颗流星落在了离它不远的地方。大约2.6亿年前，另一次撞击令它离开了火星，在太空中游荡。直到有个偶然的机会，它在13 000年前与地球邂逅，落在了南极洲。这些事实都是通过各种化学分析和同位素年代测定技术了解到的。例如，岩石的氧同位素比例，以及其包含的空气成分与海盗号测得的火星大气一致，这些都证明它来自火星。它形成的时间是由钐钕比和铷锶比支持的，根据这些母子关系似的放射衰变配对可以得出结论。与此类似，母子同位素比例显示了裂开撞击的时间，但并不那么确定。它在地球上待的时间可以由常规的碳14方法来进行年代测定，而它花在星际旅行上的时间可以从宇宙射线引发的同位素改变量来了解。把后两项时间加在一起，可以告诉我们星体裂解事件是何时发生的。对于ALH84001职业生涯的大致年表，基本没有争议。[56]

美国国家科学基金会南极陨石项目地质学家罗伯塔·斯科尔（Roberta Score）于1984年初在南极洲的阿兰山发现了这块山石，ALH84001因此得名[①]。虽然斯科尔立刻判断它不同寻常，这块岩石依然在NASA约翰逊航天中心被冷藏，并多多少少被忽视了。直到1993年，它的样本被误传到了陨石研究者大卫·米特尔菲尔德（David Mittlefehldt）手里，他本来订了另一块岩石，要进行自己奥长古铜无球粒陨石（diogenites）的研究。米特尔菲尔德在岩石中看到了束带样的碳酸盐，并意识到ALH84001并不是一块普通的陨石，它是以千分之一的概率从火星来到地球的陨石。

从此，ALH84001从默默无闻中被解救出来，这个过程有点儿像古代奥匈帝国的司法系统（"低效的专制主义"）所为；它成为一个研究小组专门研究的主题。

这一团队由约翰逊航天中心的科学家大卫·麦凯（David McKay）、埃弗雷特·吉布森（Everett Gibson）、凯西·托马斯-克普尔塔（Kathie Thomas-Keprta）、克里斯·罗马内克（Chris Romanek），以及斯坦福大学的化学家理查德·扎雷（Richard Zare）组成。到1996年8月，他们在《科学》杂志[57,58]上发表了他们卓尔不凡的研究结果。根据这篇文章，ALH84001中有证据表明，火星上35亿年前曾有细菌存在。这种卓越的研究对政治也有明显的影响，所以团队向NASA局长丹·古尔丁做了简

---

① ALH是陨石发现地阿兰山（Allan Hills）的缩写。

短的汇报。古尔丁又向副总统戈尔做了汇报，文章在付印前最终被白宫的一位政治战略家攥在手里，由他的秘书泄露给了媒体。这个已经被科学界内具有相当实权的团体保守了一年多的秘密（我与这项工作没有任何关系，只是在1995年夏季有所耳闻），在白宫得到消息后一周内就走漏了风声。为了避免扭曲的媒体报道先发制人，团队别无选择，只能召开新闻发布会，在文章正式发表前就解释了他们的发现。

新闻发布会于1996年8月6日在NASA总部举行，由NASA局长古尔丁主持，出席的有麦凯、吉布森、托马斯-克普尔塔和扎雷，以及著名的古生物学家J. 威廉·舍普夫（J. William Schopf）教授，后者是加州大学洛杉矶分校演化和生命起源研究中心主任，负责提供质疑的反方观点。

在发布会上，团队提交的一系列关于过去生物活动的证据包括岩石内存在碳酸盐球、有机多环芳烃类（PAH）、类似细菌化石微小结构的照片，以及矿物晶体，包括磁黄铁矿、硫复铁矿和磁铁矿，一般认为它们是来自生物的。我将依次简单介绍每个证据。

碳酸盐

岩石接触含有二氧化碳的水，会发生反应形成碳酸盐。ALH84001中存在碳酸盐这一点是毫无争议的。这本身并不是生命存在的证据，但说明了存在足以支持生命的含水环境。团队认为，碳酸盐是在80摄氏度以下的温度形成的，这是生命可以耐受的温度。怀疑方则提出另一机制，认为碳酸盐可以在高达450摄氏度的高温形成，也许是在某次撞击过程中。然而在那种高温中，岩石中的硫复铁和PAH就不复存在了，所以这种高温学说与数据不符。另外，如果不考虑ALH84001中的碳酸盐，讨论就离题了。我们从轨道可以看到，火星上有水流冲蚀的特征，所以那儿35亿年前是有液态水的，几乎可以肯定这种水富含二氧化碳。如果那个年代来的岩石不含碳酸盐，那才奇怪了。在任何情况下，碳酸盐都能证明，古代的火星环境曾是有水的，这是不争的事实。

多环芳烃（PAH）

多环芳烃是有机分子，但是，这并不意味着它们是生命创造的。它们在普通陨石中也是存在的，没什么人认为那与生物起源有关。另外，也有人不承认ALH84001中存在PAH，认为它们可能来自地球污染。ALH84001中的PAH与地球污染中的全PAH谱不全匹配；与南极或北极那些已经被地球大气污染的样品相比，它们的浓度高了差不多1000倍。而且，ALH84001中的PAH浓度从外向内是逐渐增加的，与地球污染来源的PAH正好完全相反。所以，这些PAH是来自火星的，但它们并不能证明生命的存在。它们显示的是，那个时候的火星地下存在有机化学反应过程。这非常有趣。

化石样结构

团队展示了一些电子显微镜照片，照片上的物质看起来非常像化石。其中一个甚至与一段蠕虫看起来有惊人的相似。然而，这部分证据还是有两个问题。首先，正如舍普夫在发布会上所指出的那样，无机过程也常常可以产生微小的岩石结构，称为

"愚术"，看起来像化石，但其实并非化石。第二个问题是，ALH84001中看起来像化石的东西比任何已知的细菌都小一个量级。因此有人认为它们不可能是化石，因为所有形成细菌的生化复合物都不可能装在那么小的体积里。我认为这种观点是不成立的：这就好像在说，一条前所未有的大鱼不可能是一条鱼，就因为从来没出现过这么大的鱼。另外，我下面会解释，我认为寻找比细菌更小更简单的生命形态或生命形态的化石，正是外太空生物学家应该在火星上进行的最重要的研究。因此，如果我们看到这样的东西却还把它排除了，真是个坏主意。当然了，没有证据说明ALH84001上看到的化石样结构就是化石。

可能的生物来源矿物质

如前所述，研究团队发现，ALH84001含有大量各种矿物质的细小晶体，包括磁铁矿和磁黄铁矿，这些通常是地球上细菌活动的产物。不幸的是，它们也可能由无机过程产生。团队向大家展示，发现矿物质的区域内，部分碳酸盐被酸腐蚀了，这与无机方法沉淀得到磁铁矿和磁黄铁矿的基础化学所需的pH环境不符。然而这不能说服舍普夫。这两个事件可能发生在不同的时期。他说，如果你想证明这些矿物质是生物来源的，你需要证明这些物质带有生命形成过程的独有线性或链性结构。研究团队并未能做到这一点。

因此，虽然他们确定了四种与生物关系密切的有趣现象，但没有一种能证明ALH84001中曾经存在过生命。不过，团队认为，结合起来看，最简单的解释就是生物活动。但这些证据是否占优势是一个主观标准，与许多有类似性格的科学家一样，舍普夫也不能被说服。他引用了卡尔·萨根的名言："不凡的结论需要不凡的证据。"

所以，这里出现了一条战线，一边是研究团队和其他支持他们的人，这些人试图扩展或守卫这些证据；另一边是企图拆穿他们的众多质疑者。双方的辩论并没能擦出什么有意义的火花。比如，在火星学会2000年8月的多伦多会议中，两位科学家进行了一对一的辩论，一方是团队成员、化学家理查德·扎雷的合作者西蒙·克莱梅特（Simon Clemett），另一方是来自凯斯西储大学（Case Western Reserve University）的直言不讳的质疑者拉尔夫·哈维（Ralph Harvey）教授。哈维是一位很强的辩论手，风头似乎盖过了克莱梅特，但是细究起来，他的很多观点都缺乏优势。比如，哈维对团队选择只发表含有明显微化石的岩石照片、避开了大量未显示任何有意义物件照片的做法表示嘲笑。这一攻击毫无意义，你要是想证明森林里有头鹿，只需要展示有鹿的照片。抛开其他空照片的做法完全正常。

辩论的积极方面是，它招来了对火星或其他来源单个陨石最深入的研究。其中一项研究中，加州理工大学的约瑟夫·柯什温克（Joseph Kirschvink）教授有一个重大的发现：他发现一些化学证据表明，在离开火星降落地球的旅途中，这块岩石的温度从来没有超过40摄氏度。[59]这就证实了亚利桑那大学杰伊·梅洛什（Jay Melosh）教授早期的理论计算结果，他根据冲击交互的数学模型预测，该岩石从星体被撞击出来时并未被过度加热。[60]柯什温克的实验对梅洛什数学运算的证实非常重要，因为这意味着物质在星球间转移的时候可以不被消毒。如果ALH84001在被弹射出来的时候携带有细菌，它们可能在通往地球之旅的过程中存活。

当然，ALH84001抵达地球时只不过是13 000年前，上面携带的火星细菌可能已经遭遇了游荡的地球原生细菌，后者已经完全适应了自己的家园环境，并高高兴兴地吃掉了行动不便的新人。但是，更久远的过去又如何呢？从有太阳系的那一天开始，已经有火星岩石来到地球上（也有地球岩石去往火星）。较小的火星比地球早走一步，从初始的熔融状态冷却下来。在地球有生命之前，生命已经有机会在火星开始。所以，假如曾有火星细菌更早来到地球，而那时还没有威胁它们的地球细菌，情况又会怎样呢？如果地球上的生命根本就来自火星呢？柯什温克的发现将可能性扯开了一个大口子。

然后，到了2000年秋天，一个重磅炸弹被投进了辩论里。这枚弹药来自著名的天体生物学家伊姆雷·弗里德曼（Imre Friedmann）。弗里德曼在1974年发现了第一个被称为"石内秘密"（cryptoendolithic）的有机体，这种细菌可以藏进岩石，在极端寒冷和干燥的环境中存活（它正是因此得名），从此将天体生物学基本建立为一门科学。这一岩石标本来自科学探险家沃尔夫·维什尼亚克（Wolf Vishniac），他于1973年12月在南极洲悬崖中寻找生命时不幸遇难。[61,62]直到20世纪90年代后期，弗里德曼年事已高，但正如我们所见的那样，他依然孜孜不倦，十分勤勉。

舍普夫驳斥原ALH84001团队关于磁铁矿说法的论据是，他们发现没有线性或链性结构。趋磁细菌产生的磁铁矿晶体有链性；相反，非生物过程形成的磁铁矿晶体没有这样的几何学结构。

而弗里德曼发现了磁铁的链性结构。它们就在那儿，文章发表于2001年2月，他和他的合作者将其展示给了全世界。[63]不仅如此，弗里德曼的团队（包括弗里德曼，西班牙莱里达大学的Jacek Wierzchos、马德里环境科学中心的Carmen Ascaso，以及慕尼黑大学地球物理中心的Michael Winklhofer）证明，这些结构符合一套标准，有力证明了其生物起源。这套"不能用于非生物形成的磁铁矿晶体链性结构（自然界中从来没发现过这样的链性结构）"的标准是：①链内统一的晶体大小和形状；②晶体间有空隙；③晶体纵向沿链轴定位排列；④链周围有膜的光晕样痕迹；⑤链可弯曲（灵活）。弗里德曼等人直截了当地说："我们的结论是，ALH84001中的非导电颗粒链是磁力化石，这些发现不存在其他可能的解释。"

虽然遭遇了来自另一战线的否认，弗里德曼等人确实为阿兰山陨石之争盖棺定论了。如果说不凡的结论需要不凡的证据，他们无疑已经提供了这样不凡的证据。根据柯什温克关于星际间细菌移动可能性的证据，到2001年，关于ALH84001中曾有生命存在的观点已经不再"不凡"了。毕竟，我们知道36亿年前地球上有生命存在，而当时火星上也有液态水存在。另外，早期太阳系中小行星撞击的发生率较高，这是当时的一个典型现象，当然会有很多自然转移。所以当时火星上应该有细菌，就算没有其他来源，至少有来自地球的。真正的问题应该是，细菌的来源是哪里。我们很快就会看到这个问题的意义所在。

但是，通过验证ALH84001中的磁铁化石，弗里德曼的团队不仅仅展现了生命的存在，也展示了一种特殊的生命形式——趋磁细菌。现在的地球上，趋磁细菌使用它们的小罗盘使自己南上北下，到达流体层中氧气含量最适宜它们生活的地方。因此，直到大约23亿年前地球大气中的氧气到达显著浓度时，趋磁细菌才在地球上出现。对地质历史有所了解的读者可能会觉得奇怪：毕竟，众人皆知，能进行光合作用的蓝藻大约35亿年前就出现在地球上了。但为什么过了这么久，我们的星球才饱含氧气？原因是，地球板块构造把固定的碳重新以二氧化碳的形式排放到大气中，而原始蓝藻可以进行的光合作用数量有限，不能将之抵消。

因此，弗里德曼的研究结果意味着，火星上大量游离氧出现的时间比地球至少早10亿年。这倒不是太令人吃惊。因为火星是一个较小的星球，它的板块活动比地球弱得多，事实上现在它基本没有板块活动了。因此，这个红色星球不会像地球那样有效地让生物固定的碳进入循环，这会让原始蓝藻为这个地方充氧的速度快得多。

但事到如今就复杂了。在地球上，有显著证据表明，演化的速度是和大气中氧气的含量相关的。二者之间有明确的统计相关性，也有合乎逻辑的因果关系。有了氧气，就会发生更多活跃的化学反应，从而出现更有活力、更复杂的有机体。我们以动物的发生为例，这些复杂的需氧生物均是由呼吸氧的有核细胞组织成的多细胞有机体。这些有核细胞，或者叫真核细胞，是由自己的子系统组成的复杂组织，如线粒体（细胞能量发生器）在远古时曾是自由生活的细菌。波士顿大学的生物学家林恩·马古利斯（Lynn Margulis）最早提出的"内共生学说"现在已经被广泛接受。根据这一理论，组成更高级动物和植物的复杂有核细胞也是来自细菌集落，其不同的成员演化出了各具特色的多种功能。因此细菌与动物（或植物）细胞的关系，相当于单细胞动物与多细胞动物的关系。[64]

研究化石和地质记录，可以确定使用线粒体供应能量的细胞出现的时间，与大气中氧气浓度上升到目前大气水平（PAL）的1%~2%的时间一致。叶绿体（专门的细胞光合作用单位）出现在大约20亿年前，当时氧含量上升到了PAL的5%。大约6亿年前，随着氧气水平上升到PAL的约20%，多细胞动物爆发性出现，这一情况被称为"寒武纪大爆发"。

大气氧气含量与火星演化之间关系的重要性首先是由天体生物学家克里斯·麦凯确定的，他在1996年发表了一系列大胆的文章[65,66]。在这些文章里，麦凯提出，我们不能把地球演化的节奏作为必要的典型模型。38亿年前的小行星重轰击期（据推测，这排除了地球上此前可能存在的生命）结束后，地球花了32亿年才产生多细胞生物。但因为演化速率受到氧气条件的制约，可以相信，火星上的演化进展也许更快。火星湿热的青少年期只持续了大约10亿年，然后大气中的二氧化碳开始变薄，这个星球失去了它良好的温室效应。在地球上，这种时间跨度的演化活动只能产生细菌。不过火星上有更多游离氧气存在，可能产生了更多生物，可能产生了有核细胞，甚至可能产生了复杂多细胞动物和植物。

1996年麦凯提出这些想法时，包括我在内，很多人认为这只是天马行空的猜测。但弗里德曼对于火星趋磁细菌的证明改变了这一切。他证明了火星上在小行星重轰击结束之后仅仅2亿年，就有了这种在地球上花了16亿年才出现的东西。顿时，麦凯的想法看起来一点儿都不奇怪了。

火星和地球生命的起源

地球上的生命起源是一个谜。尽管几个世纪以来无数研究者做过调查研究，但都没有发现任何证据能表明，比细菌还简单的独立生存的微生物曾经在地球上生活过，无论是现在还是过去任何时候。这是一个惊人的事实：虽然细菌常被认为是一种简单的生命形式，但它们实际上是非常复杂的分子机器，采用高度演化的机制生存、代谢、生长、繁殖、活动，以及行使其他数不清的职能。因此，说细菌就是来自化学过程的最早生命，这其实是不可想象的。必须存在更早的演化时期，从更简单的形式开始，一级一级进入我们叫作细菌的复杂有机体。然而，我们有很好的蓝藻化石，明显与现有的形式类似，其曾存在于35亿年前的地球。由于38亿年前的重袭击使任何生命都不可能存活，之后只有短短3亿年空窗期。这对由化学过程演变出原生细菌来说是非常短的时间，尤其是考虑到化石记录显示，接下来的20亿年，这个星球上的演化节奏特别缓慢。

从数学角度来看，目前生物圈的演化节奏显然是最快的。根据已知的化石记录，我们回溯得越久远，演化就进行得越慢。因此，花了20亿年，细菌才完全演化成有核单细胞有机体（"真核生物"），但只花了9亿年就产生了首批真正的多细胞植物和动物。又花了4亿年，复杂的维管束植物、鱼类、两栖类、爬行类和原兽类出现了。接下来2亿年，我们看到了有种子的树木、草、开花植物、恐龙、鸟类、哺乳类和人类。正如我们看到的，这个速度与大气中的氧气浓度有关。但从总体格局观察，生命演化的程度越高，它加速演化的能力也越强。因此，要说演变出细菌的某种最简单的生命形式，能够在地质学一眨眼的时间里就跨越分隔有机化学和复杂细菌之间的巨大鸿沟，然后却在接下来20亿年时间里重重地踩下了演化刹车，实在是个牵强的观点。如果有这种东西，这种简单的细菌前物质应该在被剥夺氧气的环境里依旧能存活，接下来也应毫无疑问地持续它们的演化上升轨迹。

另外，如上所述，地球上没发现这种级别的有机体存在。这看起来很不寻常，说它们被演化级别更高的细菌送上了灭绝之路也是个解释不通的假设。毕竟，虽然出现了更复杂的真核生物，但细菌也还是到处都是，而且单细胞真核生物在更复杂的动植物出现后也还活得好好的。复杂性总需要付出演化上一定的代价，还是会给它之前的简单家伙们留点儿空间的。

因此，细菌不会是最早的生命，但化石记录和现有的生物调查都强烈支持细菌实际上就是地球上最早的生命。解决难题的唯一办法，就是假设细菌不是在地球上演化出来的，而是完全从太空中演化出来，然后才来到地球的。这一假说被称为"有生源说"，已经得到了进一步的支持，因为我们已经观察到多种细菌的适应性可以让它们在高真空、超冷、辐射等残酷环境中长期休眠，而这种环境只有在外太空才存在。一般来说，在生物学中，所有的适应都需要成本，所以有机体不会支持没用处的适应。如果我们发现地面上的动物物种具有水生性适应的残余，可以假设它的祖先来自海洋。同样，可以认为细菌的太空性适应强烈支持它们的祖先来自外太空的猜想。

有生源说的假设在生命起源研究者中并不受欢迎，因为这完全避开了它们研究领域的核心问题，即原始生命来自非生命的化学过程。实际上，有生源说与这些顾虑都没有关系，因为它导向了另一个可能——生命可能来自比早期地球更可爱的环境，比如另一个星球提供的更适合氨基酸产生的化学还原环境，正如20世纪50年代米勒和尤里实验中那样。[67]在这些实验中，哈罗德·尤里（Harold Urey）教授的研究生斯坦利·米勒（Stanley Miller）在烧瓶中混合了甲烷、氨和水蒸气，迅速将电火花引入混合物中，结果产生了大量氨基酸，他也为自己在科学史上写下了不朽的成就。氨基酸被认为是生物学的基础（在米勒之前，也被认为是为生命所独有的）。这些实验曾被批评与生命起源无关，因为早期地球提供的氧化性更强的环境中，米勒-尤里反应是无法轻易发生的。然而，如果有生源说是可能的，这些批评就毫无意义了。无论它与生命起源问题有没有关系，有生源说的确蕴藏了关于宇宙生命的兴起和分布的重要问题。

火星和地球之间的生命运输

如上所述，目前公认的是，在地球的整个历史中，它曾是小行星和彗星多次撞击的目标，这些小行星和彗星可能向行星际和星际空间弹射出大量未被冲击（也就是说未消毒）的物质。美国亚利桑那州大学教授杰伊·梅洛什的合作者们（如瑞典生物学家Curt Mileikowski）发表的计算结果表明，这种物质的较大碎片可能去往附近的星体，如火星，其时间尺度与已得到证明的休眠细菌生命期相比非常短暂。[60]因此，在整个地质历史时期，肯定有无数细菌从地球被运送到火星。另外，如果火星上曾有或还有细菌生命，这些有机体也会从火星被自然运送到地球。事实上，据估计，每年降落到地球上的未消毒火星岩石量为500千克。这一观察结果表明，目前各种太空机构制定的非常昂贵的"行星保护"制度（防止人造飞船造成行星之间出现微生物的运输）没有理性基础。在过去的35亿年中，微生物自己已经有足够的飞船，可以定期进行多次旅行。

鉴于地球和火星之间的自然细菌运输如此简单，所以要说过去或目前的火星生命与地球生命是完全不同的来源，有些不大可能，至少不太像。如果它们的来源是完全不同的，它们应该几乎同时发生，否则先起源的星体生命就会抢先传播。相反，更现实的可能性是地球和火星都由另外一方来源（比如星际来源）同时播种，或者生命先从地球或火星的本土化学中发展起来，一旦在原星球演化到能够适应星际旅行的形式（比如细菌），就迅速传播到了另外一个星球。我们从之前的讨论中可以看到，地球上缺乏细菌前有机体，使得生命首先在地球上发生的假说证据不足。因此，最大的可能性是以下二者之一：①生命来源于火星，播种到地球；②生命由某个星际来源同时播种到地球和火星。

你可以看到，我并没有认为地球是唯一被播种的而火星却没有。因为现在已经明确，火星地表在它数亿年的早期历史中曾有液态水。因此，如果存在星际来源的细菌，火星当然也会被播种。

可能性的范围缩小到上面的①和②，决定性地重塑了寻找火星生命的问题。关键问题不是火星上是否曾经有过细菌——几乎可以肯定它们存在过。关键问题是，细菌前有机体（前细菌）是否曾经或现在依然在火星上存在。如果我们能在红色星球上找到这种前细菌的证据，我们可以认为①是正确的。如果找不到，就得转向②。

无论结果怎样，都将影响深远。举例来说，如果火星上能找到前细菌，我们会了解到从化学到生命过渡的重要一步。另外，因为火星地表在过去38亿年中保存得相当完好，我们可能有机会从化石记录中直接翻阅到无生命化学到生命的发展历程。其实，我们将有机会阅读生命之书本身。

另一方面，如果在火星只找到了与地球早期居民一样演化完好的、具有航天飞行能力的细菌，则说明两个星球都是被星际来源播种的。这证明了星际有生源说的正确性，因此意味着银河系中数十亿适合微生物生存的星球，几乎都有可能存在微生物生命。微生物是演化到高级生命形式的源头，所以这大大增加了宇宙中广泛存在复杂和智慧生命的可能性。

因此，在火星上寻找前细菌的化石和活体成为了一个核心问题，有助于了解生命和人类在宇宙中的地位。非常明确的是，这一任务只能由人类探险家在火星地表完成。因为在不存在散在的、更明显的细菌化石的情况下，前细菌化石可能非常古老和稀少。另外，如果麦凯是对的——目前看来他很有可能是对的——我们也同时需要寻找宏观的动物和植物化石。因为火星的潮湿年代是在30亿年前结束的，所以此类生物的任何化石都至少会有这个岁数，并且比地球上的恐龙骨骼化石还稀有得多。如果指望机器人取样返回任务带回地球的1千克物质中能找到这些东西，恐怕是相当不合理的期待。

但是火星上真正的科学富矿来自活有机体的复苏，前细菌，或者如果我们更幸运的话，还有单独起源的细菌甚至真核生物。我们需要活有机体来检查它们的结构，详细研究前细菌完成从化学到生命过渡的关键步骤。我们需要活有机体检查来确定，火星细菌代表的是与地球相同还是不同的起源。如果火星代表了不同的起源，只有活样本才能告诉我们它们是怎样选择了与地球生命不同的途径。

　　要得到这样的活样本，我们需要建立钻井设备，深入到火星地表1千米或以下的部分，触及液态地下水，以及它可能承载的活动的生物圈。这是小机器人探测器完成不了的任务。

　　如果我们要寻找生命本质的真相，人类探险家不得不去往火星。

附录1
火星学会成立宣言

人类踏上火星之旅的时机到了。

我们准备好了。虽然火星很遥远，但是，今天，我们为登上火星做的准备已经比太空时代刚刚开始时为登上月球做的准备周全得多。只要下定决心，我们就能在10年内将第一个小组送上火星。

去火星的理由很充分：

为了了解火星，我们必须去。自动探测器的结果已经显示，火星曾是一颗温暖湿润的星球，适合生命的萌芽。但是生命出现过吗？在火星地表搜寻化石，或是在地下水中搜寻微生物，我们会得到答案。如果找到了，它们会告诉我们，生命的起源不单单出现在地球上；这还意味着，宇宙中充满生命，也许还有智慧生物。我们将了解到自己在宇宙中的真实地位，从这个角度来看，这将是哥白尼之后最重要的科学启蒙。

为了了解地球，我们必须去。随着21世纪的到来，有证据显示我们正在显著地改变地球的大气层和环境。全面了解我们生存的环境刻不容缓。在这个问题上，比较行星学是非常有力的工具；这一点已有前证，对金星大气层的研究就帮助我们发现了温室气体可能引发全球变暖的威胁。火星是与地球最相似的行星，它将告诉我们更多关于自己母星的事情。我们获得的知识也许正是幸存的关键。

为了迎接挑战，我们必须去。文明和人一样，生于忧患死于安乐。人类社会利用战争推动技术进步的时代已经过去。世界越来越小，我们必须团结到一起，并非迫不得已，而是为了共同的事业，一致对外；和此前我们彼此提出的挑战相比，现在我们共同拥抱的挑战更加伟大而光荣。开拓火星就将是这样一次挑战。此外，开展国际性合作的火星探索将树立一个范例，在地球上的其他探险行动中，告诉人们该如何进行这样的合作。

为了年轻人，我们必须去。年轻的心灵渴求冒险。一个人类火星项目将向每一个地方的年轻人发出邀请，让他们开发自己的大脑，加入对新世界的开拓。如果火星项目能鼓励更多今天的年轻人——哪怕只多百分之一——接受科学教育，那么我们将多收获成百上千万的科学家、工程师、发明家、医学研究者和医生。他们将创造出新的工业，发现新的医学疗法，带来新的收入，给这个世界带来数不清的利益。和这样的回报相比，火星项目的支出简直不值一提。

为了机遇，我们必须去。移民火星新世界是一个光荣的机遇，人类有了第二次机会，可以卸下旧包袱，开创全新的世界；我们可以尽量发扬最优秀的传统，把最糟糕的部分留在身后。这样的机会绝不常见，也不会轻易被弃之不顾。

为了人类，我们必须去。人类绝不仅仅是一种动物；我们是生命的信使。在地球上的所有生物中，只有我们有能力接替造物者的工作，把生命带到火星，把火星带给生命。由此，我们必将有力地证明人类及每一位人类成员的宝贵价值。

为了未来，我们必须去。火星不仅是一座科学宝藏；它是一个世界，地表面积相当于地球上所有大陆的总和，拥有所有需要的元素，不仅可供生命存活，还能发展出技术社会。它是一个新世界，正在等待即将诞生的朝气蓬勃的人类文明新分支写下新的历史。为了把这样的可能性变成现实，我们必须到火星去。我们必须去，不是为了自己，而是为了即将诞生的人们。为了火星人，我们必须去。

所以，坚信探索火星、定居火星是这个时代最伟大的人类奋斗目标之一，我们聚集到一起，创建火星学会；我们知道，就算是最伟大的行动构想也不会自动变成现实，而是需要通过辛苦的工作，缜密计划，坚定支持，最终才能成功完成。我们号召所有志同道合的个人和组织与我们一起推进这项伟大的事业。这是有史以来最光荣的事业。若不成功，我们绝不止步。

1998年8月13日至16日，我们在科罗拉多州博尔德市的科罗拉多大学举办了成立大会，700位与会者签署通过了上面这份宣言。如果你同意我们的观点，我邀请你加入我们。如果需要更多信息，你可以登陆：www.marssociety.org；或写信到：Mars Society, 11111 W. 8th Ave, unit A, Lakewood, CO, 80215。

附录2

为火星直击继续奋战，2001～2011

　　2001年到2011年间，我写了大量文章，继续宣传火星直击。这些文章可以看作某种编年史，关于航天界内外围绕人类探索及其他许多暴露出来的问题（如果要推动人类火星探索，必须解决这些问题）展开的讨论。某些文章是必需的老调重弹（例如火星直击的概述，我的很多文章里都有这样的内容），不过也有很多新内容。比如说，文章中有许多关于月球基地的讨论，这个基地的构思是由布什政府首先提出的；有争取拯救哈勃太空望远镜的，还有围绕奥巴马政府决策的论战，他们的决策让NASA再次走上了没有目标驱动的老路。

　　我原本打算将这些文章收作本版附录，不过，就算经过删节，它们也有200多页，所以不太可能。于是我转而将它们发布在公司网站上：www.pioneerastro.com。

　　发布的文章包括：

　　"Victory from Space." *Space News*, September 24, 2001.

　　"Osama Bin Laden Found, On Mars!" *Weekly World News*约稿(于2002年10月8日交稿，但被出版方退稿了)。

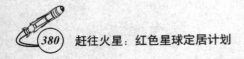

"NASA NExT Program Needs a Destination." *Space News*, October 2002.

"Forward with Space Nuclear Power." *Space News*, February 3, 2003.

"No Time to Cut and Run." *St. Petersburg Times*, February 9, 2003.

"AP Falsely Reports Mars Radiation Data." Mars Society internet bulletin, March 14, 2003.

罗伯特•祖布林博士在参议院贸易、科学及交通委员会的听证会上所作的演讲："Future of NASA." Wednesday, October 29, 2003.

"Mars Is Our Goal." Letter to *The New York Times*, December 7, 2003.

"The Choice for Kitty Hawk." *The Washington Times*, December 15, 2003.

"Don' t Desert Hubble." *Space News*, February 9, 2004.

"Hubble Honorable Discharge?" Letter to *The Washington Times*, February 24, 2004.

"Tighten the Exploration Initiative." *Space News*, April 2004.

"Review of NASA Lunar Program Requirements Documents." 为NASA探索系统项目理事会 (Exploration Systems Mission Directorate, ESMD) 所作的研究，October 18, 2004.

"How to Build a Lunar Base, Part 1: The Launch Issue." *Space News*, February 21, 2005.

"How to Build a Lunar Base, Part 2: The Mission Plan." *Space*

News, February 28, 2005.

"How to Build a Lunar Base, Part 3: Evolution to Mars." *Space News*, March 7, 2005.

"Getting Space Exploration Right." *The New Atlantis*, Spring 2005.

"The Case for a Small CEV." *Space News*, July 4, 2005.

"Where Is NASA Going?" *Space News*, September 26, 2005.

"The Vision at Risk." *Space News*, March 27, 2006.

"Hubble Decision a Victory for Reason." *Space News*, November 2006.

"Don't Wreck the Mars Program." *Space News*, August 1, 2007.

"To the Stars! (But Stay on Budget?)." Letter to *The New York Times*, November 25, 2008.

"Augustine's Pathway to Nowhere." *Space News*, August 24, 2009.

"NASA Needs a Destination." *Space News*, February 22, 2010.

"Obama's Fake Space Program." *New York Daily News*, April 16, 2010.

"Will Obama Wreck NASA?" *Commentary*, June 2010.

"Opening Space with a 'Transorbital Railroad.'" *The New Atlantis*, Fall 2010.

"The New Sputnik." *Space News*, December 13, 2010.

不幸的是，与这些文章有关的并不是一个快乐的故事，只有拯救哈勃望远镜和火星科学实验室的努力成功了。的确，在此期间，出于科研目的的火星自动探测项目硕果累累，但与此同时，NASA的人类太空探索项目却没有（或者故意不要）一个合理的计划。所以今天，我们离踏上火星不比2001年更近（或者我可以证明，不比1971年更近）。

不过，研究每一场战役都能学到很多东西，而且也许失败比胜利教给你的更多。过去10年中，我们几乎就能启动一个载人火星项目了，不过最后，煮熟的鸭子飞了。关于法国大革命，德国作家弗里德里希·席勒有一句著名的评语："一个伟大的时刻找上了一个小人物。"希望下次我们表现好点，因为肯定还有下一次机会。因为——我改编一下离我们近得多的时代一位法国人最著名的演讲，你可以用很多词来形容他，不过肯定不会是小人物，他是夏尔·戴高乐——火星输掉了这次战役，但是，火星并没有输掉这场战争。

登上火星。

词汇表

大气制动（aerobraking）航天器利用与行星大气层之间的摩擦力，从行星的较高轨道减速降低到较低轨道的机动方式。

减速伞（aeroshell）在大气制动过程中，保护航天器免遭摩擦大气层产生的热量损害的防热罩。

远拱点（apogee）绕行星轨道上离该行星最远的点。

大气压强（atmospheric pressure）大气层形成的压强。在地球的海平线上，大气压强为14.7磅每平方英寸。因此这一压强称为1个"大气"或者1"巴"。

BEIR（biological effects of ionizing radiation）电离辐射引起的生物效应。

双组元推进剂（bipropellant）火箭的混合推进剂由两种成分组成：燃烧剂和氧化剂。例如甲烷/氧、氢/氧、煤油/过氧化氢，等等。

缓冲气体（buffer gas）稀释氧气，使其可供呼吸或助燃的不活泼气体。在地球上，占空气总量80%的氮气就是一种缓冲气体。

合（conjunction）从某一行星上观察，另一行星处于太阳背面，这样的位置称为合。当地球与火星相合，它们分别处于太阳两边相对的位置。

合点航行（**conjunction mission**）从一颗行星绕太阳约半周去往
另一颗行星的航行。合点航行所需的推进力最小。

宇宙射线（**cosmic ray**）原子核这样的粒子在太空中高速运动形成
的射线。宇宙射线来自太阳系以外的地方，它们通常带有数
十亿伏能量，需要厚达数米的固体屏蔽才能让它们停下来。

超低温（**cryogenic**）极低的温度。液氢和液氧都是超低温流体，
因为它们要求的储藏温度分别是-180摄氏度和-250摄氏度。

德尔塔2型火箭（**Delta 2**）一种一次性运载火箭，最初由麦克唐
纳·道格拉斯公司制造，现在的生产商为波音公司。它能将
1000千克的载荷送上地球到火星的直达轨道。

速度变量（**delta-V**，又写作 ΔV）航天器从一条轨道变换到另一
条所需的速度变化量。一个典型的速度变量是：从近地轨道
进入飞往火星的转移轨道，需要大约4千米每秒的速度变化。

出发速度（**departure velocity**）航天器完全离开一颗行星的引力
场后与该行星的相对速度。又称双曲线速度。

直接进入（**direct entry**）航天器进入行星大气层后，不经轨道飞
行而是直接利用大气层减速并着陆的机动方式。

直接发射（**direct launch**）航天器从一颗行星直接飞往另一颗行
星，不进行轨道飞行的机动方式。

电解（**electrolysis**）用电将化合物离解成其基本组分。电解水得
到氢气和氧气。

电子密度（**electron density**）每立方厘米中的电子数量。电离层
中的电子密度越高，反射无线电波的效果越好。

吸热（反应）（**endothermic**）需要吸收额外能量才能发生的化
学反应。

本轮（epicycle）一个小的圆形轨道，它的圆心绕另一点作较大的圆周运动。远古和中世纪的天文学家凭借想象来描述行星的运动：每颗行星作圆周运动——本轮，该轨道的圆心又绕着以地球为中心的轨道作较大的圆周运动。

平衡常数（equilibrium constant）描述化学反应完成度的数值。高平衡常数意味着化学反应进行得更完全。

ERV（Earth return vehicle）返地飞行器。

ET（external tank）外挂燃料箱。

EVA（extravehicular activity）舱外活动。

排气速度（exhaust velocity）从火箭喷嘴中喷出的气体的速度。

放热（反应）（exothermic）发生时放出能量的化学反应。

整流罩（fairing）容纳运载火箭顶端的有效载荷的流线型保护壳。

快速合点航行（fast conjunction mission）一种合点型航行（见前文），使用额外的推进剂来缩短飞行时间。

自由返回轨道（free-return trajectory）离开地球后，不需外加任何推动就能返回地球的轨道。

GCMS（gas chromatograph mass spectrometer）气相色谱-质谱仪。

地热能（geothermal energy）利用地下的天然热材料加热液体得到的能量，可进一步用于汽轮发电机发电。

引力助推（gravity assist）航天器靠近行星时，利用行星引力造成的弹弓效应来为航天器加速，不必耗费任何燃料的机动方式。

日心（heliocentric）以太阳为中心。日心轨道是行星际空间中的一条横截线，地球和其他任何行星对它的影响均可忽略不计。

霍曼转移轨道（Hohmann transfer orbit） 一条椭圆形轨道，它的一端与出发行星的轨道相切，另一端与目标行星的轨道相切。霍曼转移轨道是合点级轨道最纯粹的典型，因此也是行星际航行耗能最少的路径。

肼（hydrazine） 一种火箭推进剂，化学式为 N_2H_4。肼是一种"单组元推进剂"，这意味着它可以自分解释放能量，不需外加任何氧化剂来助燃。

双曲线速度（hyperbolic velocity） 航天器进入行星引力场前或完全离开行星引力场后，与行星间的相对速度。又称"抵达速度"或"出发速度"。

极超音速（hypersonic） 速度为音速的多倍，通常指马赫数5以上的速度。

电离层（ionosphere） 行星大气中较高的层区。电离层中相当一部分气体原子电离成自由的正离子和负电子。因为存在自由移动的带电粒子，电离层可以反射无线电波。

Isp 比冲量（见下文）的常用缩写。

ISPP（in-situ propellant production） 就地生产推进剂。

JSC（Johnson Space Center） 得克萨斯州休斯敦市约翰逊航天中心。

kb/s 千比特每秒。

开氏度（Kelvin degree） 又称"绝对温度"，以绝对零度（零下273.16摄氏度）为0开氏度的温度测量方法，在0开氏度时物体不具有任何热量。273.16开氏度为0摄氏度，即水的冰点。1开氏度等于1摄氏度。

kHz 千赫，无线电波用的频率单位，1千赫等于每秒钟完成1000

次波动周期。

km/s 千米每秒。

kW 千瓦。

kWe 千瓦电力。

kWe-hr 1千瓦电力使用1小时后消耗的总能量。

kWh 千瓦时，1千瓦使用1小时后消耗的总能量。

LEO（**low Earth orbit**）近地轨道。

LOR（**lunar orbit rendezvous**）月球轨道集合。

LOX（**liquid oxygen**）液态氧。

MAV（**Mars ascent vehicle**）火星上升飞行器。

甲烷化反应（**methanation reaction**）能形成甲烷的一种化学反应。在火星探测计划中，用萨巴蒂尔反应来完成，即氢与二氧化碳结合，产生甲烷和水。

MHz 兆赫，无线电波用的频率单位。1兆赫等于每秒钟完成100万次波动周期。

毫雷姆（**millirem**）1雷姆（见下文）的1/1000。

最小能量轨道（**minimum energy trajectory**）两个行星之间行进所需火箭推进剂最少的轨道（参见霍曼转移轨道）。

m/s 米每秒。

MOR（**Mars orbit rendezvous**）火星轨道集合。

MSR（**Mars sample return**）火星取样返回。

MSR – ISPP 就地生产推进剂完成火星取样返回。

MWe 兆瓦电力。

MWt 兆瓦热量。1兆瓦等于1000千瓦。

NEP（**nuclear electric propulsion**）核电推进。

NIMF（**nuclear rocket using indigenous Martian fuel**）使用火星当地燃料的核动力火箭。

NTR（**nuclear thermal rocket**）热核火箭。

冲（**opposition**）从某一行星上观察，另一行星与太阳在相对位置上。地球与火星发生"冲"时，它们在太阳的同侧，因此彼此距离最近。

冲点航行（**opposition mission**）从一个行星飞往另一个行星时几乎绕日（约360度）的飞行任务，摆动进入太阳系以增加速度。冲点航行所需的推进力最大。

近拱点（**perigee**）绕行星轨道上离该行星最近的点。

热裂解（**pyrolyze**）利用热能将化合物分解成元素成分。

风化层（**regolith**）常称为尘土。

雷姆（**rem**）美国最常用的辐射剂量单位。100雷姆等于欧洲单位1希沃特。一般认为60~80雷姆的辐射使人未来致命癌症的发病率增加1%。地球上标准环境辐射约0.2雷姆每年。

RWGS（**reverse water-gas shift reaction**）逆向水气转移反应。

RTG（**radioisotope thermoelectric generator**）放射性同位素温差电池。

萨巴蒂尔反应（**Sabatier reaction**）氢气和二氧化碳结合产生甲烷和水的反应。萨巴蒂尔反应是放热反应，具有很高的平衡常数（见上文）。

土星5号（**Saturn V**）重型运载火箭，用于运送"阿波罗号"宇航员上月球。土星 5 号可以运载140吨重量入近地轨道。

SEI（**Space Exploration Initiative**）太空探索计划。

SNC陨石（**SNC meteorites**）根据它们被发现的地点（Shergotty,

Nakhla和Chassigny）命名，有化学、地质和同位素方面的充分证据表明它们来源于火星，可能是火星被其他陨石撞击后产生的碎片。

Sol 火星日，长24.6小时。

太阳耀斑（solar flare） 太阳表面的突然爆发，会在广袤空间释放巨大的辐射。

SPE（solid polymer electrolyte） 固体聚合物电解质。

比冲量（specific impulse） 火箭引擎的比冲量是指它利用1千克推进剂可以持续多少秒内一直产生1千克的推力。如果用火箭引擎的比冲量（单位为秒）乘以9.8，就能得到火箭的喷气速度（单位为米每秒）。比冲量是衡量火箭引擎性能时最重要的参数。常缩写为Isp。

SRB（solid rocket booster） 固体火箭助推器。

SSME（Space Shuttle main engine） 航天飞机主发动机。

SSTO（single-stage-to-orbit） 单级入轨。

稳定平衡（stable equilibrium） 一种平衡条件，受外力影响后仍能恢复到原来的平衡状态。一个放置在山顶上的球处于不稳定平衡状态，因为它无论被推向任何一个方向都将从原有位置加速滚向远方。但一个放置在水平面上的碗底的球处于稳定平衡状态，因为它受到推力作用后仍能回到原点。

STR（solar thermal rocket） 太阳能火箭。

远程操作（telerobotic operation） 远程控制某些设备，如人工长距离以外操纵配备摄像机的小型火星探测器。

推力（thrust） 火箭发动机可以释放的用于加速飞行器的力量大小。

泰坦 4 号（Titan IV）由洛克希德·马丁公司制造的一次性使用运载火箭，能够运载20 000千克到近地轨道，或者5000千克到最低能量火星转移轨道。

TMI（trans-Mars injection）进入火星转移轨道，一种将有效载荷或飞船送入去往火星的轨道的方法。

TW　太瓦，1太瓦等于100万兆瓦。今天人类文明使用了约15太瓦。

太瓦-年（TW-year）1太瓦使用1年所消耗的能量。

不稳定平衡（unstable equilibrium）见上文"稳定平衡"。

蒸气压（vapor pressure）一定温度下，物质的气体部分产生的压强。在100摄氏度，水的蒸气压大于地球的大气压，所以它沸腾。

W/kg　瓦每千克。

注　释

1. P. Berton, *The Arctic Grail*, Penguin Books, 1989.

2. G. Levin, "A Reappraisal of Life on Mars," D. B. Reiber, ed., *The NASA Mars Conference*, Volume 71, Science and Technology Series of the American Astronautical Society, Univelt, San Diego, CA, 1988.

3. N. Horowitz, "The Biological Question of Mars," D. B. Reiber, ed., *The NASA Mars Conference*, Volume 71, Science and Technology Series of the American Astronautical Society, Univelt, San Diego, CA, 1988.

4. J. Postgate, *The Outer Reaches of Life*, Cambridge University Press, Cambridge, UK, 1994.

5. J. W. Head et al.; "Possible ancient oceans on Mars: evidence from Mars Orbit Laser Altimeter data," *Science*, 286, 2134–2137, 1999

6. Katharine Sanderson, "Water could be flowing on Mars today," *Nature News*, December 6, 2006, http://www.nature.com/news/2006/061206/full/news061204-7.html (Accessed December 11, 2010). For the full scientific paper, see M. C. Malin, et al. "Present-Day Impact Cratering Rate and Contemporary Gully Activity on Mars, *Science*, 314.1573–1577 (2006).

7. Henry Bortman, "Odyssey Finds Large Concentrations of Water on Mars," *Astrobiology Magazine*, March 4, 2002, http://www.astrobio.net/exclusive/47/odyssey-finds-large-concentrations-of-water-on-mars (accessed December 11, 2010). "Odyssey Finds Water Ice in Abundance Under Martian Surface," Jet Propulsion Lab press release, May 28, 2002, http://mars.jpl.nasa.gov/odyssey/newsroom/pressreleases/20020528a.html (accessed December 11, 2010).

8. Steve Squyres, *Roving Mars: Spirit, Opportunity, and the Exploration of the Red Planet*, Hyperion, 2006.

9. "Mars Express Confirms Methane in Martian Atmosphere," ESA Press Release, March 30, 2004, http://www.esa.int/SPECIALS/Mars_Express/SEMZ 0B57ESD_0.html (accessed December 11, 2010).

10. "Discovery of Methane Reveals Mars Is Not a Dead Planet," NASA press release, January 15, 2009. http://www.nasa.gov/home/hqnews/2009/jan/ HQ_09-006_Mars_Methane.html (accessed December 11, 2010).

11. A. Cohen et al., *The 90 Day Study on the Human Exploration of the Moon and Mars*, U.S. Government Printing Office, Washington, DC, 1989.

12. R. Zubrin, D. Baker, and O. Gwynne, "Mars Direct: A Simple, Robust, and Cost-Effective Architecture for the Space Exploration Initiative," AIAA 91-0326, 29th Aerospace Science Conference, Reno, NY, January 1991.

13. T. Stafford et al., *America at the Threshold: Report of the Synthesis Group on America's Space Exploration Initiative*, U.S. Government Printing Office, Washington, DC, May 1991.

14. R. Zubrin and D. Weaver, "Practical Methods for Near-Term Piloted Mars Missions," AIAA 93-2089, 29th AIAA/ASME Joint Propulsion Conference, Monterey, CA, June 28–30, 1993. Republished in Journal of the British Interplanetary Society, July 1995.

15. M. Goldman, "Cancer Risk of Low Level Exposure," *Science*, March 29, 1996.

16. S. Kondo, *Health Effects of Low Level Radiation*, Kinki University Press, Osaka, Japan, 1993.

17. C. Comar et al., "The Effects on Populations of Exposure to Low Levels of Ionizing Radiation: Report of the Advisory Committee on the Biological Effects of Ionizing Radiations (BEIR)," Division of Medical Sciences, National Academy of Sciences and National Research Council, Washington, DC, 1972.

18. B. Clark and L. Mason, "The Radiation Show Stopper to Mars Missions: A Solution," presented to the AIAA Space Programs and Technologies Conference, Huntsville, AL, September 1990.

19. L. Simonson, J. Nealy, L. Townsend, and J. Wilson, "Radiation Exposure for Manned Mars Surface Missions," NASA Technical Publication-2979, Washington, DC, 1990.

20. J. Letaw, R. Silverberg, and C. Tsao, "Radiation Hazards of Space Missions," *Nature*, 330, no. 24 (1987):709–10.

21. A. Thompson, "Artificial Gravity for Long Duration Space Missions," presentation to Martin Marietta Scenario Development Team, February 1990.

22. M. Carr, *Water on Mars*, Oxford University Press, New York, 1996, pp. 24–29.

23. J. Gooding, "2005 Sample Return: Martian Meteorites and Curatorial Plans," presentation to the Mars Exploration Long-Term Strategy Working Group, Johnson Space Center, Houston, TX, September 20, 1995.

24. R. Zubrin, S. Price, L. Mason, and L. Clark, "Report on the Construction and Operation of a Mars In-Situ Propellant Production Plant," AIAA-94-2844, 30th AIAA Joint Propulsion Conference, Indianapolis, IN, June 1994. Republished in *Journal of the British Interplanetary Society*, August 1995.

25. R. Zubrin, S. Price, L. Mason, and L. Clark, "An End to End Demonstration of Mars In-Situ Propellant Production," AIAA-95-2798, 31st AIAA/ASME Joint Propulsion Conference, San Diego, CA, July 10–12, 1995.

26. B. Clark, "A Day in the Life of Mars Base 1," *Journal of the British Interplanetary Society*, November 1990.

27. B. Mackenzie, "Metric Time for Mars," AAS 87-269, in C. Stoker, ed., *The Case for Mars III*, Volume 75, Science and Technology Series of the American Astronautical Society, Univelt, San Diego, CA, 1989.

28. B. Mackenzie, "Building Mars Habitats Using Local Materials," AAS 87-216, in C. Stoker, ed., *The Case for Mars III*, Volume 74, Science and Technology Series of the American Astronautical Society, Univelt, San Diego, CA, 1989.

29. R. Boyd, P Thompson, and B. Clark, "Duricrete and Composites Construction on Mars," AAS 87-213, in C. Stoker, ed., *The Case for Mars III*, Volume 74, Science and Technology Series of the American Astronautical Society, Univelt, San Diego, CA, 1989.

30. B. Jakowsky and A. Zent, "Water on Mars: Its History and Availability as a Resource," in J. Lewis, M. Mathews, and M. Guerreri, eds., *Resources of Near-Earth Space*, University of Arizona Press, Tucson, 1993.

31. "Water Ice in Crater at Martian North Pole," ESA press release, July 28, 2005 http://www.esa.int/SPECIALS/Mars_Express/SEMGKA808BE_0.html (accessed December 11, 2010)

32. C. Stoker et al., "The Physical and Chemical Properties and Resource Potentials of Martian Surface Soils," in J. Lewis, M. Mathews, and M. Guerreri, eds., *Resources of Near-Earth Space*, University of Arizona Press, Tucson, 1993.

33. T. Meyer and C. McKay, "The Atmosphere of Mars—Resources for the Exploration and Settlement of Mars," AAS 81-244, in P. Boston, ed., *The Case for Mars*, Volume 57, Science and Technology Series of the American Astronautical Society, Univelt, San Diego, CA, 1984.

34. J. Williams, S. Coons, and A. Bruckner, "Design of a Water Vapor Adsorption Reactor for Martian In situ Resource Utilization," *Journal of the British Interplanetary Society*, August 1995.

35. G. O'Neill, *The High Frontier*, William Morrow, New York, 1977.

36. J. Lewis and R. Lewis, *Space Resources: Breaking the Bonds of Earth*, Chapter 9, Columbia University Press, New York, 1987.

37. R. Zubrin, "Diborane/CO_2 Engines for Mars Ascent Vehicles," AIAA 95-2640, 31st AIAA Joint Propulsion Conference, San Diego, CA, July 10, 1995. Republished in *Journal of the British Interplanetary Society*, September 1995.

38. S. Geels, J. Miller, and B. Clark, "Feasibility of Using Solar Power on Mars: Effects of Dust Storms on Incident Solar Radiation," AAS-87-266, in C. Stoker, ed., *The Case for Mars III*, Volume 75, Science and Technology Series of the American Astronautical Society, Univelt, San Diego, CA, 1989.

39. R. Haberle et al., "Atmospheric Effects on the Utility of Solar Power on Mars," in J. Lewis, M. Mathews, and M. Guerreri, eds., *Resources of Near-Earth Space*, University of Arizona Press, Tucson, 1993.

40. M. Fogg, "Geothermal Power on Mars," *Journal of the British Interplanetary Society*, November 1996.

41. R. Zubrin, "Nuclear Thermal Rockets Using Indigenous Martian Propellants," AIAA-89-2768, AIAA/ASME 25th Joint Propulsion Conference, Monterey, CA, July 1989.

42. R. Zubrin, "Long Range Mobility on Mars," *Journal of the British Interplanetary Society*, 45 (May 1992), pp. 203–210.

43. B. Cordell, "A Preliminary Assessment of Martian Natural Resource Potential," AAS 84-185, in C. McKay, ed., *The Case for Mars II*, Volume 62, Science and Technology Series of the American Astronautical Society, Univelt, San Diego, CA, 1985.

44. R. Zubrin and D. Baker, "Mars Direct, Humans to the Red Planet by 1999," IAF-90-672, 41st Congress of the International Astronautical Federation, Dresden, Germany, October 1990. Republished in *Acta Astronautica*, 26, no. 12 (1992): pp. 899–912.

45. R. Zubrin and D. Andrews, "Magnetic Sails and Interplanetary Travel," AIAA-89-2441, AIAA/ASME, 25th Joint Propulsion Conference, Monterey, CA, July 1989. Published in *Journal of Spacecraft and Rockets*, April 1991.

46. A. Clarke, *The Snows of Olympus: A Garden on Mars*, W. W. Norton, New York, 1995.

47. M. Fogg, *Terraforming: Engineering Planetary Environments*, Society of Automotive Engineers, Warrendale, PA, 1995.

48. R. Forward, "The Statite: A Non-Orbiting Spacecraft," AIAA 89-2546, AIAA/ASME, 25th Joint Propulsion Conference, Monterey, CA, July 1989.

49. C. Sagan, "The Planet Venus," *Science*, 133 (1961):849–858.

50. J. Pollack and C. Sagan, "Planetary Engineering," in J. Lewis, M. Mathews, and M. Guerreri, eds., *Resources of Near-Earth Space*, University of Arizona Press, Tucson, 1993.

51. C. McKay, J. Kastings, and O. Toon, "Making Mars Habitable," *Nature* 352 (1991):489–496

52. J. Miller, "The Information Needs of the Public Concerning Space Exploration," Special report to the National Aeronautics and Space Administration, 1994.

53. B. Lusignan et al., "The Stanford US–USSR Mars Exploration Initiative, Final Report," Stanford University School of Engineering, Stanford, CA, July 1992.

54. F. J. Turner, *The Frontier in American History*, H. Holt & Co., New York, 1920.

55. C. Quigley, *The Evolution of Civilizations*, Liberty Fund, Indianapolis, IN, 1961.

56. K. Sawyer, *The Rock from Mars: A Detective Story on Two Planets*, Random House, New York, 2006.

57. D. McKay et al., "Search for Past Life on Mars: Possible Relic Biogenic Activity in Martian Meteorite ALH84001," *Science*, 273:924–930, 1996.

58. E. Gibson, D. McKay, K. Thomas-Keprta, and C. Romanek, "The Case for Relic Life on Mars," *Scientific American*, 277:36–41, 1997.

59. Ben Weiss and Joseph Kirschvink, "Life from Space," *The Planetary Report*, Nov/Dec 2000.

60. C. Mileikowsky et al., "Natural Transfer of Viable Microbes in Space," *Icarus*, 145, 391–427, July 2000

61. R. Zubrin, *Mars on Earth*, Tarcher Penguin, New York, 2003, pp. 18–21.

62. E. I. Friedmann, "Endolithic Microbial Life in Hot and Cold Deserts," *Origins of Life*, vol. 10, p.223.

63. E. I. Friedmann, J. Wierzchos, C. Ascaso, and M. Winklhofer, "Chains of Magnetite Crystals in the Meteorite ALH84001: Evidence of Biological Ori-

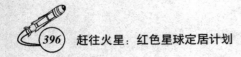

gin." *Proceedings of the National Academy of Sciences*, vol 98, no. 5, 2176–2181, February 27, 2001.

64. L. Margulis and D. Sagan, *Microcosmos; Four Billion Years of Evolution from Our Microbial Ancestors*, University of California Press, 1997.

65. C. McKay, "Oxygen and the Rapid Evolution of Life on Mars," in J. Chela-Flores and F. Raulin (eds.), *Chemical Evolution: Physics of the Origin and Evolution of Life*, 177–184, Kluwer Academic Publishers, printed in the Netherlands, 1996.

66. C. McKay, "Time for Intelligence on Other Planets," in L.R. Doyle, editor, *Circumstellar Habitable Zones*, Travis House Publications, Menlo Park, pp. 405–419, 1996.

67. S. Miller, "*The Origins of Life on Earth*," Prentice Hall, 1974.

参考资料

关于火星这颗行星

M. Carr, *The Surface of Mars*, Yale University Press, New Haven, 1981. Updated with a new edition from Cambridge University Press, 2007.
目前最好的火星科普书籍。

M. Carr, *Water on Mars*, Oxford University Press, New York, 1996.
非常有趣的通俗读物，全面采用当时已有的数据，主要内容围绕火星上过去或现在存在的水。

H. Kieffer, B. Jakowsky, C. Snyder, and M. Mathews, *Mars*, University of Arizona Press, Tucson, 1992.
收纳114篇论文，作者几乎囊括了所有火星科研专家。技术性较强，在出版当时算得上相当全面。

J. Bell, *The Martian Surface: Composition, Mineralogy, and Physical Properties*, Cambridge University Press, Cambridge, 2008.
厚达650页的鸿篇巨制，是对1992年出版的《火星》（Kieffer, Jakowski, Synder, and Mathews, *Mars*）一书的全面升级。

N. Barlow, *Mars: An Introduction to Its Surface, Interior, and Atmosphere*, Cambridge Planetary Science Series, Cambridge University Press, 2008.
对我们已有的火星知识进行了明晰的梳理概括，采用的数据截至2006年。

W. K. Hartmann, *A Traveler's Guide to Mars*, Workman Publishers, New York, 2003.
插图旅游指南式书籍，较为浅易地介绍红色星球。

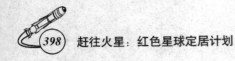

J. Kargel, *Mars: A Warmer, Wetter, Planet*, Springer-Praxis, New York, 2004.
> 这本书写作于2004年，它提出了一个饱受争议的观点：火星富含水源。随后的发现有力证明了这一观点。

关于无人火星探索

F. Taylor, *The Scientific Exploration of Mars*, Cambridge University Press, Cambridge, 2010.
> 介绍迄今为止自动探测器探索火星历程最好的书籍，同时也很好地概括了我们目前对火星的认识和了解。

P. Raeburn and M. Golombek, *Mars: Uncovering the Secrets of the Red Planet*, National Geographic Society, Washington, DC, 1998.
> 本书通过大量插图（部分是3D图）很好地介绍了探路者号任务。

S. Squyres, *Roving Mars: Spirit, Opportunity, and the Exploration of the Red Planet*, Hyperion, 2006.
> 火星考察车主研究者亲自讲述火星车的故事。

J. Bell, *Postcards from Mars: The First Photographer on the Red Planet*, Plume, New York, 2010.
> 勇气号和机遇号发回的精彩照片摘录。

关于载人火星计划

D. Reiber, *The NASA Mars Conference*, Volume 71, Science and Technology Series of the American Astronautical Society, Univelt, San Diego, 1988.

P. Boston, *The Case for Mars*, Volume 57, Science and Technology Series of the American Astronautical Society, Univelt, San Diego, 1984.

C. McKay, *The Case for Mars II*, Volume 62, Science and Technology Series of the American Astronautical Society, Univelt, San Diego, 1985.

C. Stoker, *The Case for Mars III*, Volumes 74 and 75, Science and Technology Series of the American Astronautical Society, Univelt, San Diego, 1989.

C. Stoker and C. Emmart, *Strategies for Mars: A Guide to Human Exploration*, Volume 86, Science and Technology Series of the American Astronautical Society, Univelt, San Diego, 1996.

T. Meyer, *The Case for Mars IV, Proceedings of the Fourth Case for Mars Conference Held at the University of Colorado in 1990*, Univelt, San Diego, 1996.

R. Zubrin, *From Imagination to Reality: Mars Exploration Studies of the Journal of the British Interplanetary Society*, Univelt, San Diego, 1997.

R. Zubrin and M. Zubrin, *Proceedings of the Founding Convention of the Mars Society Held August 13–16, 1998, Boulder, Colorado*, Univelt, San Diego, 1999.

P. Boston, *The Case for Mars V, Proceedings of the Fifth Case for Mars Conference Held at the University of Colorado in 1993*, Univelt, San Diego, 2000.

K. McMillen, *The Case for Mars VI, Proceedings of the Sixth Case for Mars Conference Held at the University of Colorado in 1996*. Univelt, San Diego, 2000.

F. Crossman and R. Zubrin, *On to Mars: Colonizing a New World*, Apogee Books, 2002.

F. Crossman and R. Zubrin, *On to Mars 2: Exploring and Settling a New World*, Collector's Guide Publishing, 2005.

关于火星的通俗读物

J. N. Wilford, *Mars Beckons*, Alfred Knopf, New York, 1990.

O. Morton, *Mapping Mars: Science Imagination, and the Birth of a New World*, Picador USA, New York, 2002.

R. Zubrin, *Mars on Earth: The Adventures of Space Pioneers in the High Arctic*, Tarcher Penguin, New York, 2003.

K. Sawyer, *The Rock from Mars: A Detective Story on Two Planets*, Random House, New York, 2006.

M. Roach, *Packing for Mars: The Curious Science of Life in the Void*, W. W. Norton, New York, 2010.

那里有一个梦想（译后记一）

刚拿到这本书的时候，其实我对书里的计划不太当回事。10年时间，300亿美元，我们就能到达火星？听起来太像梦呓。

300亿美元是个什么概念？美国2012年军费预算是6900亿美元，也就是说，火星计划所需要的不过是这个数的二十三分之一。

这么便宜合算的好事，为什么没有立即行动起来？答案一目了然。第一，这个预算恐怕不切实际。第二，去火星真的很重要吗？

自冷战结束以来，各大国对太空的热情一落千丈。20世纪60年代登月时的全民热潮一去不复返，大众从狂热转向冷眼旁观：花那么多钱，我们去了月球，又能怎样？地球上还有这么多需要钱的地方，为什么要把人力和财力投向虚无缥缈的太空？

这是一个脚踏实地的年代，每个人都低头看脚下的路。曾经孩子般抬头仰望星空的地球文明似乎已经长大，纵使还有一点残存的梦想，也只能在私下里悄悄地想想，笑一笑。

可是始终还有一些人的眼睛，一直凝望着那颗红色星球。他们的关注不是空想，不是白日做梦，而是真切的行动与努力。罗伯特·祖布林在航天领域工作的时间超过30年，参与了美国前后两次火星计划，他提出并试验了多种太空推进、生存方案，数十年来一直为火星计划大声疾呼。

这本《赶往火星》，便是他的火星计划最好的诠释。

去火星有什么意义，是不是值得？我们的技术水平真的足够登上火星吗？去火星的艰难险阻，哪些确实存在，哪些是杞人忧天？我们应该从哪里开始，怎样进行？这些疑虑和问题，在这本书中都能找到答案。

本书第一、三、五、七、九章由徐蕴芸博士翻译，第二、四、六、八、十章由我翻译，其他内容由我们合作完成。能力所限，恐怕难免错漏，诚请方家不吝指正。

翻译本书的过程，也是我一步步纠正自己的偏见的过程。翔实的数据，可行的方案，一点一滴让我放下轻忽之心，沉睡已久的梦想被再次唤起——那颗红色星球不属于未来，不属于子孙后代，它可以被我们这一代人握在手中。然而正如作者所言，这样伟大辉煌的成果绝不会唾手可得，它需要每一个在意它的人共同努力。别再将它仅仅当作一个梦想，当作遥不可及的未来，它才有可能变成现实。

在第6章的末尾，作者写道："我写下这些的时候是2011年，如果我们在2022年10月出发，第一个人类考察组将在2023年4月9日到达火星。当地日期34年狮子月15日，火星北部春意正浓。那是天气最好的时节，天空澄净，和风习习，它们在呼唤我们的降临。是时候了。"

翻译至此处，不禁热泪盈眶。是时候了。

阳　曦

2012年1月

译后记二

　　"这世上第一个登上火星的飞行员，就生活在这个地球上。"翻译这本《赶往火星》的过程中，我在一部纪录片中听到这句话，挺激动的。比诸位读者幸运一点点，我早大家一步从本书中了解到为什么以及如何赶往火星，所以更能体会，这句话是真的，以至于一度想把书名写成俗不可耐的《下一站火星》。因为它触手可及，甚至比月球还近。

　　虽然我是没机会做这"第一个"了，但也许还来得及为我的宝贝儿子高才生在火星上投资一块土地；他乖乖地等我译完第一稿才出生，希望他在子宫中也感受到了火星的召唤，成为一个有梦想能远望的人。感谢专业又敬业的阳曦与明月，整个翻译过程令我受益匪浅，是工作也是学习。

　　亲爱的读者，现在就来了解红色星球，分享梦想变成现实的过程。对本书有任何意见与建议都恳请提出，我们力有不逮，也希望瑕不掩瑜。我们天上见。

徐蕴芸

2012年1月

火星直击计划承诺在10年内将考察组送上火星。之所以能实现这一点，是因为利用了火星当地资源来生产返程燃料。左边金枪鱼罐头状的物体就是考察组乘坐的蜗居；圆锥形的返地飞行器矗立在右边。（图片来源：洛克希德·马丁公司；绘图：罗伯特·默里）

如图所示，火星直击计划还有一个额外的好处，它的硬件可以用于月球任务。（图片来源：洛克希德·马丁公司；绘图：罗伯特·默里）

源于航天飞机推进技术的战神重型推进器将把考察组和设备直接送往红色星球。（图
片来源：洛克希德·马丁公司；绘图：罗伯特·默里）

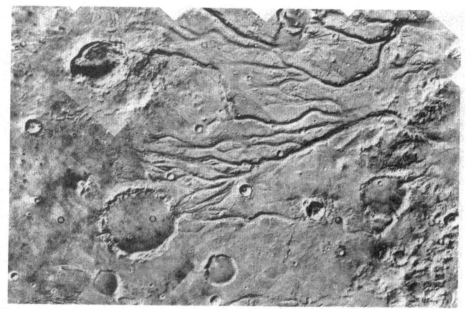

海盗号轨道器拍摄的地面照片清晰地证明了火星曾有丰沛的水，这张照片中显示的是海盗1号着陆点西面由水冲刷而成的沟渠。（图片来源：NASA）

在遥远的过去，地球和火星气候很相似，因此火星上有可能出现过生命，在此情况下，它存在的形式可能是火星叠层石。（绘图：迈克尔·卡罗尔）

火星全球探勘者号大气制动进入轨道。（图片来源：NASA/JPL；绘图：迈克尔·卡罗尔）

1996年末，我们发射了两枚自动探测器——火星全球探勘者号和火星探路者号。火星空中平台任务会返回载人任务需要的宝贵信息；火星取样返回任务将就地生产推进剂，从而验证这一关键技术。

火星空中平台（MAP）任务将采用超高压气球，带着摄像机在红色星球上空飞翔数百天。（图片来源：洛克希德·马丁公司；绘图：罗伯特·默里）

从火星探路者号的角度观察，小小的旅居者号火星车正在使用阿尔法质子–X射线光谱仪（APXS）仔细检查"神秘物质"。（图片来源：马林空间科学系统/NASA）

火星取样返回任务将把数千克土壤送回地球以供分析。（图片来源：NASA/JSC；绘图：帕特·罗林斯）

火星半直击第一步：在火星上生产推进剂。（图片来源：NASA/JSC）

1992年秋天，NASA放弃了"太空堡垒"，转而采用火星半直击作为计划基础。

火星半直击第二步：考察组乘坐地面蜗居到达火星。（图片来源：NASA/JSC）

火星半直击第
三步：考察组
离 开 火 星 。
（图片来源：
NASA／JSC）

火星半直击第四
步：与返地飞行
器集合。（图片
来源：NASA／
JSC）

传统"太空堡垒"式火星任务从地球出发的想象画面。（绘图：迈克尔·卡罗尔）

第一次火星任务将专注于寻找过去或现在生命存在的证据和未来所需的资源。（图片来源：NASA；绘图：帕特·罗林斯）

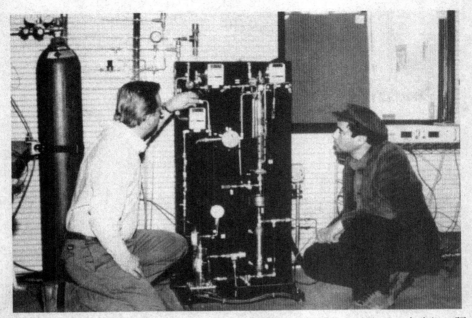

按照与NASA约翰逊航天中心签下的合同，马丁·玛丽埃塔公司成立了一个小组，研发了一套就地生产推进剂的设备，拉里·克拉克（左）和罗伯特·祖布林正在对这套设备进行初步检验。这套演示设备清晰地表明，在火星上就地生产推进剂完全可行。（图片来源：NASA）

NASA局长丹·古尔丁（右）和罗伯特·祖布林及马丁·玛丽埃塔公司的ISPP机器一起出现在图片中，成为火星直击的支持者。（图片来源：罗伯特·祖布林）

罗伯特·祖布林和白宫发言人纽特·金瑞奇一起讨论火星任务的策略。（图片来源：罗伯特·祖布林）

火星直击引发轰动。贝克和祖布林开始在全国性的会议上宣传火星直击不久，罗伯特·祖布林（左）、大卫·贝克（中）和本·克拉克（右）的这张照片就登上了《落基山新闻》杂志的封面。（图片来源：《落基山新闻》）

可以用充气式隧道将火星直击的住所连接起来，从而在短时间内构建起最初的火星基地。（绘图：卡特·埃马尔特）

一架返地飞行器朝着发展中的火星基地降落。（绘图：迈克尔·卡罗尔）

利用地热提供的能量建立一个成熟的基地，能为移居火星所需的关键技术提供一个测试场。
（绘图：卡特·埃马尔特）

弹道式NIMF。 （图片来源：洛克希德·马丁公司；绘图：罗伯特·默里）

火箭飞机式NIMF。 （图片来源：洛克希德·马丁公司；绘图：罗伯特·默里）

NIMF的意思是使用火星当地燃料的核火箭。无论做成火箭飞机还是弹道式飞行器，NIMF都将为火星探索者和稍晚的殖民者带来整颗行星范围内无限制的机动能力。

探索小组在半地球化的火星上。（绘图：迈克尔·卡罗尔）

焕然一新的世界。（绘图：德恩·巴拉德）

液态水曾在火星的地面上流淌，在21世纪的技术水平下，这一幕也许会重现。对火星进行几十年的地球化改造，能让火星变得相对温暖、湿润；有朝一日，虽然还是需要呼吸设备，不过探索者们可以脱下宇航服。在遥远的未来，让海洋回到火星上，这样的可能性确实存在。

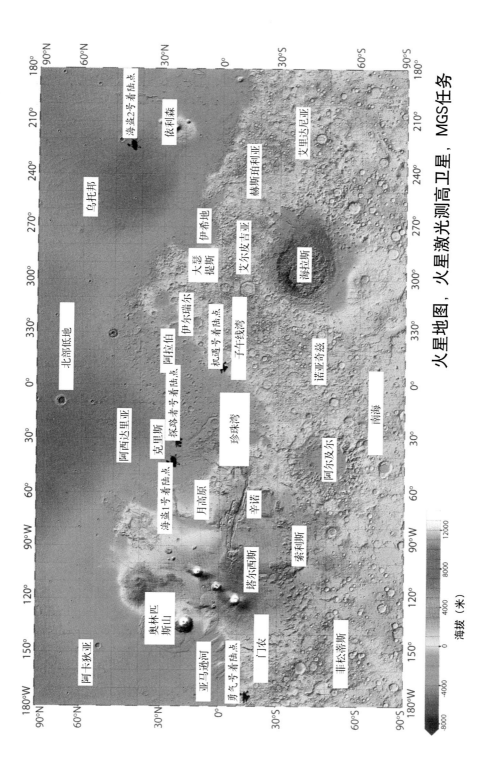

火星地图，火星激光测高卫星，MGS任务

海拔（米）

-8000　-4000　0　4000　8000　12000

北部低地

乌托邦

海盗2号着陆点

依利森

阿卡狄亚

阿西达里亚

克里斯

海盗1号着陆点

阿拉伯

伊尔瑞尔

艾里达尼亚

赫斯珀利亚

伊希地

大瑟提斯

艾尔皮亚

机遇号着陆点

子午线湾

海拉斯

奥林匹斯山

塔尔西斯

月高原

探路者号着陆点

珍珠湾

辛诺

诺亚奇兹

亚马逊河

勇气号着陆点

门农

索利斯

阿尔及尔

南海

菲松蒂斯